教材编号：2018-2-031

**国家林业和草原局普通高等教育"十三五"规划教材**
**"十 三 五"江 苏 省 高 等 学 校 重 点 教 材**

# 林业 GI~

## 李明阳　主编

**中 国 林 业 出 版 社**

## 内 容 简 介

在林业信息化建设的新形势下，为满足林业院校地理信息科学专业"专业导论"、林学专业"林业GIS"课程建设需要，编写了《林业GIS》。该教材作为国家林业和草原局普通高等教育"十三五"规划教材、"十三五"江苏省高等学校重点教材，是在参考南京林业大学林学品牌专业教材建设工程"GIS导论与科研基本方法"基础编写而成的。全书共分为三篇。上篇是林业概论，仅有林业概述一章；中篇为GIS导论，包括GIS概论、地理空间认知及空间数据结构与处理、GIS开发、GIS相关技术，共四章；下篇为GIS在林业中的应用，包括GIS在森林资源与生态环境监测的应用、GIS在森林资源数据时空分析中的应用、GIS在森林经营方案编制中的应用、GIS在森林工程中的应用、GIS在森林保护中的应用、GIS在森林旅游中的应用，共六章。

本教材配有多媒体课件，广大读者可通过扫描书中二维码获取相关资料。

本教材不仅可作为高等农林院校林学、地理信息科学、水土保持、生态学等专业本科生、研究生、函授生的必修课教材，还可供农、林、牧、水利等科技工作者使用。

### 图书在版编目(CIP)数据

林业GIS / 李明阳主编 . —北京：中国林业出版社，2018.10(2024.1重印)

国家林业和草原局普通高等教育"十三五"规划教材

"十三五"江苏省高等学校重点教材

ISBN 978-7-5038-9866-2

Ⅰ.①林…　Ⅱ.①李…　Ⅲ.①地理信息系统–应用–林业–高等学校–教材　Ⅳ.①S717

中国版本图书馆CIP数据核字(2018)第264158号

"十三五"江苏省高等学校重点教材　教材编号：2018-2-031

国家林业和草原局生态文明教材及林业高校教材建设项目

**中国林业出版社·教育分社**

责任编辑：范立鹏

电话：(010)83143626　　　　　　传真：(010)83143516

出版发行　中国林业出版社(100009　北京市西城区刘海胡同7号)
　　　　　　E-mail：jiaocaipublic@163.com
　　　　　　http://www.forestry.gov.cn/lycb.html
经　　销　新华书店
印　　刷　北京中科印刷有限公司
版　　次　2019年4月第1版
印　　次　2024年1月第2次印刷
开　　本　787mm×1092mm　1/16
印　　张　14.75
字　　数　340千字
定　　价　46.00元

多媒体课件

# 《林业 GIS》编写人员

**主　　编**　李明阳

**副 主 编**　李　超　宋立奕　李盈昌

**编写人员**　（按姓氏笔画排序）

朱　然（南京江宁科学园发展有限公司）

刘　菲（南京林业大学）

刘雅楠（南京林业大学）

江一帆（南京林业大学）

许振宇（南京林业大学）

李明阳（南京林业大学）

李盈昌（南京林业大学）

李　超（南京林业大学）

汪　霖（南京林业大学）

宋立奕（贵州省林业调查规划院）

张秀红（南京林业大学）

姜文倩（河南农业大学）

徐延鑫（南京林业大学）

# 前　言

地理信息科学是近 20 年来新兴的一门集地理学、计算机、遥感技术和地图学于一体的交叉学科，在区域规划、资源环境调查等领域得到广泛应用。自 20 世纪 90 年代以来，我国很多农林院校开设了地理信息科学本科专业，并且在林学专业中开设了"林业 GIS""GIS 林业应用""林业 GIS 基础"等 GIS 相关课程。

无论是林业院校地理信息科学本科专业的"GIS 导论"课程，还是针对林学专业开设的"林业 GIS"课程，均缺乏一本将 GIS 基本原理、方法与林业行业应用紧密结合的教材。在国内现有的与地理信息系统导论相关的教材中，大多侧重于地理信息科学的基本理论、基本方法。国外比较有代表性的教材如清华大学出版社 2013 年引进出版的《地理信息系统导论》(第 5 版)(Keith Clarke 著，叶江霞，吴明山译)，国内的代表性教材如 2010 年重庆大学出版社出版的《地理信息系统导论》(刘明皓主编)。这些教材较少涉及地理信息科学的专业特点与行业应用，对物联网、大数据、云计算、智慧城市与地理信息科学相关技术缺乏详细的介绍，对地理信息系统开发技术的介绍也不够全面。国内已经出版的与"林业GIS"课程相关的教材只有一本，即李芝喜与孙保平主编、中国林业出版社于 2000 年 7 月出版的《林业 GIS》。由于出版后一直没有再版进行内容更新，距今已经将近 20 年，局限于当时的信息技术发展水平，该教材对于物联网、大数据、云计算、数据挖掘等与 GIS 相关的前沿技术并未介绍，GIS 在林业中的应用也仅限于生物多样性保护和荒漠化治理，对于 GIS 的开发介绍较少，目前已经失去了作为高等院校地理信息科学、林学专业相关课程教材的价值。因此，结合林业行业特点，新编一本涵盖林业概论、GIS 导论、GIS 在林业中的应用在内的教材，就成为林业信息化背景下，提高林业院校地理信息科学、林学专业本科生林业 GIS 相关课程教学质量的一项重要工作。

本教材《林业 GIS》的主要特点是：第一，林学概论部分，在介绍林业基本概念基础上，介绍了森林生态系统服务功能、国内外林业发展趋势；第二，GIS 导论部分，增加了遥感、全球定位系统、物联网、云计算、数字林业等 GIS 相关技术，补充了 GIS 开发内容；第三，GIS 在林业中的应用部分，较为详细地介绍了 GIS 在森林资源与生态环境监测、森林资源数据时空分析、森林经营方案编制、森林工程、森林保护、森林旅游中的应用，使得 GIS 的方法、技术能够与行业应用紧密结合；第四，本教材配套了多媒体课件，以供广大师生阅读参考，读者可通过扫描书中二维码获取相关资料。

本教材编写分工如下：李明阳任主编，编写第 1 章、第 7 章第 4 节；李超任副主编，编写第6章第1、2、5节；宋立奕任副主编，编写第6章第3、4、6节，第7章第3节；李盈昌任副主编，编写第3章；江一帆编写第2章；许振宇编写第4章；汪霖编写第5章；徐延鑫编写第7章第1、2；朱然编写第8章；刘菲编写第9章；刘雅楠编写第10章；张秀红编写第11章。河南农业大学林学院的姜文倩老师负责教材初稿的检查、完善和补充，在此表示感谢。

本教材的出版得到了南京林业大学"林学品牌专业教材建设工程"的大力资助。同时，本教材在"十三五"江苏省高等学校重点教材申报过程中，得到了浙江农林大学杜华强教授、中南林业科技大学林辉教授、南京林业大学李明诗教授、江西农业大学欧阳勋志教授、内蒙古农业大学安慧君教授给出的宝贵修改意见，在此深表感谢。

在教材编写过程中，编者参考了国内外各种版本的地理信息系统相关教材，引用了国内外诸多学者在 GIS 林业应用领域的文献和研究成果，在此谨表诚挚的谢意。由于时间仓促，挂一漏万之处，恳请相关专家、学者见谅。教材的体系构建和内容编写方面尚存诸多不足之处，恳请读者批评指正。

编　者
2018 年 8 月

# 目  录

1

# 上 篇

## 林业概论

# 第**1**章

# 林业概述

林业作为国民经济的重要组成部门，具有产业、事业、行政执法三重属性。林业在国民经济中所处的重要位置，与森林生态系统独特的服务功能密不可分。森林生态系统的服务功能可以分为林产品供给、生态保护调节、生态文化服务和生态系统支持四大类。在全球化进程加速背景下，中国林业作为世界林业的重要组成部分，其发展趋势也受到世界林业发展趋势的影响。本章在介绍林业行业特点、森林生态系统服务功能基础上，简单回顾了世界林业的发展进程，分析了世界林业的未来发展趋势，探讨了我国林业未来发展的 10 个方向，从而为 GIS 在林业的应用提供了较为广阔的学科背景。

## 1.1 林业概念及属性

### 1.1.1 林业的定义

林业是指保护生态环境、保持生态平衡，培育和保护森林以取得木材和其他林产品，利用林木的自然特性以发挥防护作用的生产部门，是国民经济的重要组成部分之一。林业在人和生物圈中，通过采取先进的科学技术和管理手段，从事培育、保护和利用森林资源的活动，是充分发挥森林的多种效益，且能持续经营森林资源，促进人口、经济、社会、环境和资源协调发展的基础性产业和社会公益性事业。

### 1.1.2 林业的基础性产业属性

林业产业是以经营乔木为主体的生物生态经济系统的基础性产业。林业产业包括种植业、养殖业、运输业、贸易业、人造板工业、林产化学加工业、机械加工业、野生动物保护和繁殖业以及森林旅游业等。

根据《国民经济行业分类》(GB/T 4754—2017)，第一产业是生产原材料的行业，如农业、牧业、渔业；第二产业是指加工原材料的行业，如采矿业、制造业、电力、燃气及水的生产和供应业、建筑业；第三产业是指除第一、二产业以外的其他行业。作为国民经济的重要组成部分，林业产业涉及全部三类产业。其中，营林业属于第一产业，木材采运、林产工业属于第二产业，森林旅游及多种经营属于第三产业。本章重点介绍第一产业中的营林业，第二产业中的木材采运、林产工业，第三产业中的林业多种经营。

**(1) 营林业**

森林资源是林业赖以生存和发展的基础。第一产业中的营林业的根本任务是培育、保护和发展森林资源，并相应建立用材林基地和竹材资源基地，发展定向培育各类工业原料林和名特优新经济林，营造各种防护林体系。

**(2) 木材采运业**

木材采运业近期仍是中国林业的主导支柱产业，包括森林采伐、木材运输和贮木场三大生产阶段。其主要任务是生产原料产品——木材，同时搞好采伐迹地更新，为林业可持续发展创造条件，并采取有效措施，提高森林资源综合利用率。

**(3) 林产工业**

林产工业是林业产业的龙头产业和林业发展的主要经济支柱，包括制材、人造板、家具等木材机械加工工业，以及松香、活性炭、糠醛、天然樟脑等林产化学加工工业。木(竹)浆、造纸也属于此范畴。

**(4) 林业多种经营**

林业多种经营包括充分利用森林资源多样性的优势，立体开发林区的林木、土地、动植物、林副特产、森林食品、药材、地下矿藏、水利、森林旅游等自然资源，以及商贸服务等第三产业。

### 1.1.3 林业的社会公益性事业属性

事业单位是指由政府利用国有资产设立的，从事教育、科技、文化、卫生等活动的社会服务组织。事业单位是接受政府领导，表现形式为组织或机构的法人实体。事业单位一般是国家设置的带有一定的公益性质的机构，但不属于政府机构，与国家公务员是不同的。一般情况下国家会对这些事业单位予以财政补助。

典型的林业事业单位包括国有林场、森林公园、自然保护区、林业科研院所。除此之外，林业行政部门下属职能部门也有很多属于事业单位，这些事业单位通常冠以中心、所、站、队等名称，如种苗站、森防站、动植物检疫中心、木材检查站、林政大队等。按照是否具有执法功能，林业事业单位又分为参公事业单位及普通事业单位。参公事业单位往往具有一定的行政执法功能，如种苗站、森防站、木材检查站；普通事业单位没有行政执法功能。按照国家财政补助的覆盖范围，普通林业事业单位又可划分为全额拨款事业单位(一类事业单位)、差额拨款事业单位(二类事业单位)、自收自支的事业单位(三类事业单位)。在事业单位分类改革后，大多数省级林业调查规划院被划为全额拨款的一类事业单位，大部分国有林场被划分为差额拨款二类事业单位，部分木材检查站则被划分为自收自支的三类事业单位。

### 1.1.4 林业的行政执法功能

除了产业、事业属性外，林业还承担着众多的行政执法职能，如森林资源监督、野生动植物保护、湿地保护、林地保护、森林防火、荒漠化防治、林业案件查处等。

典型的省区市级林业局行政执法职能主要有以下几项：

①负责林业及生态建设的监督管理。

②组织、协调、指导和监督造林绿化工作。

③承担森林资源保护发展和监督管理的职责。

④组织、协调、指导和监督湿地保护工作。

⑤组织、协调、指导和监督荒漠化防治工作。

⑥组织、指导陆生野生动植物的保护和合理开发利用。

⑦负责林业系统自然保护区的监督管理。

⑧承担推进林业改革，依法维护农民和其他经营者经营林业合法权益的责任。

⑨监督检查各产业对森林、湿地、荒漠和陆生野生动植物资源的开发利用。

⑩组织、协调、指导、监督森林防火工作，组织、协调武警森林部队和专业森林扑火队伍的防扑火工作，组织、指导、监督林业有害生物的防治、检疫工作，负责林业行政案件的查处和林业执法体系建设，负责森林公安工作，指导林业重大案件的查处。

⑪负责指导所辖行政区林业经济工作。

⑫负责林业及其生态建设的科技、宣传、教育、培训工作，加强生态文化建设，指导林业队伍建设。

# 1.2　森林生态系统的服务功能

20 世纪 90 年代以来，随着生物技术、新材料技术、纳米技术、信息技术、遥感技术及航天育种技术等高新技术不断发展，林业在维护生态安全、应对气候变化、保护生物多样性以及促进和保障人类社会的可持续发展等方面发挥着独特而重要的作用。林业的这种巨大作用，离不开森林生态系统的服务功能。

## 1.2.1　森林生态系统服务功能的分类

1997 年，Daliy 等对生态系统服务功能进行了概念化的定义，指出生态系统服务功能是生态系统及其物种能够不断地向人类提供生存条件的过程及其所发挥的关键作用，如改善环境等。这一理论在国际上影响巨大，得到了广泛的认同。在此基础上，不少学者开辟了多个研究领域，从各种不同的视角开展了森林生态系统服务功能测度及评价研究工作。

森林生态系统服务功能的主要涵义是指森林生态系统的构成，以及整个系统在形成和发展过程中，对人类生存和依赖的自然环境所产生的影响。

生态学家通常把生态系统服务大体上划归为 3 类，即创造生态产品、公益功能（改进生活、游憩环境）和社会价值（创造就业岗位）。

2008 年，《森林生态系统服务功能评估规范》在我国正式颁布实施。它对我国森林生态系统服务功能的数据观测、信息收集等进行了规范，明确了评估标准和方法，把评价体系设置为 8 个功能项，共计 14 个指标，具体分类见表 1-1。

在国家林业局 2016 年颁布的《全国森林经营规划（2016—2050 年）》中，根据联合国《千年生态系统评估报告》，结合我国实际，将森林主导功能分为林产品供给、生态保护调节、生态文化服务和生态系统支持四大类。森林的林产品供给功能主要指森林生态系统生产木材、竹材、林副产品等功能；生态保护调节主要指森林生态系统涵养水源、水土保持、固碳释氧等功能；生态文化功能主要指森林生态系统所提供的美学、精神、教育文化功能；生态系统支持功能主要指森林生态系统所提供的生物多样性维持、土壤形成、养分循环等功能。

**表 1-1 森林生态系统服务功能评估体系分类表**

| 序　号 | 功能项目 | 评估指标 |
|--------|----------|----------|
| 1 | 涵养水源功能 | 调节水量、净化水质 |
| 2 | 保育土壤功能 | 固土、保肥 |
| 3 | 固碳、制氧储氧功能 | 固碳、释氧 |
| 4 | 积累营养物质 | 林木营养积累 |
| 5 | 净化环境功能 | 提供负离子、吸收污染物、降低噪音、滞尘 |
| 6 | 森林防护 | 森林防护 |
| 7 | 生物物种资源保护 | 物种保育 |
| 8 | 景观游憩与生态文化 | 森林游憩 |

## 1.2.2　森林生态系统服务功能评估

Costanza 等(1997)放眼全球，把全球生态系统划分为热带和温带两大类，又细分为 17 个子类，开展了系统的价值评估工作。Costanza 等(1997)创立了宏观研究法，丰富了价值评估方法，进一步开拓了生态系统服务功能研究的视野，其研究方法引起了世界各国学者的重视，并被广泛采用。

20 世纪 80 年代初，我国已经有学者开始研究森林生态系统服务功能问题，主要是借鉴国外的研究经验和方法开展研究。张嘉宾(1982)通过对云南怒江、福贡等县的考察研究，评估了森林对涵养水源和土壤保持的价值功能；侯元兆等(1995)对我国境内生态系统服务功能价值开展了测算分析，重点对森林资源在涵养水源等方面的价值进行了评估。基于 Costanza 等(1997)对生态系统服务功能划分标准，蒋延玲等(1999)对我国 38 种森林类型生态系统进行了研究，估算了公益价值总量；李意德等(2003)以海南岛热带天然林为研究对象，估算了其生态环境服务功能价值。

森林生态系统服务功能价值量评估法主要是利用市场理论、环境经济学理论对森林生态资产的价值进行货币化评估(定价)的方法，包括直接市场法、替代市场法和虚拟市场法。

①直接市场法：以市场价格作为森林生态系统服务的经济价值，包括市场价格法、费用支出法等。市场价格法适合于没有费用支出但有实际交易市场的环境效益价值核算，如木材、竹材、林副产品。直接市场法因有实际的市场价格，核算较为客观、评估结果争议较少，具有直观、易调整的优点，被广泛应用。

②替代市场法：是通过利用替代市场技术，通过计算相关"替代品"的成本与费用，从而间接估算难以直接核算的生态系统服务价值，该方法适用于没有实际市场价格但有相似替代市场的森林生态系统生态保护调节服务功能的经济核算，包括替代工程法、机会成本法、旅行费用法、边际机会成本法、影子价格法等。按照替代市场法核算出的涵养水源、保持水土、固碳释氧等森林生态系统服务的价值量通常十分巨大，虽然对森林生态系统保

护有很大的参考作用，但是由于缺乏实际市场价格作为参照，价值量偏高，因而对生态补偿等政策的制定缺乏参考价值。

③虚拟市场法：是非市场价值评估的主要技术手段，包括条件价值评估法和选择试验模型法。条件价值评估法（CVM）通过调查问卷构建一个假想市场，在调查了解人们对某一公共物品或服务质量变化最低受偿意愿（WTA）与最高支付意愿（WTP）基础上，来评估生态系统服务价值。条件价值评估法目前主要应用于森林资源环境和服务价值评估领域，如森林美学和文化服务功能的经济评价。选择试验模型法（CE）依据要素价值理论和随机效用理论，构造随机效用函数。消费者在虚拟市场环境下，对物品或服务的属性及其水平组合进行选择和权衡，借助效用模型和计量经济学技术进行支付意愿的测算，从而间接得到环境物品和服务的经济价值。虚拟市场法具有很强的灵活性，适用于非适用性价值占比较大的服务功能价值评估，如生物多样性价值评估。由于选择试验模型的参数很大程度上依赖被调查者的意愿，所以评估结果容易产生很大的偏差。

# 1.3 世界林业发展趋势

## 1.3.1 世界林业发展阶段的划分

自18世纪60年代西方工业革命以来，随着人类改造自然能力的迅速提升，人类对森林资源的掠夺性开采使全球森林资源遭受了毁灭性的破坏。地力衰退、土壤酸化、生物多样性降低、毁林开荒所引发的种种环境问题向人类社会敲响了警钟。人类对森林的认识不断深化，森林经营的特点也伴随着不同的历史阶段而不断发展。根据相关文献，可以将世界林业的发展历程归纳为木材永续利用、森林多功能经营、森林可持续经营和生态系统经营4个阶段。

### 1.3.1.1 木材永续利用（1945年以前）

17世纪中期，德国工业的快速发展消耗了大量森林资源，出现了全国性的"木材危机"。1713年，洛维茨提出了人工造林的思想，目的是"不断地、永续地利用森林"，从而获取持续和稳定的木材产量。1795年，哈尔蒂希进一步发展了"森林永续经营"的思想。1826年，德国林学家洪德斯哈根提出了"法正林"理论，经补充和发展，成为了森林永续和均衡利用的经典理论。这一时期林业经营的主要目标是持续不断地生产木材。

### 1.3.1.2 森林多功能经营（1945—1992年）

为追求单位面积林地纯收益的最大化，许多西方国家一直把健康和永续的阔叶林变为短轮伐期的人工针叶纯林，导致地力衰退、土壤酸化、病虫害泛滥，引起许多林学家的反思。1867年，洪德斯哈根提出了著名的"森林多效益永续经营理论"，认为林业经营应兼顾持久满足木材和其他林产品的需求，以及森林在其他方面的服务目标。1905年，恩德雷斯在《林业政策》中提出了森林多功能经营的"森林的福利效应"，即森林对气候、水分、土壤、防止自然灾害的影响，以及在卫生和伦理方面对人类健康影响方面的福利效益，进一步发展了森林多功能永续经营理论，在第二次世界大战前对世界各国林业经营指导思想产生了重大影响。20 世纪 60 年代以后，德国开始推行"森林多功能经营理论"，1975 年正式制定了森林经济、生态和社会三大功能一体化的林业发展战略，这一理论逐渐被美国、瑞典、奥地利、日本、印度等许多国家接受并推行。

### 1.3.1.3 森林可持续经营（1992 年以后）

1992 年，联合国环境与发展大会强调指出，森林可持续发展是经济可持续发展的重要组成部分；森林是环境保护的主体，森林是各部门经济发展和维持所有生物必不可少的资源。森林和林地应采用可持续方式进行经营管理，以满足当代和子孙后代在社会、经济、文化和精神方面的需要。

与传统的森林经营概念相比，森林可持续经营更注重森林经营的多种产品与服务功能的协调管理，即森林经营多目标的综合管理。关于森林可持续经营的概念，国内外有多种解释，比较权威的如《森林问题原则声明》，该声明指出森林资源和林地应当可持续地经营以保障当代和下一代人的社会、经济、生态、文化和精神的需求。这些需求是森林产品和服务，如木材、木材产品、水、食物、饲料、药品、燃料、庇荫、就业、休憩、野生动物生境、景观多样性、碳库和自然保护区，以及其他森林产品。应该采用适宜的措施来保护森林免遭污染（如大气污染以及火灾、病虫害等），充分保持森林的多种价值。

其他解释虽然表达方式不同，但是基本内容是一致的，即森林可持续经营是一种包含行政、经济、法律、社会、科技等手段的行为，涉及天然林和人工林，是有计划的各种人为干预措施；目的是保护、维持和增强森林生态系统及其各种功能；并通过发展具有环境、社会或经济价值的物种，长期满足人类日益增长的物质和精神需要。从技术上讲，森林可持续经营是通过各种森林经营方案的编制和实施，从而调控森林目的产品的收获和永续利用，并且维持和提高森林的各种环境功能。

### 1.3.1.4 森林生态系统经营（1993 年以后）

1990 年 1 月，美国林务局制定了《林业新远景规划》，该规划主要是以实现森林的经济效益、生态效益和社会效益的统一为经营目标，建立一种不但能永续生产木材和其他林产品，而且能发挥保护生物多样性和改善生态环境等多种效益的林业。1992 年，美国农业部林务局基于类似的考虑，提出了对于美国的国有林实行"生态系统经营"（ecosystem management）的新观点。美国林学会于 1993 年发表了《保持长期森林健康和生产力》的专题报告，认为需要找到一条生态系统经营的途径，要在景观水平上长期保持森林健康和生产力，即森林生态系统经营（forest ecosystem management），并广为人们所接受，被认为是 21 世纪森林经营的趋势。

森林生态系统经营就是使自然环境同人类的多种需求协调起来，木材生产不再被认为是森林经营的主要目标。森林生态系统经营强调维持生态系统的健康与恢复，追求系统整体所提供的全部效益和价值。传统的森林经营管理的对象是林分或林分集合体，而森林生态系统经营的对象则是生态系统演替下的景观。森林生态系统经营是一种利用资源的观念，它是人们逐渐增强的公众意识和社会对未来森林资源所能提供的物资和服务的可获取性关注的结果。

目前对森林生态系统经营还没有一个确切的定义，还存在许多不同的观点，其中，美国林纸协会将森林生态系统经营定义为"在可接受的社会、生物和经济上的风险范围内，维持或加强森林生态系统的健康和生产力，同时生产基本的商品及其他方面的价值，以满足人类需要和期望的一种资源经营制度"；美国林学会的概念则是："森林生态系统经营是森林资源经营的一条生态途径。它试图维持森林生态系统复杂的过程、途径及相互依赖的关系，并长期地保持它们的功能良好，从而为短期压力提供恢复能力，为长期保持、保护提供适应性。它是景观水平上维持森林全部价值和功能的战略。"

与森林可持续经营相比，森林生态系统经营的体系更完备、层次更复杂、时空范围更宽广，强调适应性经营与动态管理、公众参与及合作决策。然而该理论在基础理论、实施技术体系、实证的示范实例等方面仍然需要不断完善、创新。随着科学技术的进步，经过林业工作者的不懈努力，该理论将会日臻完善。

### 1.3.2　世界林业发展趋势

21 世纪以来，面对全球气候变化、生态环境恶化、能源安全、粮食安全、重大自然灾害和世界金融危机等一系列全球性问题的严峻挑战，促进绿色经济发展、实现产业绿色转型已成为国际社会的共同使命。林业在维护国土生态安全、满足林产品供给、发展绿色经济、促进绿色增长以及推动人类文明进步中，发挥着重要作用，尤其是在气候变化、荒漠化、生物多样性锐减等生态危机加剧的形势下，世界各国越来越重视林业发展问题。

2013 年，中国林业科学研究院的徐斌、张德成等人对林业热点问题进行了归纳和总结，在分析其产生的背景和现状的基础上，总结了世界林业未来发展所呈现的十大趋势：

①林业在发展绿色经济中具有重要作用，森林成了绿色的基础。

②林业在应对气候变化和全球环境治理中的作用备受关注。

③森林可持续、多功能经营成为时代主题。

④揭示出森林的真实价值和贡献的环境经济核算成为生态经济学的研究热点。

⑤林业生物质能源，成为能源替代的新兴力量。

⑥打击非法采伐和相关贸易，已经成为国际政治和外交的一项重要内容。

⑦森林认证成为推动森林可持续经营的重要驱动力。

⑧森林文化成为重建人与森林和谐关系的新载体。

⑨承担环境与发展国家责任，成为涉林国际公约的核心内容。

⑩林业国际化进程加快，机遇与挑战并存。

## 1.4　我国林业发展趋势

### 1.4.1　我国林业发展简单历程

1949 年中华人民共和国成立初期，林业处于以木材利用为主的发展阶段。20 世纪 50 年代，为满足国家"一五"时期经济建设对木材的巨大需求，林业部门提出了"普遍护林护山，大力造林育林，合理采伐利用木材"的林业建设方针。20 世纪 60 年代初，为克服单纯采伐利用、忽视森林更新的林业建设难题，林业部门提出了"以营林为基础，采育结合，造管并举，综合利用，多种经营"的林业建设方针，森林经营开始步入"采育并重"的正确轨道。1957—1976 年的"大跃进"、人民公社化运动、三年自然灾害和"文化大革命"期间，在"向自然界开战""以粮为纲"的错误思想指引下，"采育并重"的林业建设方针被抛弃，全国范围内出现大规模毁林种粮、大炼钢铁的现象。20 世纪 80 年代初期林业三定后，全国集体林区发生的严重乱砍滥伐、偷盗森林资源，导致森林质量下降，森林资源损失严重。20 世纪 80 年代以后，林业进入以木材利用为主，兼顾生态建设的发展阶段。林业部门加强了对森林资源的恢复和保护，建立了林木采伐限额管理制度，大力发展速生丰产林，建设用材林基地，开展了"造林灭荒"和"绿化达标"活动，先后启动了"三北"防护林体系建设等林业重点工程，实现了森林面积、蓄积双增长。

进入 21 世纪以后，林业发展步入以生态建设为主的新阶段，林业部门提出了"严格保护，积极发展，科学经营，持续利用"的方针，林业建设重点逐步向森林管护、森林培育为主转移，森林资源总量持续增加，但林地生产潜力仍未得到充分发挥，林地生产力和产出率低、生态效益不高的问题依然突出。

## 1.4.2　我国林业取得的成就和面临的问题

### 1.4.2.1　改革开放 40 年取得的成就

改革开放 40 年来，我国林业建设成就巨大，主要体现在林业生态体系建设不断完善，林业产业发展势头强劲，生态文化体系逐渐形成。

林业生态体系建设不断完善主要体现在森林资源总量不断增加、生态状况明显改善、防沙治沙成效明显、湿地生态系统得到普遍保护。据第八次全国森林资源清查，全国森林面积 $2.08 \times 10^8 \text{hm}^2$，森林覆盖率 21.63%，森林蓄积 $151.37 \times 10^8 \text{m}^3$。森林面积列世界第 5 位，森林蓄积列世界第 6 位。改革开放以来，国家先后实施了天然林资源保护、退耕还林、"三北"及长江重点防护林等林业重大生态工程，对生态状况脆弱、生态地位突出的重点地区进行集中治理，呈现出森林植被增加、局部生态改善的良好势头。为遏制土地沙化，我国坚持"科学防治、综合防治、依法防治"的方针，颁布了世界上第一部《防沙治沙法》，出台了《全国防沙治沙规划》，实施了京津风沙源治理、石漠化治理等工程，沙化土地面积开始缩减，总体上实现了从"沙逼人退"向"人逼沙退"的历史性转变。

2007 年林业产业总产值达到 11 701 亿元，2017 年全国林业产业总值首次突破 7 万亿元。林业产业发展呈现以下特点：

①木材、松香、人造板、木竹藤家具、木地板和经济林等主要林产品产量稳居世界第一。

②林业三类产业协调发展，林业第二和第三产业比重逐年提高，产业结构进一步合理。

③传统产业持续发展的基础上，新兴产业增长强劲，森林食品、花卉竹藤、森林旅游、野生动植物繁育利用等产业快速发展，林业生物质能源、生物质材料、生物制药等蓬勃兴起。

④产业集中度大幅提升。全国规模以上林业工业企业超过 15 万家，产值占到全国林业企业产值总量的 70% 以上，广东、福建、浙江、山东、江苏五省林业总产值占到全国的 1/2 左右，龙头企业培育初见成效。

⑤林产品贸易快速增长。林产品进出口贸易额从 2007 年的 570 亿美元提高到 2017 年的 1 500 亿美元，我国已经成为全球的林业产业大国。

生态文化指人与自然和谐发展，共存共荣的生态意识、价值取向和社会适应。江泽慧等人研究表明，生态文化体系包括生态哲学、生态伦理、生态美学、价值观念，以及思维方式、生产方式、生活方式、行为方式、文化载体和生态制度。生态文化体系建设的目的在于构建人与自然和谐的生态价值观，使人们从物质形态上改变传统的生产方式、生活方式和消费方式，把开发、利用和保护三者统一起来；从制度形态上强化生态法律法规和政策制度建设，规范、约束个人和社会团体的行为，实现人与自然和谐共存。改革开放 40 年来，生态文化体系建设初见成效，主要体现在：

①围绕森林文化、竹文化、花文化、茶文化、生态旅游文化开展的研究不断深入，与各种生态文化有关的协会、研究会、促进会等社团组织不断涌现。

②森林公园、自然保护区、森林博物馆、森林人家、特色森林小镇等生态文化建设基地相继落成。

③报纸、电视、网络对生态文化的宣传力度不断加大，"爱鸟周""梅花节"等活动，扩大了生态文化的影响力。

### 1.4.2.2　我国林业面临的问题

在林业生态体系建设方面，森林质量不高、生态系统脆弱、生态产品短缺和碳汇能力不足的问题依然突出。全国第八次森林资源清查的结果显示，我国森林每公顷的林木蓄积量为 89.79m³，仅为世界平均水平的 69%。我国木材对外依存度接近 50%，木材安全形势严峻；用材林中可采蓄积仅占 23%，可利用资源少，大径材林木和珍贵用材树种更少，木材供需的结构性矛盾十分明显。在我国 $2.08 \times 10^8 hm^2$ 森林中，生态功能好的森林面积只占 13%，质量等级好的森林面积只占 19%，每公顷森林碳储量仅 41t。

在林业产业体系建设方面还存在以下问题：

①林业产业资源基础不牢，全国森林资源总量不足，林业产业基础支撑能力较弱。

②产业聚集度低，企业总体规模偏小，集约化程度较低，人均劳动生产率不到发达国家的 1/6。

③创新能力不强，全国林业科技成果供给不足，与林业发达国家相比，仍处于"总体跟进、局部并行、少数领先"的发展阶段。

④劳动力成本不断上升，附加值不高。

⑤大而不强，综合竞争力较弱，我国林业企业面临的国际贸易形势较为严峻。

在生态文化体系建设方面存在的主要问题有：

①森林资源结构不合理、质量不高，难以满足社会日益增长的多种生态需求。

②资金投入不足，生态文化专业人才缺乏，传统森林文化、森林民间艺术、森林产品加工工艺挖掘与保护力度不足。

③森林旅游等生态文化产品开发建设雷同化现象严重，个性特色缺失，旅客重游率低，生态文化产业仍然发展滞后。

④生态文化建设涉及林业、水利、农业、环境保护、建设等多个部门，由于各部门对生态文化有着不同的理解，形成了观念上的交叉分割，导致生态文化体系建设缺乏统一的规划和管理。

### 1.4.3 我国林业未来发展趋势

随着全球化趋势的加速，我国林业未来的发展趋势受到世界林业发展趋势的影响。根据世界林业的发展趋势，结合我国林业面临的问题，我国林业的发展将会呈现以下趋势：

①林业在减缓温室气体总量增加，参与全球生态治理中发挥越来越重要的作用。

②森林多功能、持续经营理念得到贯彻执行，森林质量得到大幅度精准提升。

③森林生态系统的保护和建设制度日趋完善。

④荒漠化治理和改善的步伐大大加快。

⑤湿地生态系统保护与恢复的力度进一步加大。

⑥生物多样性将会得到更加严格的保护。

⑦木材供应的国家安全性保障水平得到大幅度提高。

⑧木本粮油、林下经济、生物质能源得到大力发展。

⑨林业产业科技成果供给大大增加，林业企业规模化、集约化程度大幅度提升，劳动生产率大大提高。

⑩生态文明理念进一步弘扬，生态文化体系初步建成并不断完善发展，森林康养游憩成为林业发展的新增长点。

### 本章小结

林业指保持生态平衡，培育和保护森林以取得木材和其他林产品、利用林木的自然特性以发挥防护作用的生产部门，具有产业、事业、行政执法三重属性。林业在国民经济中占有重要地位，与森林生态系统林产品供给、生态保护调节、生态文化服务和生态系统支持等的服务功能密不可分。世界林业经历了木材永续利用、森林多功能经营、森林可持续经营、森林生态系统经营四个阶段，在未来的一段时间内，将会在绿色经济、生物质能源、生态文化建设、承担全球环境与发展治理责任等方面发挥越来越重要的作用。在全球化进程加速背景下，我国林业作为世界林业的重要组成部分，其发展趋势也受到世界林业发展趋势的影响。未来的我国林业，将会在森林多功能、可持续经营、三大生态系统（森林、荒漠化、湿地）保护及治理、生物多样性保护、木本粮油和林下经济及森林旅游、木材供应国家安全性保障水平等方面，取得重大突破。

### 思考题

1. 简述林业的概念和性质。

2. 森林生态系统服务功能的主要评价方法有哪些？

3. 结合世界林业的未来发展趋势，谈谈我国林业的未来发展趋势。

## 参考文献

胡延杰. 2017. 全球化背景下的世界林业发展新理念[J]. 林业经济(5)：46 – 50.

江泽慧. 以生态文化引领生态文明建设[OL]，2014-3-7/2014-10-1. http：//www. mlr. gov. cn/xwdt/jrxw/ 201403/t20140306_ 1306003. htm

潘鹤思，李英，陈振环. 2018. 森林生态系统服务价值评估方法研究综述及展望[J]. 干旱区资源与环境，32(6)：72 – 77.

舒德远，刘延惠，丁访军，等. 2017. 森林生态系统服务功能价值评估研究[J]. 中国资源综合利用，35 (2)：72 – 77.

肖君. 2011. 福建森林生态文化体系建设现状与对策[J]. 林业勘察设计(2)：48 – 50.

徐斌，张德成，胡延杰，等. 2013. 世界林业发展热点与趋势[J]. 林业经济(1)：99 – 106.

赵德怀，赵侠，周媛. 2009. 我省生态文化体系建设现状及对策[J]. 陕西林业(4)：9 – 10.

## 本章推荐阅读书目

林学概论. 陈祥伟，胡海波. 中国林业出版社，2005.

林学概论. 赵忠. 中国农业出版社，2008.

中国森林生态系统经营. 雷加富. 中国林业出版社，2007.

# 中　篇

## GIS 导论

# 第**2**章

# GIS 概论

## 2.1　GIS 概况

### 2.1.1　GIS 的概念

地理信息系统(Geographic Information System，GIS)是在计算机硬件系统与软件系统支持下，以采集、存储、管理、检索、分析和描述空间物体的定位分布及与之相关的属性数据，并回答用户问题等为主要任务的计算机系统，是一门集合计算机科学、地理学、测绘学、环境科学、城市科学、空间科学、信息科学和管理科学等学科而迅速发展起来的新兴学科。

GIS 中"G"并不是指狭义上的地理学，而是指广义上的地理坐标参照系统中的空间数据、属性数据以及在此基础上得到的相关数据；"I"是指关于地球表面特定位置的信息，是有关地理实体的性质、特征和运动状态的表征和一切有用的知识。作为一种特殊的信息，地理信息除具备一般信息的基本特征外，还具有区域性、空间层次性和动态性特点。"S"本意是指系统，但是随着人们对 GIS 理解的不断深入，其含义也不断地拓展。GIS 中"S"的含义包含 4 层意思：

①系统(System)：是从技术层面的角度论述地理信息系统，即面向区域、资源、环境等规划、管理和分析，是指处理地理数据的计算机技术系统；

②科学(Science)：是广义上的地理信息系统，常称之为地理信息科学，是一个具有理论和技术的科学体系，意味着研究存在于 GIS 和其他地理信息技术后面的理论与观念；

③服务(Service)：随着信息技术、互联网技术、计算机技术等技术的应用和普及，地理信息系统已经从单纯的技术型和研究型逐步向地理信息服务层面转移；

④研究(Studies)：研究有关地理信息技术引起的社会问题。

从 20 世纪 90 年代科学与技术发展的潮流和趋势来看，地理信息系统有 3 个方面的涵义：

①地理信息系统是一种计算机技术，这是人们的普遍认识；

②地理信息系统是人们对过去庞大的空间数据进行管理和操作的一种方法，人们通过

这种方法可以将全球变化或者区域可持续发展等问题进行集成、统一和融合，进而实现全方位地审视地球上的每一个现象的目标；

③地理信息系统是人思想的延伸，它的思维方式与传统的直线式思维方式有很大不同，人们能从极大的范围关注到周围一些与地理有关的现象变化及这些变化对本体所造成的影响。

地理信息系统是与地理位置相关的信息系统，因此，它具有信息系统的各种特点。在地理信息系统中，可以通过抽象的方法把现实世界划分为诸多地理实体和地理现象，进而由空间位置与专题属性特征来定位、定性和定量地表达这些地理特征。地理信息系统与其他信息系统的区别在于它所存储和处理的信息是按统一地理坐标进行过编码的，可以通过地理位置及与该位置有关的地物属性信息进行信息检索。

## 2.1.2 GIS 的发展概况

1963 年，加拿大测量学家 Omlinson 首先提出了地理信息系统这一术语，并于 1971 年建立了世界上第一个 GIS——加拿大地理信息系统（Canada Geographic Information System, CGIS），并将其用于自然资源的管理和规划。此后 GIS 在各个国家有了不同程度的发展。

### 2.1.2.1 国外地理信息系统的发展

国外 GIS 的发展可划分为 4 个阶段：

**(1) 模拟地理信息系统阶段**

自 19 世纪以来，地图得到了广泛的应用，并衍生出大量的研究。许多模拟的图形数据库和地理文献等都构成了 GIS 概念的模型。但是这种纸质的信息库使用效率低下，随着计算机科学的兴起，数字地理信息的管理与使用成为必然。

**(2) 学术探索阶段**

20 世纪 50 年代，由于电子技术的发展及其在测量与制图学中的应用，人们开始尝试用电子计算机来收集、存储和处理各种与空间和地理分布有关的图形和属性数据。1956 年，奥地利测绘部门首先利用电子计算机建立了地籍数据库，随后这一技术被各国广泛应用于土地测绘与地籍管理。1963 年，加拿大测量学家率先提出地理信息系统这一术语，并建立了世界上第一个地理信息系统——加拿大地理信息系统（CGIS），用于资源与环境的管理和规划。在其后较短时间的内，北美和西欧成立了许多与 GIS 有关的组织与机构，如美国城市与区域信息系统协会（URISA）、国际地理联合会（IGU）、地理数据收集和处理委员会（CGDPS）等，这些组织的成立和相关工作的开展极大地促进了地理信息系统知识与技术的传播和推广应用。

**(3) 飞速发展和推广应用阶段**

20 世纪 70 年代以后，由于计算机技术的工业化、标准化、实用化以及大型商用数据库系统的建立与使用，地理信息系统对地理空间数据的处理速度与能力取得突破性进展。一些发达国家先后建立了许多专业性的土地信息系统和资源与环境信息系统，如 1970—1976 年，美国地质调查局先后建立了 50 多个信息系统，其他国家也相继开发了各自的

GIS。同时与 GIS 软件、硬件和项目开发有关的商业公司也得到了蓬勃发展。到 1989 年，国际市场在售的商业化 GIS 软件达 70 多个，并出现一些有代表性的公司和产品，如美国环境系统研究所研发的 Arc/Info，Intergraph 公司研发的 MGE 及 Genasys 公司研发的 Genamap 等。另外，数字地理信息的生产也开始走向标准化、工业化和商品化，各种通用和专用的地理空间分析模型得到深入研究和广泛使用，具有技术和行政权威的 GIS 相关行业机构和研究部门开始在 GIS 的应用发展中发挥引导和驱动作用。

**(4)地理信息产业的形成和社会化地理信息系统(Social GIS)的出现。**

20 世纪 90 年代以来，随着互联网络的发展及国民经济信息化的推进，地理信息系统以地理信息中心的形式，进入日常办公和居民生活之中，从面向专业领域的项目开发到综合性城市与区域的可持续发展研究，从政府行为、学术行为发展到公民行为和信息民主，成为信息社会的重要技术基础。

### 2.1.2.2　国内地理信息系统的发展

我国地理信息系统的发展相对较晚，经历了起步(1970—1980 年)、准备(1980—1985 年)、发展(1985—1995 年)和产业化(1996 年以后)4 个阶段。

我国地理信息系统方面的工作始于 20 世纪 80 年代初。以 1980 年中国科学院遥感应用研究所成立全国第一个地理信息系统研究室为标志，在其后几年的起步发展阶段中，我国地理信息系统在理论探索、硬件配制、软件研制、规范制订、区域试验研究、局部系统建立、初步应用试验和技术队伍培养等方面都取得了进步，积累了经验，为在全国范围内展开地理信息系统的研究和应用奠定了基础。地理信息系统进入发展阶段的标志是第七个五年计划(1986—1990 年)的实施。在这一时期，地理信息系统研究作为政府行为，正式列入"国家科技攻关计划"，开始了有计划、有组织、有目标地进行科学研究、应用实验和工程建设工作，许多部门同时展开了地理信息系统研究与开发工作。如全国性地理信息系统(或数据库)实体建设、区域地理信息系统研究和建设、城市地理信息系统、地理信息系统基础软件或专题应用软件的研制和地理信息系统教育培训。通过近五年的努力，开创了地理信息系统技术应用的局面，并在全国性应用，区域管理、规划和决策中取得了实际的效益。自 20 世纪 90 年代起，地理信息系统步入快速发展阶段。执行"地理信息系统和遥感联合科技攻关计划"，强调地理信息系统的实用化、集成化和工程化，力图使地理信息系统从初步发展时期的研究实验、局部实用走向实用化和产业化，为国民经济重大问题提供分析和决策依据。我国地理信息系统事业经过数十年的发展，取得了重大的进展。地理信息系统的研究和应用正逐步形成行业，具备了实现产业化的条件。

## 2.2　GIS 的组成和功能

### 2.2.1　GIS 的组成

地理信息系统的应用系统主要由五部分构成，即软硬件及网络、数据、人员、方法、标准(图 2-1)。

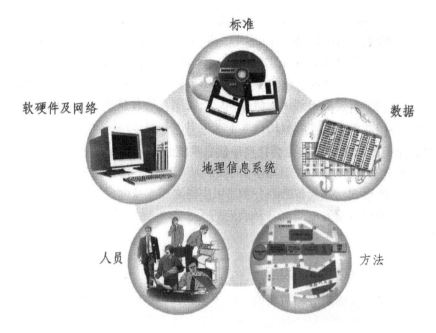

**图 2-1　GIS 的结构组成**

**（1）软硬件及网络**

GIS 系统的硬件是指操作 GIS 所需的一切计算机资源，主要包括计算机、打印机、绘图仪、数字化仪、扫描仪。软件是指 GIS 运行所必需的各种程序，提供存储、分析和显示地理信息的功能和工具。GIS 软件由计算机系统软件、地理信息系统工具或地理信息系统实用软件，以及应用程序等内容组成。网络则为 GIS 数据的采集、信息的传输提供了硬件基础。

**（2）数据**

数据是 GIS 应用系统最基础的组成部分。数据包括空间数据和属性数据。

**（3）人员**

GIS 需要人进行系统组织、管理、维护和数据更新，系统扩充完善以及应用程序开发，并采用空间分析模型提取多种信息。

**（4）方法**

这里的方法指应用模型。它是在对专业领域的具体对象与过程进行大量研究的基础上总结出的规律的表示。GIS 的应用就是利用这些模型对大量空间数据进行综合分析来解决实际问题。

**（5）标准**

借鉴《标准化工作导则　第 1 部分：标准的结构和编写规则》（GB/T 1.1—2000）的标准定义，GIS 标准是在 GIS 应用实践范围内为获得最佳秩序，对 GIS 应用实践活动或其结果规定共同和重复使用的规则、准则或特性的文件，该文件需要协商一致制定并经公认的机构批准。

## 2.2.2　GIS 的功能

GIS 的主要任务是采集、存储、管理、检索、分析和描述空间物体的定位分布及与之相关的属性数据，并回答用户问题等。因此，基于这些主要任务，GIS 的主要功能可以分为数据采集与处理(采集)、数据存储与管理(存储、管理)、空间查询与分析(检索、分析)以及更直观表述地理信息的图形显示和地图制作功能。

**(1)数据采集与处理**

数据采集与处理是 GIS 最基本的功能，主要用于获取数据，以便于人们获取与空间一致的完整地理数据。GIS 数据采集的方法较多，许多 GIS 数据可由纸质地图进行数字化扫描完成采集。随着扫描技术的应用与改进，实现扫描数据的自动化编辑与处理仍是地理信息系统数据获取研究的主要技术关键。遥感数据集成是另外一种新型数据采集方式。遥感数据已经成为 GIS 的重要数据来源，与地图数据不同的是，遥感数据输入到 GIS 较为容易。地理数据采集还可以通过全球定位系统(GPS)进行。

**(2)数据存储与管理**

对数据的存储管理是建立地理信息系统数据库的关键步骤，涉及对空间数据和属性数据的组织。GIS 中的数据分为栅格数据($X$, $Y$)和矢量数据(经纬度)两大类，空间数据结构的选择在一定程度上决定了系统所能执行的数据与分析功能。在地理数据组织与管理中，最为关键的是如何将空间数据与属性数据融为一体。GIS 在进行地图管理的功能方面，按专题分类将各部门所需的地图合理地组织为空间数据库。几十乃至上百张图按地图网格拼装为一个图层，而每张图层上包含的对象在取舍上有严格的分类标准。按专业含义由粗到细划分为层次专题分类，每一图层上的空间对象归属于某一专题类，因此常称为专题图层。

**(3)空间查询与分析**

空间查询是地理信息系统的基本功能之一。它可以查询提取特定的对象，并描述其空间位置和相关属性。空间查询是支持综合图形与文字查询的主要方法，它支持由图查图、由图查文和由文查图，并给出新图和有关数据。

空间分析是在地理信息系统支持下，分析和解决现实世界中与空间相关的问题。这一功能是 GIS 基本功能的深度应用。空间分析是地理信息系统的核心功能，也是地理信息系统与其他计算机系统的根本区别，它以空间数据和属性数据为基础，回答地理客观世界的有关问题。地理信息系统的空间分析可分为：拓扑分析、方位分析、度量分析、混合分析、栅格分析和地形分析等。

**(4)图形显示和地图制作**

GIS 来源于地图，也离不开地图。GIS 的一个基本功能就是可以根据用户的要求，通过对数据的提取和分析，以图形的方式表示结果。当 GIS 数据被描绘在地图上时，信息就变得容易理解和解释。GIS 不只是为了有效地存储、管理、查询和操作地理数据，更重要的是以可视化的形式将数据或经过深加工的地理信息呈现在用户面前，使用户便于通过图形认识地理空间实体和现象及其相互关系。GIS 是在计算机辅助制图(Computer Aided

Design，CAD)基础上发展起来的一门学科，是电子地图(矢量化地图)制作的重要工具。因此，对空间数据进行各种渲染，高效、高性能、高度自动化处理是 GIS 制作地图的重要特点。采用 GIS 可以将数据矢量化，从而使与空间有关的各种数据(信息)叠加到电子地图上。

地图制作是将用户查询的结果或数据分析的结果以文本、图形、多媒体、虚拟现实等形式输出，是 GIS 问题求解过程的最后一道工序。输出形式通常有两种：在计算机屏幕上显示或通过绘图仪输出。在一些对输出精度要求较高的应用领域，高质量的地图输出是 GIS 必不可少的功能，这方面的技术主要包括：数据校正、编辑、图形修饰、误差消除、坐标变换和出版印刷等。

除此之外，随着人们对空间信息认识的加深及数字化产品的普及，其应用的深度和广度将进一步加深和拓宽。GIS 的功能根据其实际应用又可分为资源清查与管理、区域规划、灾害监测、土地调查、城市管理、环境管理等。

## 2.3 GIS 的分类

GIS 经过蓬勃的发展，种类繁多，根据不同的划分标准，GIS 拥有不同的分类。按功能分类，GIS 分为专题地理信息系统(Thematic GIS)、区域地理信息系统(Regional GIS)、地理信息系统工具(GIS Tools)；按内容分类，可分为城市基础地理信息系统、资源管理地理信息系统、城乡规划地理信息系统、环境监测地理信息系统、土地管理地理信息系统等；根据 GIS 中使用的技术和 GIS 软件的功能，可分为桌面 GIS、WebGIS、移动 GIS、虚拟 GIS 和开源 GIS。

### 2.3.1 按照功能分类

GIS 分为专题地理信息系统(Thematic GIS)、区域地理信息系统(Regional GIS)、地理信息系统工具(GIS Tools)。

**(1)专题地理信息系统**
专题地理信息系统是指 GIS 系统平台厂商利用自身开发系统平台所建立的开发工具集，是针对某一专业领域和业务部门的工作流程开发的独立的 GIS 运行系统。该类系统旨在利用 GIS 工具有针对性地解决具体的问题，并符合专业领域或业务部门的工作流程，其针对性强，是 GIS 产品向专业化发展的产物，对扩大 GIS 产品影响力具有重要作用。

**(2)区域地理信息系统**
区域地理信息系统是在内容、结构、功能以及服务目标和对象上，具有区域综合特点的地理信息系统。区域地理信息系统可以比较全面地研究特定区域内的人地关系、社会生态或地理环境及其历史演变，并为区域发展服务。区域的大小、类型可多种多样，如以流域、城市、行政区域、经济区直至以全球为单元的区域地理信息系统。地理信息系统的区域性与专题性并不互相排斥，专题性地理信息系统通常具有区域范围，区域地理信息系统也可以是专题性地理信息系统，在实际应用中二者往往互相结合。

**(3) 地理信息系统工具**

地理信息系统工具具有基本的 GIS 功能，是计算机系统开发工具（各种高级程序设计语言）以嵌入方式或通讯方式进行用户化开发的 GIS 产品。它是计算机科学领域组件化技术发展在 GIS 领域的体现，也是目前 GIS 产品开发的一个热点。

## 2.3.2　按照内容分类

按照内容，地理信息系统可以分为城市基础地理信息系统、资源管理地理信息系统、城乡规划地理信息系统、环境监测地理信息系统、土地管理地理信息系统等。

**(1) 城市基础地理信息系统**

城市基础地理信息系统（Urban Geographic Information System，UGIS），它是地理信息系统的一个分支，是一种运用计算机软硬件及网络技术，实现对城市各种空间和非空间数据的输入、存储、查询、检索、处理、分析、显示、更新和提供应用，是以处理城市各种空间实体及其关系为主的技术系统。该系统是城市基础设施之一，也是一种城市现代化管理、规划和科学决策的先进工具。

**(2) 资源管理地理信息系统**

资源清查是地理信息系统最基本的职能，这类系统的主要任务是将各种来源的数据汇集在一起，并通过系统的统计和覆盖分析功能，按多种边界和属性条件，提供区域多种条件组合形式的资源统计和进行原始数据的快速再现。以土地利用类型为例，可以输出不同土地利用类型的分布和面积、按不同高程带划分的土地利用类型、不同坡度区内的土地利用现状，以及不同时期的土地利用变化等，为资源的合理利用、开发和科学管理提供依据。再如，美国国土资源部和威斯康星州合作建立了以治理土壤侵蚀为主要目的的专用土地 GIS，该系统通过收集耕地面积、湿地分布面积、季节性洪水覆盖面积、土壤类型、专题图件信息、卫星遥感数据等信息，建立了威斯康星地区的潜在土壤侵蚀模型，据此探讨了土壤恶化的机理，提出了改良土壤的合理方案，达到对土地资源保护的目的。

**(3) 城乡规划地理信息系统**

城市与区域规划中要处理许多不同性质和不同特点的问题，它涉及资源、环境、人口、交通、经济、教育、文化和金融等多个地理变量和大量数据。地理信息系统的数据库管理有利于将这些数据信息归并到统一的系统中，最后进行城市与区域多目标的开发和规划，包括城镇总体规划、城市建设用地适宜性评价、环境质量评价、道路交通规划、公共设施配置以及城市环境的动态监测等。这些规划功能的实现，是以地理信息系统的空间搜索方法、多种信息的叠加处理和一系列分析软件（回归分析、投入产出计算、模糊加权评价、0—1 规划模型、系统动力学模型等）加以保证的。我国大城市数量居于世界前列，根据加快中心城市的规划建设，加强城市建设决策科学化的要求，利用地理信息系统作为城市规划、管理和分析的工具，具有十分重要的意义。例如，北京某测绘部门以北京市大比例尺地形图为基础图形数据，在此基础上综合叠加地下及地面的八大类管线（包括上水、污水、电力、通信、燃气、工程管线等）以及测量控制网，规划路等基础测绘信息，形成一个测绘数据的城市地下管线信息系统，从而实现了对地下管线信息的全面的现代化管理，为城市规划设计与管理部门、市政工程设计与管理部门、城市交通部门与道路建设部门等提供地下管线及其他测绘部门的查询服务。

**（4）环境监测地理信息系统**

利用地理信息系统和遥感数据可以有效地用于森林火灾的预测预报，洪水灾情监测和洪水淹没损失的估算，可为救灾抢险和防洪决策提供及时准确的信息。1994 年，美国洛杉矶大地震就是利用 ArcInfo 进行灾后应急响应决策支持，成为大都市利用 GIS 技术建立防震减灾系统的成功范例；日本横滨大地震后，通过利用 ArcInfo 对震后影响做出评估，建立了防震减灾应急系统和各类数字地图库，如地质、断层、倒塌建筑等图库，把各类图层进行叠加分析，得出对应急有价值的信息，该系统的建成使有关机构可以对都市大地震做出快速响应，最大限度地减少伤亡和损失。再如，据我国大兴安岭地区的研究，通过普查分析森林火灾实况，统计分析十几万个气象数据，从中筛选出气温、风速、降水、温度等气象要素，以及春秋两季植被生长情况和积雪覆盖程度等 14 个因子，用模糊数学方法建立数学模型，建立计算机信息系统的多因子的综合指标森林火险预报方法，对预报火险等级的准确率可达 73% 以上。

**（5）土地管理地理信息系统**

土地管理地理信息系统是以计算机为核心，以土地资源详查和土壤普查数据，土地规划、计划，各种遥感图像、地形图、控制网点等为信息源，对土地资源信息进行获取、输入、存储、统计处理、分析、评析、输出、传输和应用的大型系统工程。土地管理地理信息系统能系统地获取一个区域内所有与土地有关的重要特征数据，并作为法律、管理和经济的基础。也就是说，土地管理地理信息系统就是把土地资源各要素的特性、权属及其空间分布等数据信息，存储在计算机中，在计算机软硬件支持下，实现土地信息的采集、修改、更新、删除、统计、评价、分析研究、预测和其他应用的技术系统。土地管理地理信息系统的建立是国家对土地利用状况进行动态监测的前提，也是保证科学管理的前提，该系统是高科技成果在土地管理上的成功运用。

## 2.3.3 按照使用技术分类

**（1）桌面 GIS**

桌面 GIS 可分为通用型（工具型）和应用型。通用型桌面 GIS 即常见的 GIS 软件平台或软件包，如 ArcInfo、SuperMap 等，具有空间数据输入、存储、处理、分析和输出等 GIS 的基本功能。应用型桌面 GIS 是以某一专业、领域的工作为主要内容，利用 GIS 的手段进行数据管理、分析和表达，这种 GIS 软件专业性强，包括专题 GIS（如国土 GIS、海洋 GIS）和区域综合 GIS（区域经济、人口、资源、流域环境）。

**（2）WebGIS**

WebGIS 是在 Internet 或 Intranet 网络环境下的一种兼容存储、处理、分析、显示与应用地理信息的计算机信息系统。其基本思想是在互联网上提供地理信息，让用户通过浏览器浏览和获得一个地理信息系统中的数据和功能服务。GIS 通过万维网（WWW）服务使其功能得以延伸和扩展，并真正成为一种大众化的工具。WebGIS 为地理信息和 GIS 服务通过 Internet 在更大范围内发挥作用提供了新的平台。

**(3) 移动 GIS**

移动 GIS 是面向客户的一种服务系统，有广义和狭义之分。狭义的移动 GIS 采用离线 GIS 模式，运行仅限于所存在的移动终端上，这类移动终端多具有桌面 GIS 功能（如个人掌上电脑），GIS 移动终端不具备与服务器的交互能力，利用离线数据进行分析处理。广义的移动 GIS 是一种交互式的集成系统，是综合 GIS、卫星导航定位系统、互联网、计算机与多媒体技术等的一项技术。不过移动 GIS 并不是一项新技术，它的原型是嵌入式 GIS，即在嵌入式终端上安装 GIS，移动 GIS 在国土、林业、测绘、地理等行业得到了广泛的应用。

**(4) 虚拟 GIS**

传统的 GIS 是平面的、二维的。近年来，随着三维图形技术以及地形的可视化算法的不断涌现，人们能够将 GIS 与虚拟现实技术进行结合，虚拟 GIS（Virtual Reality GIS）则是二者结合后应运而生的新产物，是 VR 技术和 GIS 技术连接的成果。因此，VR - GIS 既具有传统 GIS 的特点（如空间数据的存储、查询、分析等功能），又具有 VR 技术的功能，可以给予用户虚拟现实的交互式体验。VR - GIS 使用的是 GIS 的数据库，其中包括了大量的地理信息数据；VR 功能实际上则是增强了 GIS 的制图功能，将 GIS 数据库中的数据经过虚拟现实建模语言（Virtual Reality Modeling Languate，VRML）转换到 VR 系统中，以三维以及时间维的方式呈现给用户。需要注意的是，VR - GIS 运行所需要的软硬件支持要求相对较高，依赖于桌面 GIS。

**(5) 开源 GIS**

开源的意思为开放源代码。开源软件就是将源代码公开，用户可以免费使用、修改和运行的软件。开源 GIS 是开源软件的一种，指的是与地理信息系统相关的开源软件。开源不仅仅是开放程序源代码，开源软件也需要遵循一定的规则：开放的源代码可以被自由分发；程序必须含有源代码，允许编译以及源代码分发；不能限制源代码在某一领域的应用；保证作者源代码的完整性等。因此，开源 GIS 除了开放源代码之外，还同时采用了一定的开放标准和开放协议，以这些标准和协议为基础共享数据和互操作，最常用的标准是开放地理空间信息联盟标准（Open Geospatial Consortium，OGC）。OGC 旨在提供具有地理信息共享、数据化、服务等方面工作的标准。OGC 发布的 OpenGIS 对地理信息的共享有很好的规范作用。OpenGIS 的目标是克服数据格式和数据模型的差异，对不同地理数据和不同的操作方法进行透明化查询。基于 OpenGIS 规范的 GIS 软件就具有了很强的开放性、扩展性、移植性、易操作性。它提供了 Web Map Service、Web Map Tile Service、KML、CityGML 等诸多标准。除了 OpenGIS 正式对外发布的标准，OGC 还包括了抽象的规范、参考模型、技术报告等内容，而 OpenGIS 则是通过其服务框架提供了一套互操作的接口，包括客户端服务、注册服务、处理服务、数据服务等。

## 2.4　GIS 的架构体系

GIS 系统的组成方式即 GIS 的架构体系，有 Web - GIS、VR - GIS、COM - GIS、TGIS、

互操作 GIS 和"3S"集成方式等。WebGIS 和 VR – GIS 前文已有介绍，不作赘述，下面主要介绍 COM – GIS、TGIS、互操作 GIS 和"3S"集成。

**(1) COM – GIS**

COM 是组件式对象模型(Component Object Model)的英文缩写，COM – GIS 是面向对象技术和组件式软件在 GIS 软件开发中的应用。组件式软件技术已经成为当今软件技术的潮流之一，推动了地理信息系统的组件化发展，COM – GIS 是 GIS 发展的新阶段。

COM 是组件式对象模型，不是一种面向对象的语言，而是一种二进制标准。COM 将两个不同的软件模块进行连接，并建立"接口"使两个模块之间进行信息交互。COM 标准增加了保障系统和组件完整的安全机制，扩展到分布式环境。这种基于分布式环境下的 COM 被称作 DCOM(distribute COM)。DCOM 实现了 COM 对象与远程计算机上的另一个对象之间直接进行交互。几个著名的 GIS 软件公司把 COM 技术应用于 GIS 开发，推出一系列 COM – GIS 软件，例如，Intergraph 公司开发的 GeoMedia、ESRI 开发的 MapObjects 和 MapInfo 公司开发的 MapX 等。

COM – GIS 的基本思想是把 GIS 的各大功能模块划分为几个控件，每个控件完成不同的功能。各个 GIS 控件之间，以及 GIS 控件与其他非 GIS 控件之间进行对接，可以方便地通过可视化的软件开发工具集成起来构成应用系统，并形成最终的 GIS 应用。

COM – GIS 的技术构成具有以下特点：

①可复用性：它是组件式软件最基本的特性，也是组件技术和 GIS 技术相结合的最初驱动力。组件的复用注重于大范围的软件复用和软件复用的容易程度。

②可封装性：封装能够隐藏设计和实现细节，使组件对外呈现相对独立的实体，还可以提高组件复用的容易程度。

③可定制性：指组件在组装过程中随组装环境的不同而作出适当的调整。

④可组装性：利用 GIS 组件开发系统的过程是各种 GIS 组件组装的过程，组装是实施复用的手段。

⑤语言无关性：突破了传统 GIS 开发时需要学习特殊开发语言的限制。一般标准开发语言都可用来开发 GIS。

⑥无缝集成性：满足一定规范的不同语言开发的具有不同功能的 GIS 组件在同一标准开发环境下能够集成。

COM – GIS 相比于传统 GIS 具有以下优点：

①便于开发：COM – GIS 建立在严格的标准之上，不需要额外的 GIS 二次开发语言，由于 GIS 组件可以直接嵌入 MIS 开发工具中，让人们可以自由选用他们熟悉的开发工具，开发人员可以像管理数据库表一样熟练地管理地图等空间数据，无须对开发人员进行特殊的培训。

②变通灵活、成本低：组件化的 GIS 平台集中提供空间数据管理能力，并且能以灵活的方式与数据库系统连接，在保证功能的前提下，系统表现得小巧灵活，而其价格仅是传统 GIS 开发工具的十分之一，甚至更少，这样，用户便能以较好的性能价格比获得或开发 GIS 应用系统。

③强大的 GIS 功能：GIS 组件完全能提供拼接、裁剪、叠合、缓冲区等空间处理能力

和丰富的空间查询与分析能力。

④大众化：组件式技术已经成为业界标准，使非专业的普通用户也能够开发和集成 GIS 应用系统，推动了 GIS 大众化进程。COM – GIS 的出现使 GIS 不仅成为专家们的专业分析工具，同时也成为普通用户对地理相关数据进行管理的可视化工具。

**(2) 时态地理信息系统 (TGIS)**

时态地理信息系统是以表达、管理和分析动态变化的地理现象为目的，其核心是时空数据库。目前的时空数据模型主要有简单模型、时空联合模型、时空属三域模型、基于对象/特征的模型和基于事件/过程的模型等。

TGIS 是 GIS 的一个重要分支，也是 GIS 的必然发展趋势。传统的 GIS 考虑的是静态数据的处理，而处理的对象是动态变化的。TGIS 的主要任务就是管理分析动态变化的对象。现在 TGIS 的研究主要集中于以下 5 个方面：

①时空数据的可视化：时空数据的可视化表达除了能实现传统 GIS 中对某时刻空间实体的分布和形状进行表达外，还应能用计算机以动画的形式对地理实体各时刻的状态或属性按照演化过程进行空间动态模拟。

②时空数据模型的研究：时空数据模型是 TGIS 的核心，它的好坏直接影响到时空查询和分析的效率。

③时空动态模拟与推理：TGIS 在传统 GIS 的空间基础上增加了时间维度，不仅可以描述和表达时空地理实体的状态，而且可以反演其空间动态运动变换规律。因此，进行时空模拟与推理是 TGIS 的一个重要组成部分。

④时空数据库的设计与研究：时空数据库是不同历史、不同尺度和不同维度的海量时空数据和非时空数据的集合，它是 TGIS 的核心组成部分，时空数据库的研究在理论和实践两方面都还很不完善，国际上还没有统一的查询语言标准可遵循。因此，在特定的时空数据模型框架下，为确保对时空数据的组织、存储和提取，开发高效的时空数据库管理系统是一项长期的基础性工作。

⑤TGIS 的查询语言的开发：时空信息的查询和分析是用户对 TGIS 的最基本需求。时空查询效率的高低直接决定着 TGIS 的应用效果。结合时空信息的查询特点从而开发实用的 TGIS 查询语言是未来的一个发展方向。

**(3) 互操作 GIS**

互操作 GIS 即空间数据的互操作，指针对异构的数据库和平台，实现数据处理的互操作，是动态的数据共享，独立于平台，具有高度的抽象性，是空间数据共享的发展方向。包括从最底层的面向硬件的互操作，到应用层次的信息团体之间的语义共享，其实现方式之一是 OpenGIS。开放的地理数据互操作规范 (open geo-data interoperability specification) 是有关地理信息互操作的框架和相关标准和规范。OpenGIS 框架主要由 3 部分组成：开放的地理数据模型，开放的服务模型和信息群模型。

**(4) "3S" 集成**

"3S" 集成技术是将遥感 (RS)、全球定位系统 (GPS)、地理信息系统 (GIS) 融为一个统一的有机体。它是一门非常有效的空间信息技术。在这个体系中，GIS 相当于处理器，主要任务是管理分析地理信息；RS 和 GPS 为信息采集器，主要任务为获取地理信息及空间定位。RS、GPS 和 GIS 三者的有机结合，构成了整体上的实时动态对地观测、分析和应用的运行系统，为科学研究、政府管理、社会生产提供了新一代的观测手段、描述语言和思维工具。"3S"集成的方式可以在不同的技术水平上实现，低级阶段表现为互相调用一些功能来实现系统之间的联系；高级阶段表现为三者之间不只是相互调用功能，而是直接共同作用，形成有机的一体化系统，对数据进行动态更新，快速准确地获取定位信息，实现实时的现场查询和分析判断。目前，开发"3S"集成系统软件的技术方案一般采用栅格数据处理方式实现与 RS 的集成，使用动态矢量图层方式实现与 GIS 的集成。随着信息技术的飞速发展，"3S"集成系统正在经历一个从低级到高级的发展和完善过程。

"3S"集成技术融合了"3S"技术的优势，具有以下优点：

①系统从数据获取到取得第一级产品的周期比常用技术缩短 1~2 个数量级。

②具有高重复频率的监测能力和基于这类数据源的多种应用新技术。

③系统将信息获取、信息处理、信息应用有机地融为一体，将应用技术融为一体，将 RS、GPS 和 GIS 等独立技术融为一体形成组合技术系统，这是最易实用化、产业化的技术发展途径。

④具备极强的多维分析能力及对多元综合分析的友好界面，提高了定性分析精度和自动化程度。

⑤可形成星、机、地一体化及快速、准实时、实时技术系统产品系列。

⑥快速建立遥感信息系统(RIS)，提高地理信息系统(GIS)现实遥感信息更新能力和高动态分析决策能力。

## 2.5 GIS 的应用领域

地理信息系统在最近的 30 多年内取得了惊人的发展，广泛应用于资源调查、环境评估、灾害预测、国土管理、城市规划、邮电通信、交通运输、军事公安、水利电力、公共设施管理、农林牧业、统计、商业金融等几乎所有领域。

**(1) 资源管理和配置**

主要应用于农业和林业领域，解决农业和林业领域各种资源(如土地、森林、草场)分布、分级、统计、制图等问题。主要回答"定位"和"模式"两类问题，前者的问题如"对象(地物)在哪里？哪些地方符合特定的条件？"后者主要解决研究对象的分布的空间模式，即揭示各种地物之间的空间关系。

在城乡各种公用设施的可及性、救灾减灾中物资的分配、全国范围内能源保障、粮食供应等都是资源配置问题，GIS 在这类应用中的目标是保证资源的最合理配置和发挥最大效益。

**(2) 城乡规划和管理**

空间规划是 GIS 的一个重要应用领域，城市规划和管理是其中的主要内容。例如，在大规模城市基础设施建设中如何保证绿地的比例和合理分布、如何保证学校、公共设施、运动场所、服务设施等能够有最大的服务面(城市资源配置问题)等。

　　城市的地上地下基础设施(电信、自来水、道路交通、天然气管线、排污设施、电力设施等)广泛分布于城市的各个角落、且这些设施具有明显的地理参照特征。它们的选址、管理、统计、汇总都可以借助 GIS 完成，而且可以大大提高工作效率。

　　在城市管理中，建立交通网络、地下管线网络等的计算机模型，研究交通流量、进行交通规则、处理地下管线突发事件(爆管、断路)等应急处理，警务和医疗救护的路径优选、车辆导航等也是 GIS 网络分析应用的实例。

　　以数字地形模型为基础，建立城市、区域、大型建筑工程、著名风景名胜区的三维可视化模型，实现多角度浏览，可广泛应用于宣传、城市和区域规划、大型工程管理和仿真、旅游等领域。

### (3)生态环境管理与应急响应

　　区域生态规划、环境现状评价、环境影响评价、污染物削减分配的决策支持、环境与区域可持续发展的决策支持、环保设施的管理、环境规划等。

　　解决在发生洪水、战争、核事故等重大自然或人为灾害时，如何安排最佳的人员撤离路线、并配备相应的运输和保障设施的问题。

### (4)商业决策支持

　　商业设施的建立需要充分考虑其市场潜力，例如，大型商场的建立如果不考虑其他商场的分布、待建区周围居民区的分布和人数，建成之后就可能无法达到预期的市场经济效益，有时甚至商场销售的品种和市场定位都必须与待建区的人口结构(年龄构成、性别构成、文化水平)、消费水平等结合起来加以综合考虑。地理信息系统的空间分析和数据库功能可以解决这些问题，房地产开发和销售过程中也可以利用 GIS 功能进行决策和分析。

## 本章小结

　　地理信息系统包含了处理空间或地理信息的各种基础的和高级的功能，包含学科众多，涵盖领域广泛。其基本功能包括对数据的采集、管理、处理、分析和输出。依托这些基本功能，通过利用空间分析技术、模型分析技术、网络技术和数据库集成技术等，更进一步演绎和丰富相关功能，满足社会和用户的广泛需要，并衍生出许多专业性的地理信息系统工具。随着近年来地理信息系统的高速发展，地理信息系统在资源调查、环境评估、灾害预测、国土管理、城市规划、邮电通信、交通运输、军事公安、水利电力、公共设施管理、农林牧业等众多领域得到了广泛的应用。

## 思考题

1. 如何理解 GIS 的含义?
2. 国内外 GIS 的发展分别经历了哪些阶段?
3. GIS 有哪些功能?
4. 根据 GIS 的功能，谈谈 GIS 的应用领域。

## 参考文献

方德庆. 2013. 遥感地质学[M]. 北京：石油工业出版社.

黄河水土保持生态环境监测中心. 2013. 黄河流域水土保持遥感监测理论与实践[M]. 北京：中国水利水电出版社.

肖蓓，湛邵斌，尹楠. 2007. 浅谈 GIS 的发展历程与趋势[J]. 地理空间信息，5(5)：56 – 58.

## 本章推荐阅读书目

地理信息系统导论. 刘明皓. 重庆大学出版社，2009.

地理信息系统基础与地质应用. 贺金鑫，赵庆英，路来君，等. 武汉大学出版社，2015.

# 第 **3** 章

# 地理空间认知、
# 空间数据结构与处理

本章着重介绍地理信息系统的基本问题和常用方法，如空间认知、空间数据模型、空间数据结构、空间数据采集以及空间数据基本处理等，其中空间认知、空间数据模型和空间数据结构属于地理信息系统的理论部分，而空间数据采集、基本处理是属于地理信息系统的基础应用部分。为了能够利用地理信息系统解决现实世界的问题，就必须对现实世界进行充分认知，将复杂的地理事物和现象简化和抽象到计算机中进行表示、处理和分析。空间数据模型即是对现实世界中的数据和信息的抽象、表示和模拟，它由概念数据模型、逻辑数据模型和物理数据模型三个不同的层次组成，它是整个地理信息系统理论中最为核心的内容。空间数据结构就是空间逻辑数据模型的数据组织方式，它对地理信息系统中数据存储、查询检索和应用分析等操作处理的效率有至关重要的作用。地理信息系统就是围绕着空间数据的采集、处理、存储和分析而展开的，因此，空间数据来源、采集手段、编辑处理和质量控制都直接影响地理信息系统的成本和效率。在数据分析前应根据需求对空间数据进行图形变换、结构转换和空间插值等标准化数据处理。由于篇幅所限，本章只做概念性介绍，梳理知识框架，而各部分更深层次的介绍可查阅其他专业书籍或相关文献。

## 3.1 地理空间认知

### 3.1.1 地理空间与空间实体

在地理学上，地理空间(geographical space)是指地球表面及近地表空间，是地球上大气圈、水圈、生物圈、岩石圈和智慧圈交互作用的区域，地球上最复杂的物理过程、化学过程、生物过程和生物地球化学过程就发生在该区域。在地理空间中存在着复杂的空间事物或地理现象，这些代表着现实世界，而地理信息系统即是人们通过对各种各样的地理现象的观察抽象、综合取舍、编码和简化，以数据形式存入计算机内进行操作处理，从而达到对现实世界规律进行再认识和分析决策的目的。

地理空间实体(geographical spatial entity)是对复杂地理事物或现象进行简化抽象得到

的结果，简称空间实体，它们的一个典型特征是与一定的地理空间位置有关，都具有一定的几何形态、分布状况以及彼此之间的相互关系。空间实体具有 4 个基本特征：空间位置特征、属性特征、时间特征和空间关系特征。

**(1)空间位置特征**

空间位置特征表示空间实体在一定的坐标系中的空间位置或几何定位，通常采用地理坐标的空间直角坐标、平面直角坐标、经纬度和极坐标等来表示。空间位置特征也称为几何特征，包括空间实体的大小、形状、位置和分布状况等。

**(2)属性特征**

属性特征也称为非空间特征或专题特征，是与空间实体相联系的、表征空间实体本身性质的数据，如实体的名称、类型、定义、量值等。属性分为定性和定量两种，定性属性包括名称、类型、特性等，定量属性包括数量、大小、等级等。

**(3)时间特征**

时间特征指随着时间变化而变化的特性。空间实体的空间位置和属性相对于时间来说，存在空间位置和属性同时变化的情况，如公路改道时原有的农田变更为道路；也存在空间位置和属性独立变化的情况，即实体的空间位置不变而属性发生变化，如房屋所有权变更，或者属性不变而空间位置发生变化，如公交线路变化。

**(4)空间关系特征**

在地理空间中，空间实体一般都不是独立存在的，而是相互之间存在着密切的联系，这种相互联系的特性就是空间关系特征。空间关系包括拓扑关系、顺序关系和度量关系等。

## 3.1.2　地理空间认知

地理空间认知(geographical spatial cognition)是发生在地理空间上的认知，是对地理空间信息的表征。地理空间认知研究作为地理信息科学的核心问题之一，已经得到普遍的认同。地理空间认知是指在日常生活中，人类如何逐步理解地理空间，进行地理分析和决策，包括地理信息的知觉、编码、存储、记忆和解码等一系列心理过程。地理空间认知的研究内容包括地理事物在地理空间中的位置和地理事物本身的性质。地理空间认知作为认知科学与地理科学的交叉学科，需对认知科学研究成果进行基于地理空间相关问题的特化研究。因此，与认知科学研究相对应，地理认知研究主要包括地理知觉、地理表象、地理概念化、地理知识的心理表征和地理空间推理，涉及地理知识的获取、存储和使用。

地理空间认知过程一般经过地理感知、表象再现、地理记忆和地理思维四个过程，需要借助图像或者地图(心像地图和认知制图)来实现。心像地图是人类在对地理空间多次感知(实地考察、地图参考、文献阅读)的基础上综合形成的一种印象或者心理表征。认知制图通常发生在人类使用地图的过程中，把新近获得的信息与地图信息综合起来进行决策，如定位、定向、导航等。

## 3.1.3　GIS 与地理空间认知

地理空间认知是 GIS 数据表达与组织的桥梁和纽带，研究地理空间认知对 GIS 的建立

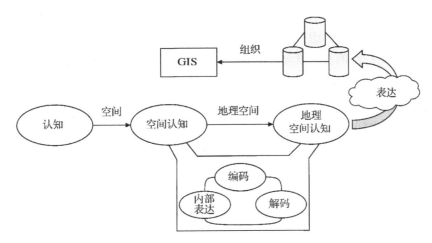

**图 3-1　GIS 与地理空间认知的关系**

具有重要作用。马荣华等(2007)描绘了认知、空间认知、地理空间认知以及 GIS 之间的关系，如图 3-1 所示。

　　GIS 是对地理空间信息的描述、表达和运用，其初衷是用计算机模拟分析地表现象、地理时空过程，并为辅助决策服务，即 GIS 应该以认知科学为基础，以计算机为手段(工具)，运用地理思维来模拟分析地理问题。地理空间认知理论指导 GIS 系统建设，使所建立的 GIS 系统既符合人们的认知习惯，又符合计算机技术原理的基本要求，促进 GIS 系统的人性化、智能化。

## 3.1.4　GIS 空间认知模型

　　地理信息系统是以数字形式表达的现实世界，是对特定地理环境的抽象和综合性表达。在地理信息系统中，模型尤其是数学模型起着十分重要的作用。由于模型是对客观世界中解决各种实际问题所依据的规律或过程的抽象或模拟，因此能有效地帮助人们从各种因素之间找出其因果关系或者联系，有利于问题的解决。模型的建立是数学或技术性的问题，模型的质量与数量决定了系统中数据使用的效率和深度。

　　一般而言，GIS 空间数据模型由概念数据模型、逻辑数据模型和物理数据模型三个不同的层次组成。其中概念数据模型是关于实体和实体间联系的抽象概念集，逻辑数据模型表达概念模型中数据实体(或记录)及其空间关系，而物理数据模型则描述数据在计算机中的物理组织、存储路径和数据库结构，三者间的相互关系如图 3-2 所示。

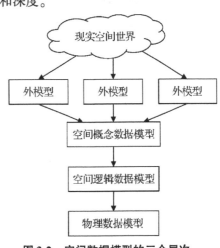

**(1)空间概念数据模型**

　　概念数据模型(Conceptual Model)是人们对客观事实或现象的一种认识，也称为语义数据模型。由于不同的人所关心的问题、研究对象、期望的结果

**图 3-2　空间数据模型的三个层次**

33

等方面存在着差异，对同一客观现象的抽象和描述会形成不同的用户视图，称之为外模式。GIS 概念数据模型是考虑用户需求的共性，用统一的语言描述、综合和集成用户视图。目前应用最为广泛的空间概念数据模型是矢量数据模型和栅格数据模型。

**（2）空间逻辑数据模型**

空间逻辑数据模型（Logical Data Model）是将空间概念数据模型确定的空间数据库信息内容（空间实体和空间关系），具体地表达为数据项、记录等之间的关系，因此有多种不同的实现方式。常用的数据模型包括层次模型、网络模型和关系模型。

层次模型和网络模型都能显示表达数据实体间的关系，层次模型能反映出实体间的隶属或层次关系，网络模型能反映出实体复杂的多对多关系，但这两种模型都存在结构复杂的缺点。关系数据模型使用二维表格来表达数据实体间的关系，通过关系操作来查询和提取数据实体间的关系，其优点是操作灵活，以关系代数和关系操作为基础，具有较好的描述一致性，缺点是难以表达复杂的对象关系，在效率、数据语义和模型扩展等方面还存在一些问题。

**（3）物理数据模型**

逻辑数据模型（Physical Data Model）并不涉及计算机最底层的物理实现细节，但计算机处理的是二进制数据，所以必须将逻辑数据模型转换为物理数据模型，即要求完成空间数据的物理组织、空间存取方法和数据库总体存储结构等的设计工作。

# 3.2 空间数据模型

数据模型是对现实世界中的数据和信息的抽象、表示和模拟。空间数据模型是关于GIS 中空间数据组织的概念，反映现实世界中空间实体及其相互联系，为空间数据组织和空间数据库模式设计提供着基本的概念和方法。因此，对空间数据模型的深入认识和研究在设计 GIS 空间数据库和发展新一代 GIS 系统的过程中起着举足轻重的作用。

在 GIS 中与空间信息有关的模型有三个，即基于场模型、对象模型和网络模型，如图3-3 所示。对象模型也称作要素模型，强调地理空间中离散的单个地理现象，能够与其他相邻的现象分离开来，适合于对具有明显边界的地理现象进行抽象建模，如建筑物、道路、湖泊、岛屿等。场模型也称为域模型，表示二维或三维空间中连续变化的数据，如地表温度、地形高度、空气污染程度等。网络模型与对象模型的某些方面相同，都描述不连

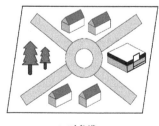
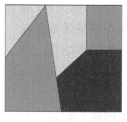
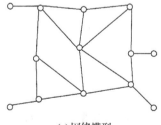

(a)对象模        (b)场模型        (c)网络模型

**图 3-3 空间数据模型**

续的地理现象，不同之处在于网络模型需要考虑通过路径相互连接体现多个地理现象之间的连通情况，如现实中的铁路、公路、管道、通信线路等都可以表示成相应点之间的连线构成的网络。

### 3.2.1 场模型

场模型（Field Model）适用于模拟具有一定空间内连续分布特点的现象，如地表温度、地形高度、空气污染程度等。根据不同的应用，场可以表现为二维或三维。一个二维场就是在二维空间 $R^2$ 中任意给定的一个空间位置上，都有一个表现某现象的属性值，即 $A = f(x, y)$。三维场是在三维空间 $R^3$ 中任意给定一个空间位置上，都对应一个属性值，即 $A = f(x, y, z)$。一些现象（如空气污染）的空间分布本质上是三维的，但为了便于表达和分析，通常采用二维空间来表示。

#### 3.2.1.1 场模型的表示

由于连续变化的空间现象难以观察，在研究实际问题时，常常采用在有限时空范围内获取足够的高精度样点观测值的方式来表征场的变化。在不考虑时间变化的情况，二维空间场一般采用 6 种具体的场模型来描述，如图 3-4 所示。

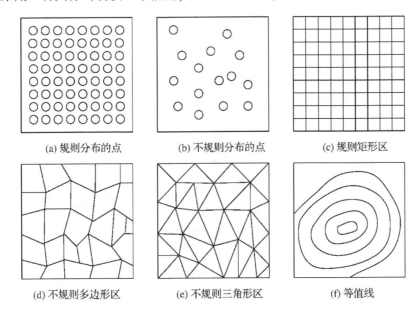

(a) 规则分布的点　　　　(b) 不规则分布的点　　　　(c) 规则矩形区

(d) 不规则多边形区　　　　(e) 不规则三角形区　　　　(f) 等值线

**图 3-4　场模型的 6 种表示**

①规则分布的点：在平面区域布设数目有限、间隔固定且规则排列的样点，每个点都对应一个属性值，其他位置的属性值可通过线性内插方法求得。

②不规则分布的点：在平面区域根据需要自由选定样点，每个点都对应一个属性值，其他任意位置的属性值可通过克里金内插、距离倒数加权内插等空间内插方法求得。

③规则矩形区：将平面区域划分为规则的、间距相等的矩形区域，每个矩形区域称作格网单元。每个格网单元对应一个属性值，而忽略格网单元内部属性的细节变化。

④不规则多边形区：将平面区域划分为简单连通的多边形区域，每个多边形区域的边界由一组点所定义；每个多边形区域对应一个属性常量值，而忽略区域内部属性的细节变化。

⑤不规则三角形区：将平面区域划分为简单连通三角形区域，三角形的顶点由样点定义，且每个顶点对应一个属性值；三角形区域内部任意位置的属性值可通过线性内插函数得到。

⑥等值线：用一组等值线将平面区域划分成若干个区域。每条等值线对应一个属性值，两条等值线中间区域任意位置的属性是这两条等值线的连续插值。

### 3.2.1.2 栅格数据模型

栅格数据模型适宜于用场模型表达空间对象，是将连续空间离散化，用二维铺盖或划分覆盖整个连续空间。铺盖可以分为规则铺盖和不规则铺盖，在规则铺盖中，方格、三角形和六角形是空间数据处理中最常用的。采用栅格数据模型进行数字图像处理和分析已被广泛应用于遥感、医学图像、计算机视觉等领域。

栅格数据模型把空间看作像元的划分，点实体是一个像元，线实体由一串彼此相连的像元构成，面实体则由一系列相邻的像元构成(图3-5)。

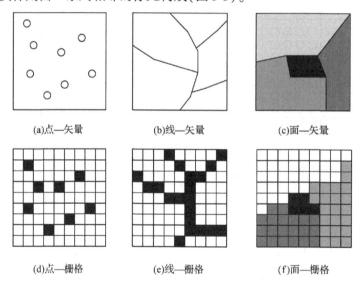

(a)点—矢量　　　　(b)线—矢量　　　　(c)面—矢量

(d)点—栅格　　　　(e)线—栅格　　　　(f)面—栅格

**图 3-5　栅格数据模型的空间对象表示**

每个像元都是分类或者标识所包含现象的记录，每个像元对应于一个表示该实体属性的值。若需要描述同一地理空间的不同属性，则按不同的属性将数据分层，每层描述一种属性，每个像元的值表示在已知类中现象的分类情况(图3-6)。

由于像元具有固定的尺寸和位置，分类的界限被迫采用沿着栅格像元的边界线。栅格图层中每个像元都被分为一个单一的类型，在表现现象分布时可能造成误解，其程度则取决于像元的大小。如果像元尺寸相对于现象特征而言非常小，栅格则是表现自然现象边界随机分布的一种特别有效的方式。如果每个像元限定为一个类，栅格模型就不能充分地表

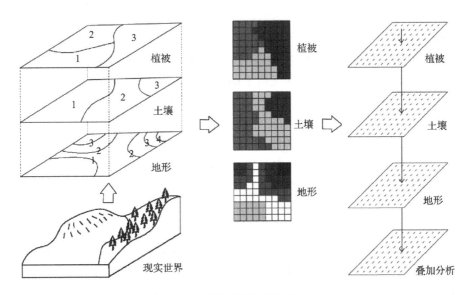

**图 3-6　栅格数据分层与叠加**

现一些自然现象的转换属性，除非抽样被降低到微观的水平，否则，许多像元的类事实上都是混合类。模糊的特征通过混合像元在栅格内可以被有效地表达，其分类通过像元所有组成度量或者预测的百分比来表示。

栅格模型的重要特征是每个像元的位置被预先确定，所以 GIS 数据处理很容易进行叠加运算以比较不同图层中所存储的特征。在一个具体应用的不同图层中，每个属性可以从逻辑上或者从算法上与其他图层中的像元的属性相结合，以便产生一个相应的重叠的属性值。

### 3.2.2　对象模型

对象模型也称为要素模型（Feature Model），将所研究地理空间中的地理现象和空间实体作为独立分布的对象。按照空间特征可分为点、线、面三种基本对象。点的维数是 0，具有特定的位置；线的维数是 1，表示对象和它们的边界的空间属性；面对象是二维的，由多边形组成。对象与其他对象可能构成复杂对象，并且与其他分离的对象保持特定的关系；每个对象对应一组相关的属性以区分各个不同的对象。

#### 3.2.2.1　对象模型的基本概念

对象模型强调地理空间中的单个地理现象，适合于对具有明显边界的地理现象进行抽象建模。任何现象，无论大小，只要能从概念上与其相邻的其他现象分离开来，就可以被确定为一个对象，如湖泊、岛屿、河流等自然现象和建筑物、道路、设施等人文现象，它们都可以看做是离散的单个地理现象。

对象模型把地理现象当做空间要素或空间实体，空间要素必须符合 3 个条件：
①可被标识。
②在观察中的重要程度。

③有明确的特征且可被描述。实体的特征可通过静态属性(如名称)、动态的行为特征和结构特征来描述。

对于一个空间应用而言,采用对象模型还是场模型进行建模,主要取决于应用要求和习惯。在遥感领域,主要利用卫星和飞机上的传感器收集地表数据,场模型占主导地位。同时,应该指出,对象和场在多种水平上共存,即在许多情况下采用对象模型和场模型的集成。例如,采集降雨数据的各个点在空间上很分散且分布无规律,而且这些采集点还有各自的特征,那么,一个包含两个属性——采集数据点位置(对象)和平均降水量(场)的概念模型,也许更适合于描述区域降雨现象特性的变化。总之,对象模型和场模型各有长处,应恰当地综合应用这两种模型对地理现象进行抽象建模。

### 3.2.2.2 矢量数据模型

矢量方法强调了离散现象的存在,由边界线(点、线、面)来确定边界,因此可以看成是基于要素的。矢量数据模型是目前 GIS 领域应用最广泛、与传统地图表达最接近的空间数据模型,如图 3-7 所示。矢量数据模型采用相当于线条画的表达方式,即用点、线和面来刻画空间对象的位置、轮廓及其几何关系,同时组织好属性,以便与空间特征数据共同描述地理事物及其相互联系。为了用计算机来实现表达,矢量数据模型通常包括以下构成部分。

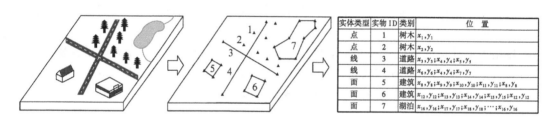

| 实体类型 | 实物 ID | 类别 | 位　　置 |
|---|---|---|---|
| 点 | 1 | 树木 | $x_1, y_1$ |
| 点 | 2 | 树木 | $x_2, y_2$ |
| 线 | 3 | 道路 | $x_3, y_3; x_4, y_4; x_5, y_5$ |
| 线 | 4 | 道路 | $x_6, y_6; x_4, y_4; x_7, y_7$ |
| 面 | 5 | 建筑 | $x_8, y_8; x_9, y_9; x_{10}, y_{10}; x_{11}, y_{11}; x_8, y_8$ |
| 面 | 6 | 建筑 | $x_{12}, y_{12}; x_{13}, y_{13}; x_{14}, y_{14}; x_{15}, y_{15}; x_{12}, y_{12}$ |
| 面 | 7 | 湖泊 | $x_{16}, y_{16}; x_{17}, y_{17}; x_{18}, y_{18}; \cdots; x_{16}, y_{16}$ |

图 3-7　空间对象的矢量数据模型

**(1)二维空间坐标系**

二维空间坐标系是表达空间对象的空间位置和形状的基础,GIS 中的二维空间坐标系可以是普通的平面坐标系,也可以是大地坐标系或者地理坐标系。普通坐标系的地图也可以表达实物之间的相对位置,但最终要转换到地理坐标系中。基于平面坐标系,矢量数据模型利用位置坐标$(x, y)$或者其组合来表达点状、线状和面对象的位置、形状和它们之间的空间关系。矢量数据模型中的坐标原则上可以任取,在密度上没有限制,这点与栅格数据模型不同。

**(2)几何数据**

空间坐标$(x, y)$数据及其组合称为几何数据,也称为图像数据。在矢量数据模型中,点状、线状和面状空间对象的位置、形状和它们之间的空间关系的几何数据分别组织如下:

①点状空间对象:在研究中可以忽略自身的大小,用一个几何点坐标$(x_1, y_1)$来表示。

②线状空间对象:在研究中可以忽略自身的宽度,用一串几何点坐标$(x_1, y_1)$,$(x_2, y_2)$,…,$(x_n, y_n)$来表示。

③面状空间对象：用首尾相连的一串坐标串$(x_1, y_1)$，$(x_2, y_2)$，…，$(x_n, y_n)$，$(x_1, y_1)$，即闭合线来表现其边界轮廓。

**（3）属性数据**

属性数据通常用关系表的形式来组织。属性数据分为基本属性数据和说明数据两种类型，大多数属性数据为基本属性数据。基本属性数据中多数是描述空间对象本身各种性质的数据，还有一些是描述某些空间位置关系和进一层空间关系的数据，如拓扑特征等。说明数据是除基本属性数据外为GIS组织或运作服务的属性数据，如描述空间对象的输出符号和注记的数据。

**（4）唯一标识符**

在矢量数据模型中，几何数据和属性数据通常是分别存储的，为保证所描述的空间特征数据和属性数据之间，对照于地物是一一对应的关系，就必须对所有的点、线和面赋予唯一标识符或者标识码（ID）。常用的方法是，为每个点、线、面编号，并用之作为唯一标识符，如图3-7所示"湖泊"的编号为"7"，则"7"就是这个多边形及其属性的标识码。

### 3.2.2.3 基于要素的空间关系

空间关系是指地理空间实体之间相互作用的关系。空间关系主要有：拓扑空间关系、顺序空间关系和度量空间关系。

**（1）拓扑空间关系**

地图上的拓扑空间关系（topological spatial relation）是指图形在保持连续状态下的变形（缩放、旋转和拉伸等）但图形关系不变的性质。地图上各种图形的形状、大小随图形的变形而改变，但图形要素间的邻接关系、关联关系、包含关系和连通关系保持不变。如图3-8所示，$A_1$，$A_2$，$A_3$，…，$A_5$为节点，$L_1$，$L_2$，$L_3$，…，$L_{11}$为线段，$P_1$、$P_2$、$P_3$、$P_4$为多边形，拓扑空间关系包括：

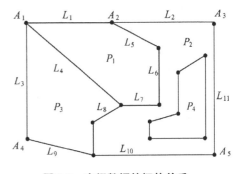

**图3-8 空间数据的拓扑关系**

①邻接关系：表示空间图形中同类要素之间的拓扑关系。例如，节点之间的邻接关系$A_1$与$A_2$、$A_4$等；多边形之间的邻接关系$P_1$与$P_2$、$P_1$与$P_3$等。

②关联关系：表示空间图形中不同类要素之间的拓扑关系。例如，节点与线段之间的关联关系：$A_1$与$L_1$、$L_3$、$L_4$，$A_3$与$L_2$、$L_{11}$等；线段与多边形的关联关系：$L_4$与$P_1$、$P_3$，$L_{11}$与$P_2$等；线段与节点的关联关系：$L_1$与$A_1$、$A_2$，$L_3$与$A_1$、$A_4$；多边形与线段的关联关系：$P_1$与$L_1$、$L_4$、$L_5$、$L_6$、$L_7$等。

③包含关系：表示空间图形中不同类或者同类但不同级要素之间的拓扑关系。例如，多边形$P_2$包含$P_4$。

④连通关系：表示空间图形中线段之间的拓扑关系。例如，$L_1$与$L_2$，$L_3$与$L_9$等。

上述拓扑关系中，有些关系可以通过其他关系得到，所以在实际描述空间关系时，一般仅将其中的部分关系表示出来，而其余关系则隐含，如连通关系可以通过节点与线段以及线段与节点的关联关系得到。

除了在逻辑上定义节点、线段和多边形来描述图形要素的拓扑关系外，不同类型的空间实体间也存在着拓扑关系。分析点、线、面 3 种类型的空间实体，它们两两之间存在着相邻、相交、相离、包含和重合 5 种关系，如图 3-9 所示。

①点-点：点实体与点实体之间只存在相离和重合两种关系。例如，地图上两个分离的城市，电线杆与变压器在垂直投影面上重合等。

②点-线：点实体与线实体之间存在相邻、相离和包含(或称为相交) 3 种关系。例如，油田与管道相邻，道路与山顶点相离，收费站在高速公路中等。

③点-面：点实体与面实体之间存在相邻(或称为相交)、相离和包含 3 种关系。例如，水库与输水闸相邻，山顶点与湖泊相离，电线杆在农田等。

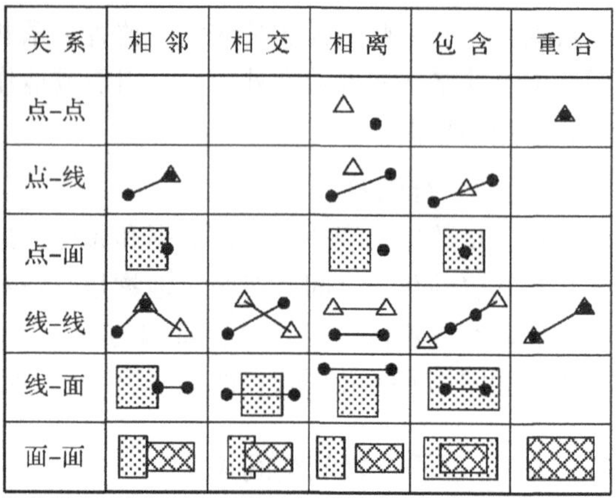

| 关 系 | 相 邻 | 相 交 | 相 离 | 包 含 | 重 合 |
|---|---|---|---|---|---|
| 点-点 | | | △ ● | | ▲ |
| 点-线 | ●—▲ | | △ ●—● | △—● | |
| 点-面 | ● | | △ | ● | ● |
| 线-线 | ● | ✕ | △—△ | ▲—●—△ | ▲ |
| 线-面 | ●—● | ● | ●—● | ●—● | |
| 面-面 | ▨▨ | ▨▨ | ▨ ▨ | ▨▨ | ▨ |

**图 3-9　不同类型实体间的拓扑关系**

④线-线：线实体与线实体之间存在相邻、相交、相离、包含和重合 5 种关系。例如，主输电线与分输电线相邻(连通)，公路与河流相交，河流与山脊线相离，河流中包含航线，道路与沿路铺设的管道重合等。

⑤线-面：线实体与面实体之间存在相邻、相交、相离和包含 4 种关系。例如，湖泊与上下游河流相邻，公路与湖泊相交，湖泊与山脊线相离，某省内的省道等。

⑥面-面：面实体与面实体之间存在相邻、相交、相离、包含和重合 5 种关系。例如，相邻的两个省，土地利用图版与土壤分类图斑相交，某市包含多个县，宗地与建筑物底面重合等。

空间数据的拓扑关系对数据处理和空间分析具有以下重要的意义：

①拓扑关系能清楚地反应实体之间的逻辑结构关系，它比集合数据具有更大的稳定性，不随地图投影而变化。根据拓扑关系，不需要利用坐标或距离便可以确定一种空间实体相对于另一种空间实体的位置关系。

②利用拓扑关系有利于空间要素的查询。例如，某条公路通过哪些地区，某县与哪些县邻接，分析湖泊周围的土地类型及对生物栖息环境做出评价等。

③可以根据拓扑关系重建地理实体。例如，根据弧段构建多边形，实现道路的选取，进行最佳路径的选择等。

**(2)顺序空间关系**

顺序空间关系(order spatial relation)也称作方向关系、方位关系、延伸关系，是基于空间实体在地理空间的分布，采用上下、左右、前后、东西、南北等方向性名词来描述的一种空间关系。同拓扑空间关系的形式化描述类似，顺序空间关系也可以按点-点、点-

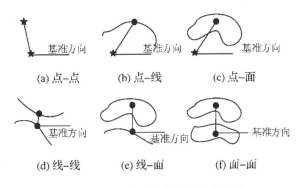

**图 3-10　不同类型实体间的顺序关系**

线、点-面、线-线、线-面和面-面等组合来考察不同类型空间实体间的顺序关系，如图 3-10 所示。

由于顺序空间关系必须是在对空间实体间方位进行计算后才能得出相应的方位描述，而这种计算又非常复杂，因此实体间顺序空间关系的构建目前尚没有很好的解决方法。另外，随着空间数据的投影和几何变换，顺序空间关系也会发生变化，所以在 GIS 中并不对顺序空间关系进行描述和表达。

从计算的角度来看，点-点顺序关系只要计算两点连线与某一基准方向的夹角即可。同样，在计算点实体与线实体、点实体与面实体的顺序空间关系时，只要将线实体和面实体简化至其中心（质心或重心），并将其视为点实体，按点-点顺序关系进行计算。但这种简化需要判断点实体是否落入线实体或面实体内部，而且这种简化在很多情况下会得出错误的方位关系，如点与呈月牙形面的顺序关系。

在计算线-线、线-面和面-面实体间的顺序关系时，情况变得异常复杂。当实体间的距离很大时，此时实体的大小和形状对它们之间的顺序关系没有影响，可将其转化为点，其顺序关系则转化为点-点之间的顺序关系；但当它们之间距离较小时，则难以计算。

**(3) 度量空间关系**

度量空间关系（metric spatial relation）是指空间实体间的距离关系，也可以按照点-点、点-线、点-面、线-线、线-面和面-面等不同组合来考察不同类型空间实体间的度量关系。距离的度量可以是定量的，如按欧氏距离计算得出 A 实体距离 B 实体 500m，也可以应用与距离概念相关的概念如远近等进行定性地描述。与顺序空间关系类似，距离值随投影和几何变换而变化。建立点-点的度量关系容易，点-线和点-面的度量关系较难，而线-线、线-面和面-面的度量关系更为困难，涉及大量的判断和计算。

## 3.2.3　网络模型

### 3.2.3.1　网络空间

公认的网络拓扑系统研究的创始人是数学家 Leonard Euler，他在 1736 年解决了当时的一个著名问题——"Konigsberg 桥"问题。图 3-11a 显示了该桥的概略路线图。该问题就是找到一个循环的路，该路只穿过其中每个桥一次，最后返回到起点。一些实验表明这项任

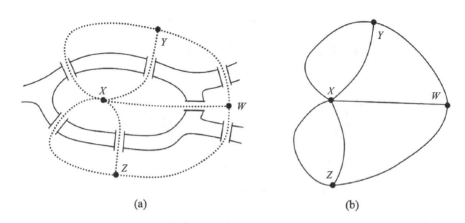

(a)　　　　　　　　　　　　(b)

**图 3-11　Konigsberg 桥问题的图形理论模型**

务是不可能的，然而，要说明它并不是这样容易的。

Euler 成功地证明了这是一项不可能的任务，或者说，这个问题是无解的。他建立了该桥的一个空间模型，该模型抽象出了所有桥之间的拓扑关系（图 3-11b）。实心圆表示节点或顶点，它们分别被标上 W、X、Y、Z，并且抽象为陆地面。线表示弧段或边线，它们抽象为陆地之间的连线，并且在每种情况下需要使用一个桥，完整的模型称为网络。Euler 证明了不可能从一个节点开始，沿着图形的边界，只遍历每个边界一次，最后到达第一个节点。他所采用的论点是非常简单的，依据的是经过每个节点的边的奇偶数。除了开始的节点和末端的节点外，经过一个节点的路径必须是沿着一个边界进入，又沿着另一个边界出去。因此，如果这个问题是有解的话，那么每个中间节点相连的边界的数必须是偶数。图 3-11 中，没有一个节点的边界数是偶数的，因此，这个问题是没有解的，并且与"Konigsberg 桥"问题有关的最初问题也是无解的。

### 3.2.3.2　网络模型

在网络模型（Network Model）中，地物被抽象为链、节点等对象，同时要关注其相互关系。基于网络的空间模型与要素型的空间模型在一些方面有共同点，因为它们经常处理离散的地物，但是网络模型最基本的特征是需要多个要素之间的影响和互动，通常沿着与它们相连接的通道。相关现象的精确形状并不是非常重要的，重要的是具体现象之间距离或者阻力的度量。网络模型的典型例子是研究交通问题，包括陆上、海上、航空线路，以及通过管线与隧道等分析水、油气及电的流动。

网络模型的基本特征是节点数据间没有明确的从属关系，一个节点可与其他多个节点创建关系。网络模型将数据组织成有向图结构。结构中节点代表数据记录，连接描述不同节点数据间的关系。有向图的形式化定义为：

$$Digraph = (Vertex, \{Relation\}) \tag{3-1}$$

式中　Vertex——图中数据元素（顶点）的有限非空集合；

Relation——两个顶点（Vertex）之间的关系的集合。

有向图结构比树结构具有更大的灵活性和更强的数据建模能力。网络模型可以表示多对多的关系，其数据存储效率高于层次模型，但其结构的复杂性限制了它在空间数据库中的应用。

网状模型反映了现实世界中常见的多对多关系，在一定程度上支持数据的重构，具有一定的数据独立性和共享特性，并且执行效率较高，但它在应用时也存在以下问题：

①网络结构的复杂增加了用户查询和定位的困难，它要求用户熟悉数据的逻辑结构，确定自身所处的位置。

②网络数据操作命令具有过程式性质。

③不直接支持对于层次结构的表达。

④不具备演绎功能。

⑤不具备操作代数基础。

### 3.2.4　三维模型

三维模型是以上三种基本模型在三维空间上的扩展。随着二维 GIS 数据模型与数据机构理论和技术的成熟，图形学理论、数据库理论技术和其他相关计算机技术的进一步发展，人们越来越要求从真三维空间来处理问题，如采矿、地质、石油等方面的自然现象是三维的，采用二维 GIS 来描述时往往力不从心，三维 GIS 的大力研究和加速发展已成为可能。

#### 3.2.4.1　三维 GIS 的功能

目前，不同专业领域的学者根据各自的应用需求提出了相应的三维 GIS 所研究的内容及实现的功能。Breunig 从空间信息集成的角度提出三维 GIS 必备的 3 项功能：即复杂地学对象的管理和处理；能够对由各种空间对象表达形式表示的地学复杂对象进行有效的空间存取；能够对各种空间对象进行有效的空间操作。Alexander 在城市三维 GIS 的设计中提到了城市三维 GIS 应该具备的另两项功能：即能受益于现代数据获取方法的进步；城市三维 GIS 应面向未来。Rhind 提出了三维 GIS 可能包括的数据采集、数据结构化、布尔操作、计算、分析、可视化、系统管理等 10 项功能。

综合以上观点，结合应用系统开发经验和具体用户的需求，三维 GIS 应该至少包括以下 11 种功能：三维数据获取，数据质量评估和控制，数据存储，三维空间模型建立、编辑和修改，三维空间关系描述和表达，不同类型和不同比例尺的数据结构转换，空间变换，三维可视化，时态数据处理，三维空间分析，系统管理。

#### 3.2.4.2　三维空间数据模型

现有的三维空间数据模型可以分为基于面表示的数据模型、基于体表示的数据模型和混合数据模型 3 种。

**(1)基于面表示的数据模型**

基于面表示的数据模型侧重于三维空间表面的表示，如规则格网、不规则三角网和混合法。规则格网和不规则三角网被广泛地应用于模拟地形表面。该类数据模型由面表示形成三维空间目标，其优点是便于显示和数据更新，不足之处是难以进行空间分析。

**（2）基于体表示的数据模型**

基于体表示的数据模型侧重于三维空间体的表示，如三维栅格、八叉树、四面体网格等，该类数据模型通过体描述三维空间目标，其优点是易于空间操作和分析，不足之处是存储空间大，计算速度慢。

**（3）混合数据模型**

由于目前提出的三维数据模型各具优缺点，将不同数据模型集成是一种很有前途的发展方向，如八叉树与四面体的混合、矢量数据模型与栅格数据模型的混合等。混合数据模型能够充分利用不同数据模型在描述不同空间实体所具有的优点，实现对三维地理空间现象的有效、完整的描述。

# 3.3　空间数据结构

空间数据结构是指对空间逻辑数据模型的数据组织关系和编排方式，其对地理信息系统中数据存储、查询检索和应用分析等操作处理的效率有着至关重要的影响。空间数据结构是地理信息系统沟通信息的桥梁，只有充分理解地理信息系统所采用的特定数据结构，才能正确有效地使用系统。在地理信息系统中，除较常用的栅格数据结构和矢量数据结构之外，还有矢－栅混合数据结构、镶嵌数据结构和三维数据结构等。空间数据结构的选择取决于数据的类型、性质和使用的方式，应根据不同的任务目标，选择最有效和最合适的数据结构。

## 3.3.1　矢量数据结构

矢量数据结构是对矢量数据模型进行的数据组织。矢量数据结构以几何空间坐标为基础，它通过记录实体坐标及其关系，尽可能精确地表示点、线、面等地理实体。该数据结构对复杂数据以最小的数据冗余进行存储，具有数据精度高、存储空间小等特点，是一种高效的图形数据结构。另外，这种数据组织方式可以得到精美的地图。

矢量数据结构按其是否明确表示地理实体间的空间关系分为实体数据结构和拓扑数据结构两类。

### 3.3.1.1　实体数据结构

实体数据结构也称为 Spaghetti 数据结构，是以多边形为单元进行组织，将多边形边界看作线段的简单闭合；不从属于任何多边形的点和线段另外组织。按照这种数据结构，边界坐标数据和多边形单元实体一一对应，各个多边形边界点都单独编码并记录坐标。例如，图 3-12 中的多边形 *A*、*B*、*C*、*D* 可采用两种结构进行组织。第

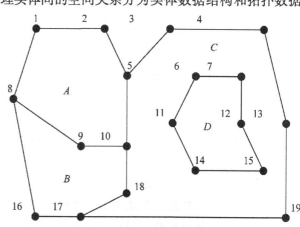

**图 3-12　原始多边形数据**

一种结构采用表 3-1 组织；第二种结构采用表 3-2 组织多边形顶点坐标，在表 3-3 中记录多边形与顶点的关系。

实体数据结构是较简便的矢量数据结构，具有编码容易、数字化操作简单和数据编排直观等优点，但是这种方法也有以下明显缺点：

①相邻多边形的公共边界要数字化两遍，易造成数据冗余，也可能导致输入的多边形出现缝隙或重叠。

②缺少多边形的邻域信息和图形的拓扑关系，如岛只作为一个单个图形，没有建立与外界多边形的联系。

因此，实体数据结构只适用于简单的系统，如计算机地图制图系统。

表 3-1　多边形数据文件

| 多边形 ID | 坐　标 |
|---|---|
| A | $(x_1, y_1), (x_2, y_2), (x_5, y_5), (x_{10}, y_{10}), (x_9, y_9), (x_8, y_8), (x_1, y_1)$ |
| B | $(x_8, y_8), (x_9, y_9), (x_{10}, y_{10}), (x_{18}, y_{18}), (x_{17}, y_{17}), (x_{16}, y_{16}), (x_8, y_8)$ |
| C | $(x_3, y_3), (x_4, y_4), (x_{13}, y_{13}), (x_{19}, y_{19}), (x_{17}, y_{17}), (x_{18}, y_{18}), (x_{10}, y_{10}), (x_5, y_5), (x_3, y_3)$ |
| D | $(x_6, y_6), (x_7, y_7), (x_{12}, y_{12}), (x_{15}, y_{15}), (x_{14}, y_{14}), (x_{11}, y_{11}), (x_6, y_6)$ |

表 3-2　点坐标文件

| 点　号 | 坐　标 |
|---|---|
| 1 | $(x_1, y_1)$ |
| 2 | $(x_2, y_2)$ |
| … | … |
| 19 | $(x_{19}, y_{19})$ |

表 3-3　多边形文件

| 多边形 ID | 点号串 |
|---|---|
| A | 1, 2, 5, 10, 9, 8, 1 |
| B | 8, 9, 10, 18, 17, 16, 8 |
| C | 3, 4, 13, 19, 17, 18, 10, 5, 3 |
| D | 6, 7, 12, 15, 14, 11, 6 |

## 3.3.1.2　拓扑数据结构

拓扑数据结构是具有拓扑关系的矢量数据结构。拓扑数据结构是 GIS 分析和应用所必须的。拓扑数据结构没有固定格式和统一标准，但基本原理相同。它们的共同特点是：点是相互独立的，点连成线，线构成面；每条线始于起始节点，止于终止节点，并与左右多边形相邻接。

拓扑数据结构最重要的特征是具有拓扑编辑功能。这种拓扑编辑功能不仅保证数字化原始数据的自动差错编辑，而且可以自动形成封闭的多边形边界，为由各个单独存储的弧段组成所需要的各类多边形及为建立空间数据库奠定基础。

拓扑数据结构中表达的拓扑关系有以下 3 种。

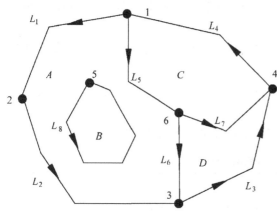

**图 3-13　拓扑数据结构示意**

**（1）线拓扑**

线拓扑表示线与其节点的关联关系，还表示以线为公共边界的两个多边形的邻接关系。数据组织的一般形式是：在一条线的数据中，列出该条线的起始节点和终止节点，以表现该线与节点的关联关系，例如，图 3-13 中 $L_1$ 线的起始节点为 1，终止节点为 2；另外列出该条线左右两侧多边形的序号，以表示这两个多边形在该条线两侧的邻接关系，例如，$L_5$ 线的左右多边形分别是 $C$ 和 $A$。此处需要说明的是，左右是从该线的方向看去的左右。

**（2）节点拓扑**

节点拓扑表现在该节点上的各线的连通关系。数据组织的一般形式是：在一个点的数据中，给出交于该点的各条线的序号，例如，图 3-13 中交于节点 1 的线是 $L_1$、$L_4$ 和 $L_5$。

**（3）多边形拓扑**

多边形拓扑表现多边形与其边界线的构成关系，也能表现多边形之间的包含关系，即"岛"关系。数据组织的常用形式是：在一个多边形数据中，列出构成其边界的各条线的序号。例如，图 3-13 中多边形 $B$ 是多边形 $A$ 所包含的"岛"，构成多边形 $B$ 的是 $L_8$ 线；构成多边形 $A$ 的各条线是 $L_1$、$L_2$、$L_6$、$L_5$（外环），以及 $L_8$（内环）。

拓扑数据结构包括索引式结构、双重独立编码结构、链状双重独立编码结构等。索引式结构采用树状索引以减少数据冗余并间接增加邻域信息，可通过对多边形文件的线索引处理得到，但比较繁琐，工作量大且易出错。双重独立编码结构简称 DIME（dual independent map encoding）编码系统，是对图上网状或面状要素的任何一条线段，用顺序的两点定义以及相邻多边形来予以定义。双重独立编码结构最早是美国人口统计系统采用的一种编码方式，是以城市街道为编码主体，最适合用于城市信息系统。链状双重独立式数据结构是 DIME 数据结构的一种改进。

### 3.3.2　栅格数据结构

栅格数据结构是以规则栅格阵列表示空间对象的数据结构，阵列中的每个栅格单元的数值表示空间对象的属性特征。栅格阵列中以每个单元的行列号确定其位置，属性值表示空间对象的类型、等级等特征，且每个单元只有一个值。

栅格结构表示的地表是不连续的，是量化和近似离散的数据。在栅格结构中，地表被分成相互邻接、规则排列的栅格单元，一个栅格单元对应于一小块地理范围。在栅格结构中，点实体用一个栅格单元表示；线状实体用一组沿线走向相邻的栅格单元表示；面状实体用有相同属性的相邻栅格单元的集合表示。遥感影像即采用的栅格结构，每个像元的值表示影像的灰度。

栅格数据结构的显著特点是属性明显、定位隐含，即数据直接记录属性的指针或属性本身，而所在位置则根据行列号转换为相应的坐标，也就是说定位是根据数据在数据集中的位置得到的。同时，栅格数据结构具有数据结构简单、数学模拟方便的优点；但栅格数据结构也存在着缺点，即数据量大，难以建立实体间的拓扑关系，通过改变分辨率而减少数据量时精度和信息量同时受损等。

### 3.3.2.1　栅格单元值的确定

栅格单元值是唯一的，但由于受到栅格单元大小（即分辨率）的限制，栅格单元中可能会出现多个地物，那么在决定栅格单元值时应尽量保持其真实性，保证最大的信息容量。如图 3-14 所示的一个矩形区域，内部有 A、B、C 三种地物类型，O 为中心点，将这个矩形区域表示为栅格结构中的一个栅格单元时，要确定该单元的属性值，可根据需要选用如下方法。

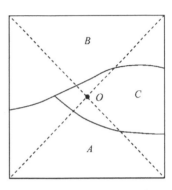

图 3-14　栅格单元值的确定

①中心点法：用位于栅格中心点的地物类型或现象特性决定其取值。在图 3-14 中，中心点 O 落在地物 C 范围内，按照中心点法，该栅格单元取值为 C。中心点法常用于具有连续分布特性的地理现象，如降水量分布、人口密度等。

②面积占优法：用占矩形区域面积最大的地物类型或现象特性决定其取值。在图 3-14 中，B 类地物所占面积最大，所以该栅格单元取值为 B。面积占优法常用于分类较细、地物类别斑块较小的情况。

③重要性法：根据栅格内不同地物的重要性，选取最重要的地物类型决定栅格取值。设图 3-14 中 A 类地物是最重要的地物类型，则栅格单元的值为 A。重要性法常用于具有特殊意义而面积较小的地理要素，特别是点、线状地理要素，如城镇、交通枢纽、交通线、河流水系等。

④百分比法：根据矩形区域内各地理要素所占面积的百分比数确定栅格单元的代码，如可记面积最大的两类 BA，也可以根据 B 类和 A 类所占面积百分比数在代码中加入数字。

接近原始精度的第二种方法是增加空间分辨率，即缩小栅格单元的面积，增加栅格单元的总数。这样每个栅格单元可以代表更为精细的地面单元，混合单元减少。混合类别和面积大大减小，可以更接近真实形态，表现更细小的地物类型，提高量算的精度，但空间分辨率的提高会使数据量大幅增加，数据冗余严重。

### 3.3.2.2　编码方式

#### （1）完全栅格数据结构

完全栅格数据结构也称为简单栅格数据结构，是相对于压缩栅格数据结构而言的，它将栅格看作数据矩阵，逐行逐个记录栅格单元的值。完全栅格数据结构不采用任何压缩数据的处理，是最简单、最直接的栅格编码方法。

完全栅格数据结构的组织有 3 种基本方式：基于像元、基于层和基于面域，如图 3-15 所示。

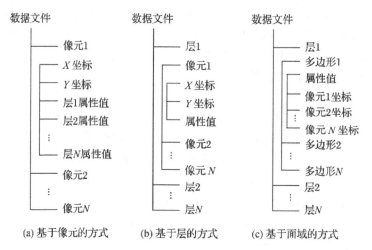

(a) 基于像元的方式　　(b) 基于层的方式　　(c) 基于面域的方式

**图 3-15　栅格数据组织方式**

①基于像元：以像元为独立存储单元，每一个像元对应一条记录，记录内容包括像元坐标及其各层属性值的编码。基于像元的方式各层对应像元的坐标只需存储一次，因此节省了许多存储空间。

②基于层：以层为存储基础，层中又以像元为序记录其坐标和对应该层的属性值编码。

③基于面域：以层作为存储基础，层中再以面域为单元进行记录。记录内容包括面域编号、面域对应该层的属性值编码、面域中所有栅格单元的坐标。同一属性的多个相邻像元只需记录一次属性值。

基于像元的数据组织方式简洁明了，便于数据扩充和修改，但进行属性查询和面域边界提取时速度较慢；基于层的数据组织方式便于进行属性查询，但每个像元的坐标均要重复记录，浪费了存储空间；基于面域的数据组织方式虽然便于面域边界提取，但在不同层中像元的坐标也要多次存储。

**（2）压缩栅格数据结构**

目前，栅格数据压缩有一系列编码方式，常用的编码方式有链码、游程长度编码、块码和四叉树编码等。压缩编码的目的是用尽可能少的数据量记录尽可能多的信息，其类型又分为信息无损编码和信息有损编码。信息无损编码是指在编码过程中没有任何信息损失，通过解码操作可以安全恢复原来的信息；信息有损编码是指为了提高编码效率，最大限度地压缩数据，在压缩过程中损失一部分相对不重要的信息，解码时这部分信息难以恢复。在 GIS 中多采用信息无损编码，而对原始遥感影像进行压缩编码时，有时也采用有损压缩编码的方式。

①链码：链码又称为弗里曼链码或边界链码，链码可以有效地压缩栅格数据，而且对于估算面积、长度、转折方向的凹凸度等运算十分方便，比较适合于存储图形数据。缺点

是对边界进行合并和插入等修改编辑工作比较困难，对局部的修改将改变整体结构，效率较低，而且由于链码以每个区域为单位存储边界，相邻区域的边界将被重复存储而产生冗余。

②游程长度编码：游程长度编码又称为行程编码，不仅是一种栅格数据无损压缩的重要编码方法，也是一种栅格数据结构。它的基本思路是对于一幅栅格图像，常常有行(或列)方向上相邻的若干点具有相同的属性代码，因而可采取某种方法压缩那些重复的记录内容。其编码方案有两种：一种是只在各行(或列)数据的代码发生变化时依次记录该代码以及相同的代码重复的个数；另一种是逐个记录各行(或列)代码发生变化的位置和相应代码。

在栅格压缩时，游程长度编码的数据量没有明显增加，压缩效率较高，且易于检索、叠加合并等操作，运算简单，适用于机器存储容量小、数据需大量压缩，又要避免复杂的编码解码运算而增加处理和操作时间的情况。

③块码：块码是游程长度编码扩展到二维的情况下，采用方形区域作为记录单元，每个记录单元包括相邻的若干栅格，数据结构由初始位置(行、列号)和半径，再加上记录单位的代码组成。块码具有可变的分辨率，即当代码变化小时图块大，区域图斑内的分辨率低；反之，分辨率高，以小块记录区域边界，以此达到压缩的目的。因此，块码与游程长度编码相似，随着图形复杂程度的提高而降低效率，图斑越大，压缩比越高；图斑越碎，压缩比越低。块码在合并、插入、检查延伸性、计算面积等操作时有明显的优越性。

④四叉树：四叉树又称四元树或四分树，是最有效的栅格数据压缩编码方法之一，绝大部分图形操作和运算都可以直接在四叉树结构上实现，因此四叉树编码既压缩了数据量，又可大大提高图形操作的效率。四叉树的基本思想是将图像区域划分为四个大小相同的象限，而每个象限又可根据一定规则判断是否继续等分为次一层的四个象限；其终止判据是不管是哪一层上的象限，只要划分到仅代表一种地物或符合既定要求的少数几种地物时，则不再继续划分，否则一直划分到单个栅格像元为止。四叉树通过树状结构记录这种划分，并通过这种结构实现查询、修改、量算等操作。图3-16b为图3-16a的四叉树分解，各个子象限大小不完全相同，但都是同代码栅格单元。

由图3-16的四叉树分解可见，四叉树中象限的尺寸是大小不一的，位于较高层次的

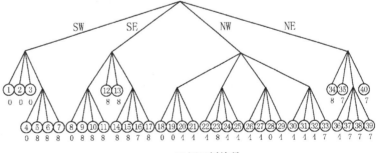

(a) 四叉树分割 　　　　　　　　　(b) 四叉树编码

**图3-16　四叉树编码**

象限较大，深度小即分解次数少，而低层次上的象限较小，深度大即分解次数多，这反映了图上某些位置单一地物分布较广，而另一些位置上的地物比较复杂，变化较大。正是由于四叉树编码能够自动地依照图形变化而调整象限尺寸，因此它具有极高的压缩效率。

四叉树编码具有可变的分辨率，并且有区域性质，压缩数据灵活，许多运算可以在编码数据上直接实现，大大地提高了运算效率，是最有效的栅格压缩编码方法之一。

一般说来，对数据的压缩是以增加运算时间为代价的。在这里时间与空间是一对矛盾体，为了更有效地利用空间资源，减少数据冗余，不得不花费更多的运算时间进行编码，好的压缩编码方法就是要在尽可能减少运算时间的基础上达到最大的数据压缩效率，并且算法适应性强，易于实现。链码的压缩效率较高，已经接近于矢量结构，对边界的运算比较方便，但不具有区域的性质，区域运算困难；游程长度编码既可以在很大程度上压缩数据，又最大限度地保留了原始栅格结构，编码解码十分容易；块码和四叉树码具有区域性质，又具有可变的分辨率，有较高的压缩效率，四叉树编码可以直接进行大量图形图像运算，效率较高，是很好的方法。

### 3.3.3 矢量与栅格数据结构的比较

矢量数据结构和栅格数据结构是地理信息系统中表现客观世界的两种基本方式，两者相互补充、相辅相成。矢量结构位置明显、属性隐含，利用点、线、多边形来表达人类对地理空间实物简化抽象的结果，数据结构具有精炼性，但也由此带来了结构的复杂性。而栅格结构属性明显、位置隐含，画面内容直观明了，数据量大而结构简单，但简明和抽象表达主要空间对象和空间关系能力不够强。

有趣的是，两种数据结构的表现手法和总体效果正好相反。矢量数据的空间位置坐标取值可以是任意的、连续的，但表达的空间形象是分立空间对象组成的画面，即总体效果是不连续的；而栅格结构的数据取值方式是不连续的、分立的，但总体效果却可以是连续的。

上述两种数据结构的基本特征决定了它们各自的优缺点，表3-4简要地表述了两者的优缺点。实践证明，矢量结构和栅格结构在表示空间数据上可以是同样有效的。对于一个GIS软件，较为理想的方案是采用两种数据结构，即矢量结构和栅格结构并存，这对提高地理信息系统的空间分辨率、数据压缩率和增强系统分析、输入输出的灵活性十分重要。

表3-4 矢量和栅格数据结构的比较

| 数据结构类型 | 优　点 | 缺　点 |
|---|---|---|
| 矢量数据结构 | 1. 数据结构紧凑、数据冗余度低；<br>2. 有利于网络分析和检索分析；<br>3. 图形显示质量好、精度高 | 1. 数据结构复杂；<br>2. 多边形叠加分析比较困难；<br>3. 软件开发比较难 |
| 栅格数据结构 | 1. 数据结构简单；<br>2. 便于空间分析和地表模拟；<br>3. 易于信息共享 | 1. 数据量大；<br>2. 描述拓扑关系比较困难；<br>3. 投影转换比较复杂 |

### 3.3.4　其他空间数据结构

除矢量和栅格数据结构外，GIS 学者还进行了很多空间数据表达的研究，提出了多种数据结构。所提出的数据结构一般都可以看作二维矢量和栅格两种基本格式的过渡或扩展：一种扩展是在二维范畴内兼具矢量和栅格特点的模型或结构，如镶嵌数据结构、矢－栅混合数据结构等；另一种扩展是从二维向三维扩展，发展三维空间数据模型和结构。

**（1）镶嵌数据结构**

镶嵌数据结构采用各种形状的镶嵌单元来拟合地表。同栅格结构一样，它用格网来划分整个研究区域，但格网的每个网格的形状可以是多种多样的。按网格形状的不同，镶嵌数据结构可划分为规则镶嵌数据结构和不规则镶嵌数据结构两大类。规则镶嵌数据结构的网格采取统一形状的网格单元，且网格单元能相互镶嵌填满整个区域。这样的镶嵌单元有等边三角形、等腰直角三角形、矩形、正六边形、平行四边形等。不规则镶嵌结构的镶嵌单元采

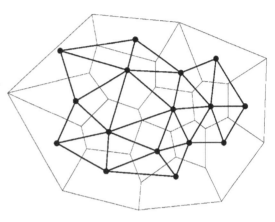

**图 3-17　不规则三角网和泰森多边形**

取不规则的网格形状，最重要且具应用价值的不规则镶嵌结构是不规则三角网（TIN）和泰森多边形（Voronoi 图）。如图 3-17 所示，不规则三角网由不规则分布的点连接而成，泰森多边形由不规则三角网的每条边的垂直平分线构成。泰森多边形和不规则三角网两者为对偶结构，不规则三角网也可以反过来由泰森多边形构造。

不规则三角网在 GIS 中最主要的应用是在数字高程模型或地形分析领域。TIN 数据表示不连续对象（如断层、海岸线等）具有优势。TIN 数据结构能够很好地描述三角形及其邻接关系，非常适合于需要邻接关系的操作和分析，同时，TIN 的拓扑结构易于存储，操作比较便利。

泰森多边形区域中任何一点总是距自己所在的多边形内的采样点最近，这个特点可以有效地应用于许多场合，如数据内插、邻接或接近度分析、可达性分析、最近点和最小封闭圆问题等。

**（2）矢－栅混合数据结构**

矢量栅格混合结构可分为两种情况。一种情况是两种数据结构在同一 GIS 系统中混合应用，虽然严格上说这不是一种"混合结构"，但这种情形非常普遍，具有应用意义。在这种应用中，矢量和栅格结构的数据同时存储在 GIS 系统中，需要时将两者调入内存中，进行统一的显示、查询和分析。不同系统处理栅格和矢量的方式不尽相同，比较高级的方式是进行矢量栅格的联合查询与分析。另一种情况是构建有实在意义的一体化栅格矢量混合结构，使之同时兼具矢量和栅格数据结构的主要优点。龚健雅（1993）研究提出了一种矢栅一体化结构，其理论基础是多级网格方法、三个基本约定和线性四叉树编码。这种数据结构既具有矢量实体的概念，又具有栅格覆盖的思想，一方面它保持了较好的精度，可以保

持矢量结构的各种拓扑性质,可进行诸如邻接关系、关联关系以及最短距离等拓扑查询;另一方面,它的栅格性质也有助于各种拓扑关系的建立。

**(3)三维数据结构**

三维 GIS 与二维 GIS 要求相似,但在数据采集、系统维护和界面设计等方面比二维 GIS 复杂得多,如三维数据的组织与重建,三维变换、查询、运算、分析、维护等方面。三维数据结构的表示有多种方法,其中运用最普遍的是具有拓扑关系的三维边界表示法和八叉树表示法。

八叉树结构可以看成是二维栅格数据中的四叉树在三维空间的扩展。该数据结构是将所要表示的三维空间 $V$ 按 $X$、$Y$、$Z$ 三个方向从中间进行分割,把 $V$ 分割成 8 个立方体;然后根据每个立方体中所含的目标来决定是否对各立方体继续进行 8 等份的划分,一直划分到每个立方体被一个目标所充满,或没有目标,或其大小已成为预先定义的不可再分的体为止。

八叉树结构的主要优点在于可以非常方便地实现有广泛用途的集合运算(如两个物体的并、交、差等运算),而这些恰是其他表示方法比较难以处理或者需要耗费许多计算资源的地方。不仅如此,由于这种方法具有有序性和分层性,因而对显示精度和速度的平衡、隐线和隐面的消除等操作带来了很大的方便。

三维边界表示法通过指定顶点位置、构成边的顶点以及构成面的边来表示三维物体。比较常用的三维边界表示法是采用 3 张表来提供点、边、面的信息。这 3 张表分别是:顶点表,用来表示多面体各顶点的坐标;边表,指出构成多面体某边的两个顶点;面表,给出围成多面体某个面的各条边。对于后两个表,一般使用指针的方法来指出有关的边、点存放的位置。三维边界表示法采用分列的表来表示多面体,能够避免重复地表示某些点、边、面,因此存储量比较小,对图形显示有利,而且能够提高处理的效率。

# 3.4 空间数据采集

## 3.4.1 空间数据源

GIS 数据源比较丰富,类型多种多样,根据获取方式的不同可分为地图数据、遥感影像数据、实测数据、共享数据和其他方式获取的数据;根据数据表现形式的不同又可分为数字化数据、多媒体数据和文本资料数据。

**(1)地图数据**

地图是传统的空间数据存储和表达的方式,是具有共同参考坐标系统的点、线、面的二维平面形式的表现,数据丰富且具有很高的精度,是目前 GIS 最常见的数据源。地图数据实体间的空间关系直观,而且实体的类别或属性可以用各种不同的符号加以识别和表示。不同种类的地图,其研究的对象不同,应用的部门、行业不同,所表达的内容也不同。按内容划分,主要包括普通地图和专题地图两类。普通地图是以相对平衡的详细程度表示地球表面上的自然地理和社会经济要素,主要表达居民点、交通网、水系、地貌、境界和植被等,其中大比例尺地形图具有较高的几何精度,可以真实地反映区域地理要素的特征。专题地图着重反映一种或少数几种专题要素，如地质、地貌、土壤、植被和土地利用等原始资料。通常，以地图作为 GIS 数据源时可将地图内容分解为点、线和面 3 类基本要素，然后采用不同的编码方式进行组织和管理。另外，地图在 GIS 趋势分析、模型分析等方面具有非常重要的作用。

**(2) 遥感影像数据**

遥感影像数据(航空影像数据、卫星遥感影像数据)也是 GIS 的一个极为重要的信息源。通过遥感影像可以快速、准确地获得大面积的、综合的各种专题信息，而且航天遥感影像具有周期性，现势性较强，这些都为 GIS 提供了丰富的信息。每种遥感影像都有其自身的成像规律和变形规律，所以在应用时要注意影像的纠正、影像的分辨率以及影像的解译特征等方面的问题。

**(3) 实测数据**

实测数据主要指各种野外实验、实地测量所获得的数据，它们通过转换可直接进入 GIS 的空间数据库，以用于实时分析和其他进一步应用。其中，GPS 点位数据、地籍测量数据等通常具有较高的精度和较好的现势性，是 GIS 的重要数据来源。

**(4) 统计数据**

统计数据也是 GIS 的数据源，尤其是属性数据的重要来源。许多部门和机构都拥有不同领域(如人口、国民经济等方面)的大量统计资料。统计数据一般都是和一定范围内的统计单元或观测点联系在一起，因此采集这些数据时，要注意包括研究对象的特征值、观测点的几何数据和统计资料的基本统计单元。当前很多部门和行业内的统计工作已实现信息化，除传统的表格方式外，已建立起各种规模的数据库，各类统计数据可存储在属性数据库中与其他形式的数据一起进行分析。

**(5) 共享数据**

目前，随着各种专题图件的制作和各种 GIS 系统的建立，直接获取数字图形数据和属性数据的可能性越来越大。GIS 数据共享已成为地理信息系统技术的一个重要研究内容，已有数据的共享也成为 GIS 获取数据的重要来源之一。但对已有数据的采用需注意数据格式的转换和数据精度、可信度的问题。

**(6) 多媒体数据**

由多媒体设备获取的数据(包括声音、录像等)也是 GIS 的数据源之一，目前其主要功能是辅助 GIS 的分析和查询，可通过通信口传入 GIS 的空间数据库中。

**(7) 文本资料数据**

各种文字报告在一些管理类的 GIS 系统中有很大的应用，例如，在城市规划管理信息系统中，各种城市管理法规及规划报告在规划管理工作中起着很大的作用。在土地资源管理、灾害监测、水质和森林资源管理等专题信息系统中，各种文字说明资料对确定专题内容的属性特征起着重要的作用。在区域信息系统中，文字报告是区域综合研究不可缺少的参考资料。文字报告还可以用来研究各种类型地理信息系统的权威性、可靠程度和内容的完整性，以便决定地理信息的分类和使用。文字说明资料也是地理信息系统建立的主要依据，需认真加以研究，准确送入计算机系统，使搜集的资料更加系统化。

### 3.4.2 数据采集与处理的基本流程

不同的数据源有不同的采集与处理方法，总体上讲，空间数据的采集与处理包含图3-18所示的基本内容。

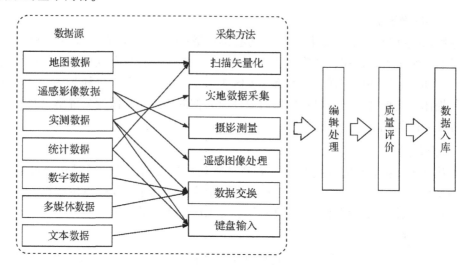

**图3-18 空间数据采集的基本内容**

**(1)数据源的选择**

GIS 数据源多种多样，选择时应注意从以下几个方面考虑：

①是否能够满足系统功能的要求。

②所选数据源是否有使用经验。一般情况下，当两种数据源的数据精度差别不大时，宜采用有使用经验的数据源。

③系统成本。因为数据成本占 GIS 工程成本的70%甚至更多，所以数据源的选择对于系统整体成本的控制来说至关重要。

**(2)采集方法的选择**

根据所选数据源的特征选择合适的采集方法。如图 3-18 所示，地图数据的采集，通常采用扫描矢量化的方法；影像数据包括航空影像数据和卫星遥感影像两类，对于它们的采集与处理，已有完整的摄影测量、遥感图像处理的理论与方法；实测数据指各类野外测量所采集的数据，包括平板仪测量、一体化野外数字测图、空间定位测量（如 GPS 测量）等；统计数据可采用扫描仪输入作为辅助性数据，也可直接用键盘输入；已有的数字化数据通常可通过相应的数据交换方法转换为当前系统可用的数据；多媒体数据通常也是以数据交换的形式输入系统；文本数据可用键盘直接输入。

**(3)数据的编辑与处理**

各种方法所采集的原始数据都不可避免地存在错误或误差，属性数据在建库输入时也难免会存在错误，所以对图形数据和属性数据进行一定的检查、编辑是很有必要的。不同系统对图形的数学基础、数据结构等可能会有不同的要求，往往需要进行数学基础、数据结构的转换。此外，根据系统分析功能的要求，需要对数据进行图形拼接、拓扑生成等处理。如果考虑到存储空间和系统运行效率，往往需要对数据进行一定程度的压缩。

**(4) 数据质量控制与评价**

无论何种数据源，使用何种方法进行采集，都不可避免地存在各种类型的误差，而且误差会在数据处理及系统的各个环节之中累积和传播。对数据质量的控制和评价是系统有效运行的重要保障和系统分析结果可靠性的前提条件之一。

**(5) 数据入库**

数据入库就是按照空间数据管理的要求，把采集和处理的成果数据导入到空间数据库中。

## 3.4.3　空间与属性数据采集

GIS 数据采集工作包括两方面内容：空间数据的采集和属性数据的采集。空间数据采集的方法主要包括野外数据采集、现有地图数字化、摄影测量方法、遥感图像处理方法等。属性数据采集包括采集及采集后的分类和编码，主要是从相关部门的观测和测量数据、各类统计数据、专题调查数据、文献资料数据等渠道获取。

### 3.4.3.1　空间数据采集

**(1) 野外数据采集**

野外数据采集是 GIS 数据采集的基本手段。对于大比例尺的城市地理信息采集而言，野外数据采集更是主要手段。野外数据采集的主要方法有：

①平板仪测量：采用大平板仪或小平板仪获取数据。

②全野外数字测图：采用全站仪和电子手簿配以相应的采集和编辑软件。其工作内容主要包括图根控制测量、测站点的增补和地形碎部点测量。

③空间定位测量：利用空间定位系统，如美国的全球定位系统(GPS)、俄罗斯的全球导航卫星系统(GLONASS)、欧洲的伽利略导航卫星系统(GALILEO)和我国的北斗卫星导航系统(BDS)等，快速、高效获取高精度定位数据。

**(2) 地图数字化**

地图数字化是指根据现有纸质地图，通过手扶跟踪或扫描矢量化的方法，生产出可在计算机上进行存储、处理和分析的数字化数据。

①手扶跟踪数字化：采用手扶跟踪数字化仪进行数字化，这种方式速度较慢、工作量大、自动化程度低，数字化精度与作业员的操作有很大关系，现在已基本不再采用。

②扫描矢量化：根据地图幅面大小，选择合适规格的扫描仪，对纸质地图扫描生成栅格图像，然后经过几何校正之后，即可进行矢量化。对栅格图像的矢量化有软件自动矢量化和屏幕鼠标跟踪矢量化两种方式。软件自动矢量化工作速度较快、效率较高，但是由于软件智能化水平有限，其结果仍然需要再进行人工检查和编辑；屏幕鼠标跟踪矢量化的作业方式与数字化仪基本相同，仍然是手动跟踪，但数字化的精度和工作效率得到了显著的提高，是目前地图数字化的主要手段。

**(3) 摄影测量方法**

摄影测量技术曾经在我国基本比例尺地形图生产过程中扮演了重要角色，我国绝大部分 1:10 000 和 1:50 000 基本比例尺地形图的生产过程中使用了摄影测量方法。随着数字摄影测量技术的推广，在 GIS 空间数据采集的过程中，摄影测量也发挥着越来越重要的作用。数字摄影测量一般指全数字摄影测量，它是基于数字影像与摄影测量的基本原理，应用计算机技术、数字影像处理、影像匹配、模式识别等多学科的理论与方法，提取所摄对象用数字方式表达的集合与物理信息的摄影测量方法。

数字摄影测量是摄影测量发展的全新阶段，与传统摄影测量不同的是，数字摄影测量所处理的原始影像是数字影像。由于数字摄影测量的影像已经完全实现了数字化，数据处理在计算机内进行，所以可以加入许多人工智能的算法，使它进行自动内定向、自动相对定向和半自动绝对定向。不仅如此，还可以进行自动相关、识别左右相片的同名点、自动获取数字高程模型，进而生产数字正射影像，还可以加入某些模式识别的功能，自动识别和提取数字影像上的地物目标。

**(4)遥感图像处理**

遥感数据由于具有时效性、周期性、范围广等优点，以及遥感图像处理技术的进步，使其正在成为一种重要的数据源。遥感图像处理是对遥感图像进行辐射校正和几何校正、图像整饰、投影变换、镶嵌、特征提取、分类以及各种专题处理等一系列操作，以求达到预期目的的技术。遥感图像处理可分为两类：一是利用光学照相和电子学的方法对遥感模拟图像(相片、底片)进行处理，简称为光学处理；二是利用计算机对遥感数字图像进行一系列操作，从而获得某种预期结果的技术，称为遥感数字图像处理。

遥感数字图像处理的内容主要有：

①图像恢复：即校正在成像、记录、传输或回放过程中引入的数据错误、噪声与畸变，包括辐射校正、几何校正等。

②数据压缩：以改进传输、存储和处理数据效率。

③影像增强：突出数据的某些特征，以提高影像的目视质量，包括彩色增强、对比度增强、边缘增强、密度分割、比值运算、去模糊等。

④信息提取：从经过增强处理的影像中提取有用的遥感信息，包括采用各种统计分析、集群分析、频谱分析等自动识别与分类方法。

### 3.4.3.2 属性数据采集

属性数据即空间实体的特征数据，一般包括名称、等级、数量、代码等多种形式。属性数据的内容有时直接记录在栅格或矢量数据文件中，有时则单独输入数据库存储为属性文件，通过关键码与图形数据相联系。属性数据一般采用键盘输入，输入的方式有两种：一种是对照图形直接输入；另一种是预先建立属性表输入属性，或从其他统计数据库中导入属性，然后根据关键字与图形数据自动连接。

**(1)属性数据的来源**

《国家资源与环境信息系统规范》在"专业数据分类和数据项目建议总表"中将数据分为社会环境、自然环境和资源与能源 3 大类共 14 小项，并规定了每项数据的内容及基本数据来源。

①社会环境数据：社会环境数据包括城市与人口、交通网、行政区划、地名、文化和

通信设施 5 类。这几类数据可从国家统计局、交通运输部、民政部、自然资源部，以及文化、教育、卫生、邮政等相关部门获取。

②自然环境：自然环境数据包括地形数据、海岸及海域数据、水系及流域数据、基础地质数据 5 类。这些数据可以从自然资源部，以及地质、矿产、地震、石油等相关部门和机构获取。

③资源与能源：资源与能源数据包括土地资源相关数据、气候和水热资源相关数据、生物资源相关数据、矿产资源相关数据、海洋资源相关数据 5 类。这几类数据可从中国科学院、自然资源部以及农、林、气象、水电、海洋等相关部门获取。

**(2) 属性数据的编码**

属性数据的编码是指确定属性数据的代码的方法和过程。代码是易于被计算机或人识别与处理的符号，是计算机鉴别和查找信息的主要依据。编码的直接产物是代码，而分类分级则是编码的基础。

对于要直接记录到栅格或矢量数据文件中的属性数据必须先进行编码，将各种属性数据变为计算机可以接受的数字或字符形式，以便于 GIS 的存储和管理。属性数据编码一般要基于以下原则：

①编码的系统性和科学性。编码系统在逻辑上必须满足所涉及学科的科学分类方法以体现该类属性本身的自然系统性。另外，还要能反映出同一类型中不同的等级特点。

②编码的一致性。一致性是指对专业名词、术语的定义等必须严格保证一致，对代码所定义的同一专业名词、术语必须是唯一的。

③编码的标准化和通用性。为满足未来有效的信息传输与交流，所制定的编码系统必须在尽可能的条件下实现标准化。

④编码的简捷性。在满足国家标准的前提下，每一种编码应以最小的数据量载负最大的信息量，以便于计算机的存储和处理。

⑤编码的可扩展性。虽然代码的位数一般要求紧凑经济，减少冗余代码，但应考虑到实际使用时往往会出现新的类型，需要加入到编码系统中，因此，编码时应留有扩展的余地，避免因新对象的出现而使原编码系统失效或造成编码错乱。

## 3.4.4　空间与属性数据编辑

由于数据源本身的误差和数据采集过程中可能出现的差错，使得获得的空间数据不可避免地存在各种错误。为满足空间分析与应用的需要，在数据采集完成后，必须对数据进行检查，包括空间实体是否遗漏，是否重复录入，图形定位是否精确，属性数据是否准确以及与图形数据的关联是否正确等。数据编辑是数据处理的主要环节，并贯穿于数据采集与处理的整个过程。

### 3.4.4.1　空间数据编辑

空间数据编辑包括在数字地图上添加、删除和修改要素的过程。空间数据的数字化错误有两种类型：定位错误和拓扑错误。定位错误如要素缺失或与要素几何错误有关的线条扭曲等；拓扑错误是指空间要素之间逻辑不一致，如未闭合多边形和悬挂弧段等。修正定位错误必须改变单个弧段或数字化新的弧段；修正拓扑错误则必须清楚拓扑关系。

**（1）定位错误**

定位错误是指空间要素的几何错误，源自于数字化地图与纸质地图或其他数据源的比较。产生错误的原因包括：

①数字化的人为错误。例如，丢失某些线或错接某些点。这种错误是完全可以避免的。

②设备的误差。例如，扫描仪分辨率低，GPS 定位精度不够等。在一定程度上，可以通过更换设备，提高设备的精确度来降低这类误差。

空间数据准确度根据数据的用户而定，在进行定位错误检查时，通常依赖于公布的标准。

**（2）拓扑错误**

多边形的拓扑错误包括未闭合多边形、两个多边形之间有缝隙和多边形重叠，如图 3-19 所示。

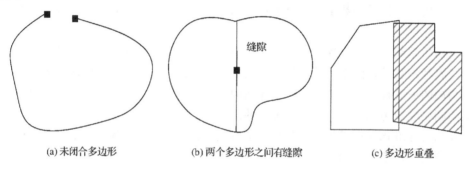

图 3-19　多边形的拓扑错误

线的拓扑错误是指在一个节点处没有完全接合。常见的有过头和不及两种情况，如图 3-20 所示，这两种情况都在悬挂的结束点产生悬挂节点。伪节点出现在一段连续的弧段上，把该弧段不必要的分成数段，造成数据冗余。此外，线段方向也可能出现拓扑错误，如河流流向、单行道方向等。

点要素很少有拓扑错误，通常存在同一要素重复录入情况。

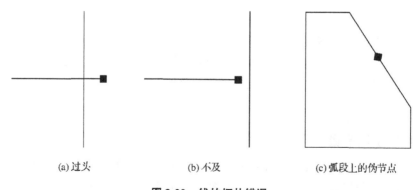

图 3-20　线的拓扑错误

当研究区范围内有两个或多个图层时，就必须在图层间进行要素匹配。两个共享部分边界的图层必须确保边界线一致，因此需要对图层进行拓扑检查。例如，GIS 项目中用土壤图层和土地利用图层进行数据分析时，这两个图层分别经过数字化后会有不重合的边界线。此后，如果对两个图层进行叠置，边界线之间的差异就会形成许多狭小的多边形，但这些狭小的多边形并不具有实际意义。

**（3）其他编辑**

基于现有要素创建新要素包括以下操作。

①要素合成：将选中的线或多边形要素组合成一个要素。如果要合并的要素在空间上不邻接，结果是形成一个由多个多边形组成的要素。

②要素缓冲：在指定距离内，围绕线或多边形要素创建缓冲区。

③要素联合：把不同图层的要素组合成一个要素，与要素合成不同的是对不同的图层操作而非单一图层。

④要素相交：由不同图层叠加交叉可创建新要素。

### 3.4.4.2　属性数据编辑

属性数据编辑包括两部分：一是属性数据与空间数据是否正确关联，标识码是否唯一，不含空值；二是属性数据是否准确，属性数据的值是否超过其取值范围等。

由于属性数据的不准确性可能归结于许多因素，如观察错误、数据过时和数据输入错误等，因此对属性数据精细编辑比较困难。属性数据错误检查可通过以下方法完成：首先可以利用逻辑检查，检查属性数据的值是否超过其取值范围，属性数据之间或属性数据与空间实体之间是否存在荒谬的组合，然后把属性数据显示出来进行人工校对。

对属性数据的输入与编辑，一般在属性数据处理模块中进行。但为了建立属性描述数据与几何图形的联系，通常需要在图形编辑系统中设计属性数据的编辑功能，可将一个实体的属性数据连接到相应的几何目标上，也可在数字化和建立图形拓扑关系的同时或之后，对照几何目标直接输入属性数据。

## 3.4.5　数据质量评价与控制

空间数据是地理信息系统最基本和最重要的组成部分，也是地理信息系统项目中占成本比例最大的部分。数据质量关系到分析过程的效率，影响系统应用分析结果的可靠程度和系统应用目标的实现。因此，数据质量评价和控制尤为重要。

### 3.4.5.1　数据质量的相关概念

**（1）误差**（error）

误差表示数据与其真值之间的差异。误差的概念是完全基于数据而言，没有包含统计模型在内，在某种程度上讲，它只取决于量测值。例如，某点高程真值为 1 000.1m，量测值为 1 001.1m，则该数据的误差为 1.0m。

**（2）偏差**（bias）

与误差不同，偏差基于一个面向全体量测值的统计模型，通常以平均误差来描述。

**（3）准确度**（accuracy）

准确度是测量值与真值之间的接近程度。他可以用误差来衡量。例如，某点高程测量，采用更先进的量测方式，测得其高程值为 1 000.5m，则此次量测方式比以前更为准确，即其准确度更高。

**（4）精密度**（precision）

精密度是对某个量的多次测量中，各量测值之间的离散程度。精密度的实质在于它对数据准确度的影响，是保证准确度的先决条件，但高的精密度不一定保证高的准确度。在很多情况下，精密度可以通过准确度得到体现，故常把两者结合在一起称为精确度，简称精度。精度通常表示成一个统计值，它基于一组重复的量测值，如样本的标准差。

图 3-21 中，A、B、C、D 为四组量测数据，离中心圆圆心越近，表示准确度越高。A 组量测值中，只有一个值离圆心较近，其准确度相对较高，但整体比较分散，说明该

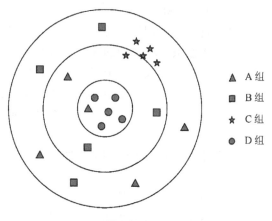

图 3-21　精密度概念示意图

▲ A 组
■ B 组
★ C 组
● D 组

组数据偏差大，精密度较差；B 组量测值偏差较大、精密度较低，数据整体准确度较低；C组量测值偏差较大，虽然具有较高的精密度，但整体准确度仍较低；D 组量测值偏差较小且具有较高的精密度，数据整体准确度较高。

**（5）不确定性**（uncertainty）

不确定性是指对真值的认知或肯定的程度，是更广泛意义上的误差，包含系统误差、偶然误差、粗差、可度量和不可度量误差、数据的不完整性、概念的模糊性等。在 GIS 中，用于进行空间分析的数据，其真值一般无从量测，空间分析模型往往是在对自然现象认识的基础上建立的，因而空间数据和空间分析中倾向于采用不确定性来描述数据和分析结果的质量。

### 3.4.5.2　空间数据的误差来源

空间数据的误差包括随机误差、系统误差以及粗差。空间数据是通过对现实世界中实体进行解译、量测、数据输入、数据处理以及数据表示而完成的，每个过程中均可能产生误差，从而导致数据误差的累积和传播。

表 3-5　空间数据的主要误差来源

| 阶　段 | 误差来源 |
|---|---|
| 数据搜集 | 野外测量误差：仪器误差、记录误差；<br>遥感数据误差：几何校正和辐射校正误差、信息提取误差、仪器误差；<br>地图数据误差：原始数据误差、坐标转换误差、综合制图及印刷误差 |

（续）

| 阶　段 | 误差来源 |
|---|---|
| 数据输入 | 数字化误差：仪器误差、操作误差；<br>数据转换误差：矢量－栅格转换、三角网－等值线转换误差 |
| 数据存储 | 数值精度不够；<br>空间精度不够：格网太大、地图最小制图单元太大 |
| 数据处理 | 分类不合理；<br>多层数据叠合引起的误差传播；<br>数据编辑、拓扑匹配等 |
| 数据输出 | 比例尺太小引起的误差；<br>输出设备不精确引起的误差；<br>输出的媒介不稳定造成的误差 |
| 数据使用 | 用户错误理解数据信息造成的误差；<br>不正确使用数据信息造成的误差 |

### 3.4.5.3　空间数据质量评价

#### （1）评价指标

数据质量是数据整体性能的综合体现，而空间数据质量标准是生产、应用和评价空间数据的依据。为了描述空间数据质量，许多国际组织和国家都制定了相应的空间数据质量标准和指标（表3-6）。

表3-6　不同标准中的质量指标和质量参数

| 标　准 | 质量指标/参数 |
|---|---|
| 国际合作联盟<br>ICA（1996） | 数据渊源，分辨率，几何精度，属性精度，完整性，逻辑一致性，语义精度，时态精度 |
| 欧洲标准委员会/<br>地理信息技术委员会<br>（CEN/TC287，1997） | 数据渊源（潜在的），用途，几何精度，属性精度，完整性，逻辑一致性，元数据质量，时态精度，数据同质性 |
| 国际标准化组织/<br>地理信息技术委员会<br>（ISO/TC211，1997） | 数据总览（数据渊源、数据目的、数据用途），分辨率，数据精度，专题精度，完整性，逻辑一致性，时态精度，数据测试和一致性 |

空间数据质量指标的建立必须考虑空间过程和现象的认知、表达、处理、再现等。从实用的角度来讨论空间数据质量，空间数据质量指标应包括以下几个方面：

①完备性：指要素、要素属性和要素关系的存在和缺失。完备性包括两个方面的具体指标：多余，数据集中多余的数据；遗漏，数据集中缺少的数据。

②逻辑一致性：对数据结构、属性及关系的逻辑规则的依附度（数据结果可以是概念上的、逻辑上的或物理上的）。逻辑一致性包括4个具体指标：概念一致性，对概念模式规则的符合情况；值域一致性，值对值域的符合情况；格式一致性，数据存储与数据集的物理结构匹配程度；拓扑一致性，数据集拓扑特征编码的准确度。

③位置准确度：指要素位置的准确度。位置准确度包括3个具体指标：绝对或客观精度，坐标值与可以接受或真实值的接近程度；相对或内在精度，数据集中要素的相对位置

和其可以接受或真实的相对位置的接近程度；格网数据位置精度，格网数据位置值与可以接受或真实值的接近程度。

④时间准确度：指要素时间属性和时间关系的准确度。时间准确度包括 3 个具体指标：时间量测准确度，时间参照的正确性(时间量测误差报告)；时间一致性，事件时间排序或时间次序的正确性；时间有效性，时间上数据的有效性。

⑤专题准确度：指定量属性的准确度，定性属性的正确性，要素的分类分级以及其他关系。专题准确度包括 4 个具体指标：分类分级正确性，要素被划分的类别或等级，或者他们的属性与论域的比较；非定量属性准确度，非定量属性的正确性；定量属性准确度，定量属性的正确性；对于任意数据质量指标可以根据需要建立其他的具体指标。当然，还可以根据实际需要建立其他指标来描述数据质量的某一方面。

**(2)评价方法**

空间数据质量评价方法分直接评价和间接评价两种。直接评价是对数据集通过全面检测或抽样检测方式进行评价的方法，又称验收度量；间接评价是对数据的来源、质量、生产方法等间接信息进行数据集质量评价的方法，又称预估度量。这两种方法的本质区别是面向对象的不同，直接评价面对的是生产出的数据集，而间接评价则面对的是一些间接信息，只能通过误差传播的原理，根据间接信息估算最终成品数据集的质量。

①直接评价法：直接评价法又分为内部直接评价法和外部直接评价法两种。内部直接评价法要求对所有数据仅在其内部对数据集进行评价。例如，在属于拓扑结构的数据集中，为边界闭合的拓扑一致性做的逻辑一致性测试所需要的所有信息。外部直接评价法要求参考外部数据对数据集测试。例如，对数据集中道路名称做完整性测试需要另外的道路名称原始性资料。

②间接评价法：间接评价法是一种基于外部知识的数据集质量评价方法。外部知识可包括但不限于数据质量综述和其他用来生产数据的数据集或数据的质量报告。本方法只是推荐性的，仅在直接评价法不能使用时使用。间接评价法在以下情况中的使用是有效的：使用信息中记录了数据集的用法；数据日志信息记录了有关数据集生产和历史信息；用途信息描述了数据集生产的用途。

### 3.4.5.4　空间数据质量控制

数据质量控制是个复杂的过程，要控制数据质量应从数据产生和扩散的所有过程和环节入手，分别用一定的方法减少误差。空间数据质量控制常见的方法有：

**(1)传统的手工方法**

质量控制的人工方法主要是将数字化数据与数据源进行比较，图形部分的检查包括目视方法、绘制到透明图上与原图叠加比较，属性部分的检查采用与原属性逐个对比或其他比较方法。

**(2)元数据方法**

数据集的元数据中包含了大批有关数据质量的信息，通过这些数据可以检查数据质量，同时元数据也记录了数据处理过程中的质量变化，通过跟踪元数据可以了解数据质量的状况和变化情况。

**（3）地理相关法**

用空间数据中地理特征要素自身的相关性来分析数据的质量，如从地表自然特征的空间分布着手分析，山区河流应位于微地形的最低点，因此，叠加河流和等高线两层数据时，若河流的位置不在等高线的外凸连线上，则说明两层数据中必有一层数据有质量问题，当不能确定哪层数据有问题时，可以通过将它们分别与其他质量可靠的数据层叠加来进一步分析。因此，可以建立一个体现地理特征要素相关性的知识库，以备各空间数据层之间地理特征要素的相关分析之用。

## 3.4.6　数据入库

### 3.4.6.1　数据入库流程

空间数据库是地理信息系统的重要组成部分，是某一区域内关于一定地理要素特征的数据集合。空间数据库与一般数据库相比具有以下特点：

①数据量大：地理系统是一个复杂的综合体，要用数据来描述各种地理要素，尤其是要素的空间位置，其数据量往往很大。

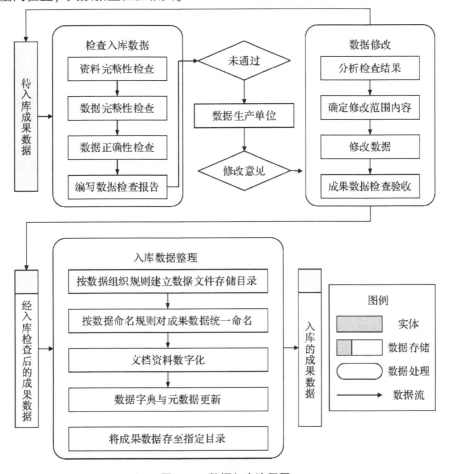

**图 3-22　数据入库流程图**

②属性数据与几何数据并存：空间数据库不仅有地理要素的属性数据，还有大量的空间数据，即描述地理要素空间分布位置的数据，且这两种数据之间具有不可分割的联系。

③数据应用广泛：例如，地理研究、土地利用与规划、资源开发、生态环境监测与保护、市政管理等。

空间数据库建库是指经过一系列的转换，对采集和处理后的成果数据进行统一的组织和管理。空间数据建库是一个复杂的工程，涉及空间数据库的建库方案设计、环境准备、数据生产、数据入库、安全设置、数据库维护等多方面的内容，一般流程如图 3-22 所示。

入库流程一般在数据库建库设计阶段就已基本确定。不同数据源、不同的空间数据库库体，它们在具体的入库过程中，需要完成的工作各不相同，但通常包括图 3-22 所示的主要工作。首先，对待入库数据进行全面质量检查，包括资料完整性检查、数据完整性检查、数据正确性检查，并完成检查报告。如果质量不合格，则将数据返回生产单位进行修改，修改后重新进行质量检查直至满足入库要求方可进入下一步。其次，对检查合格的数据进行整理，包括以下工作：按数据组织规则建立数据文件存储目录；按数据命名规则对成果数据统一命名；文件资料数字化；根据入库内容对数据字典及元数据进行相应更新；将成果数据存入指定目录。最后，将数据入库，完成全部入库工作。

### 3.4.6.2　元数据

元数据(metadata)是关于数据的数据。在地理空间信息中用于描述地理数据集的内容、质量、表示方式、空间参考、管理方式以及数据集的其他特征，反映数据集自身的特征规律，以便于用户对数据集的准确、高效与充分的开发与利用；通过元数据可以检索、访问数据库，可以有效利用计算机的系统资源，可以对数据进行加工处理和二次开发等。它是实现地理空间信息共享的核心标准之一。

**(1)元数据的内容**

到目前为止，科学界关于元数据的共同认识是：元数据的目的是促进数据集的高效利用，并为计算机辅助软件工程服务。元数据的内容包括：

①对数据集的描述，包括对数据集中各项数据、数据来源、数据所有者及数据序代(数据生产历史)等的说明。

②对数据质量的描述，如数据精度、数据的逻辑一致性、数据完整性、分辨率、元数据的比例尺等。

③对数据处理信息的说明，如量纲的转换等。

④对数据转换方法的描述。

⑤对数据库的更新、集成等的说明。

**(2)元数据的主要作用**

①帮助用户了解和分析数据：元数据提供丰富的引导信息，以及由数据得到的分析、综述和索引等。根据元数据提供的信息，用户可对空间数据库进行浏览、检索、研究、分析，了解数据的基本情况和数据的可用性、获取方法等内容。

②空间数据质量控制：不论是统计数据还是空间数据都存在数据精度问题，影响空间数据精度的原因主要包括两个方面：一是源数据的精度；二是数据加工处理工程中精度质

量的控制情况。空间数据质量控制的内容包括：有准确定义的数据字典，以说明数据的组成，各部分的名称、表征的内容等；保证数据逻辑科学地集成；有足够的说明数据来源、数据的加工处理工程、数据释译的信息。通过按一定的组织结构集成到数据库中构成数据库的元数据信息系统可以实现上述功能。

③应用于数据集成中：元数据记录了数据格式、空间坐标体系、数据的表达形式、数据类型、数据使用软硬件环境、数据使用规范、数据标准等信息。这些信息在数据集成的一系列处理中（如数据空间匹配、属性一致化处理、数据交换等方面）是必需的。

④数据存储和功能的实现：元数据用于数据库的管理，可以实现数据库设计和系统资源利用方面开支的合理分配，避免数据的重复存储，并可以高效查询检索分布式数据库中任何物理存储的数据，减少用户查询数据库及获取数据所需的时间。

# 3.5　空间数据处理

## 3.5.1　空间数据图形变换

### 3.5.1.1　几何校正

扫描得到的图像数据和遥感影像数据往往存在变形，与标准地形图不符，这时需要对其进行几何校正。造成扫描图像变形的原因有：

①地图的实际尺寸发生变形。

②在扫描过程中，工作人员操作不当产生的误差，例如，扫描参数设置不恰当、地图褶皱或斜置等，都会使扫描的图像产生变形，直接影响扫描质量和精度。

③遥感影像本身存在几何变形。

④地图投影与其他资料的投影不同。

⑤受扫描仪幅面大小限制，扫描时需将一幅图像分成多块扫描，这样使得图像在拼接时精度难以保证。

对图像进行几何校正是通过建立要校正的图像与标准地形图或校正过的正射影像之间的变换关系，消除各种图形的变形误差的过程。目前，几何校正主要的变换函数有：仿射变换、双线性变换、平方变换、双平方变换、立方变换、四阶多项式变换等，变换函数的选择可根据校正图像的变形情况、所在区域的地理特征以及所选点数来决定。

**（1）地形图的校正**

对地形图的校正，一般采用四点校正法或逐网格校正法。

①四点校正法：一般是根据选定的数学变换函数，输入需校正地形图的图幅行列号、地形图的比例尺、图幅名称等，生成标准图廓，分别采集四个图廓控制点坐标来完成。

②逐网格校正法：是在四点校正法不能满足精度要求的情况下，逐公里网进行的采点，即对每一个公里网都要采点。

**（2）遥感影像的校正**

遥感影像的校正，一般选用和遥感影像比例尺相近的地形图或正射影像图作为变换标准，选用合适的变换函数，分别在要校正的遥感影像和标准地形图或正射影像图上采集同名地物点。选点时，要注意选点的均匀分布，点不能太多。如果在选点时没有注意点位的分布或点太多，这样不但不能保证精度，反而会使影像产生变形。另外，选点时应选择易于识别且不会移动的人工地物点(如道路交叉点、桥梁等)，尽量不要选易变动的点(如河流交叉点)，以避免点的移位影响配准精度。

### 3.5.1.2 坐标变换

由于原始数据的空间参考系统不同，或数据输入时采用的投影不同，造成同一区域的不同数据的空间参考不同。空间分析和数据管理需要对原始数据进行坐标变换，将数据统一到同一空间参考下。坐标变换的实质是建立两个空间参考之间点的一一对应关系。常用的坐标变换方法有：相似变换、仿射变换、投影变换等。

**(1)相似变换**

相似变换是由一个图形变换为另一个图形，在变换过程中保持形状不变。基本操作包括：平移、缩放、旋转。

①平移：平移是将图形的一部分或者整体移动到坐标系中的另外一个位置。如图 3-23a 所示，其变换公式为：

$$X' = X + T_X$$
$$Y' = Y + T_Y$$
(3-2)

②旋转：旋转操作是坐标变换中常用操作，如图 3-23b 所示。实现旋转操作要用到三角函数，假定顺时针旋转角度为 $\theta$，其公式为：

$$X' = X \cos\theta + Y \sin\theta$$
$$Y' = -X \sin\theta + Y \cos\theta$$
(3-3)

③缩放：缩放可用于输出大小不同的图形，如图 3-23c 所示。其公式为：

$$X' = X \cdot S_X$$
$$Y' = Y \cdot S_Y$$
(3-4)

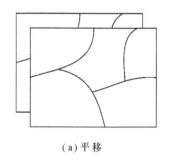  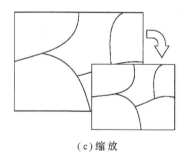

| (a)平移 | (b)旋转 | (c)缩放 |
|---|---|---|

**图 3-23　相似变换**

**(2)仿射变换**

仿射变换是在不同的方向上进行不同的压缩和扩张，可以将球变为椭球，正方形变为平行四边形，如图 3-24 所示。其公式为：

$$X' = A_1X + B_1Y + C_1$$
$$Y' = A_2X + B_2Y + C_2$$
(3-5)

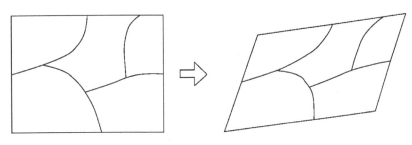

**图 3-24　仿射变换**

仿射变换是使用最多的一种坐标变换方式，它只考虑 $X$ 和 $Y$ 方向上的变形。仿射变换的特性是：

①直线变换后仍是直线。

②平行线变换后仍是平行线。

③不同方向上的长度比发生变化。

**(3) 投影变换**

投影变换是坐标变换中精度最高的变换方法。投影变换必须已知变换前后的两个空间参考的投影参数，然后利用投影公式推算变化前后两个空间参考系之间点的一一对应函数关系。其方法通常有 3 类：

①解析变换法：这类方法是找出两个投影间坐标变换的解析计算公式。根据采用的算法不同，又可分为反解变换法和正解变换法。反解变换法又称间接变换法，即先解出原地图投影点的地理坐标，得到其解析公式，再将其代入新的投影公式中求得其坐标；正解变换法不需要反解出原地图投影点的地理坐标的解析公式，而是直接求出两种投影点的直角坐标坐标关系。

②数值变换法：如果原投影点的坐标解析式不知道，或不易求得两投影之间坐标的直接关系，可以采用多项式逼近的方法，即用数值变换法来建立两投影间的变换关系式，如采用二元三次多项式进行变换。

③数值解析变换法：当已知新投影的公式，但不知道原投影的公式时，可先通过数值变换求出原投影点的地理坐标，然后代入新投影公式中，求出新投影点的坐标。

## 3.5.2　空间数据结构转换

矢量结构与栅格结构的相互转换是地理信息系统的基本功能之一，目前已经发展了许多高效的转换算法。但是，从栅格数据到矢量数据的转换，特别是扫描图像的自动识别，仍然是目前研究的重点。

对于点实体，每个实体仅由一个坐标对表示，其矢量结构和栅格结构的相互转换基本上只涉及坐标精度的变换问题，不存在太大的技术问题。线实体的矢量结构由一系列坐标对表示，在转换为栅格结构时，除需把序列中坐标对变为栅格行列坐标外，还需根据栅格精度要求，在坐标点之间插满一系列栅格点，这也容易由两点式直线方程得到。线实体由栅格结构变为矢量结构与将多边形边界表示为矢量结构相似，因此以下主要讨论多边形（面实体）矢量结构与栅格结构的相互转换。

### 3.5.2.1 矢量结构向栅格结构的转换

矢量结构向栅格结构转换又称为多边形填充，即在矢量表示的多边形边界内部的所有栅格点上赋以相应的多边形编码，从而形成栅格数据阵列。几种主要的算法描述如下：

**(1) 内部点扩散算法**

该算法由每个多边形一个内部点(种子点)开始，向其八个方向的邻点扩散，判断各个新加入点是否在多边形边界上，如果在边界上，则该新加入点不作为种子点，否则把非边界点的邻点作为新的种子点与原有种子点一起进行新的扩散运算，并将该种子点赋予该多边形的编号。重复上述过程直到所有种子点填满该多边形并遇到边界为止。

扩散算法程序设计比较复杂，需要在栅格阵列中进行搜索，占用内存较大。在一定的栅格精度上，如果复杂图形的同一多边形的两条边界落在同一个或相邻的两个栅格内，会造成多边形不连通，这样一个种子点则不能完成整个多边形的填充。

**(2) 复数积分算法**

对全部栅格阵列逐栅格单元判断该栅格归属的多边形编码，判别方法是由待判点对每个多边形的封闭边界计算复数积分。对某个多边形，如果积分值为 $2\pi r$，则该待判点属于此多边形，赋予多边形编号，否则在此多边形外部，不属于该多边形。

复数积分算法涉及许多乘除运算，尽管可靠性好，设计也并不复杂，但运算时间较长。采用一些优化方法，如根据多边形边界的坐标值范围组成的矩形来判断是否需要做复数积分运算，可以部分改善运算时间过长的问题。

**(3) 射线算法**

射线算法可逐点判断数据栅格点与某多边形的位置关系，由待判点向图外某点引射线，判断该射线与某多边形所有边界相交的总次数，如相交偶数次，则待判点在该多边形外部；如为奇数次，则待判点在该多边形内部(图 3-25)。

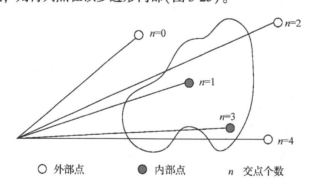

图 3-25　射线算法

射线算法要计算与多边形交点，因此运算量大。另一个比较复杂的问题是，射线与多边形边界相交时存在一些特殊情况(如相切、重合等)会影响交点的个数，必须予以排除(图 3-26)，由此造成算法的不完善，并增加了编程的复杂性。

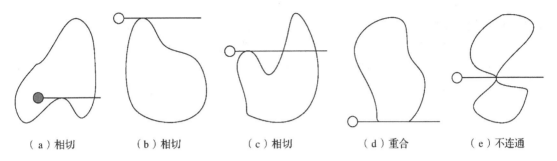

图 3-26　射线算法的特殊情况

**（4）扫描算法**

扫描算法是射线算法的改进。通常情况下，沿栅格阵列的列或行方向扫描，在每两次遇到多边形边界点的两个位置之间的栅格，属于该多边形。扫描算法省去了计算射线与多边形交点的大量运算，大大提高了效率，但一般需要预留一个较大的数组以存放边界点，而且扫描线与多边形边界相交的几种特殊情况仍然存在，需要加以判别。

### 3.5.2.2　栅格结构向矢量结构的转换

栅格结构向矢量结构转换是为了将栅格数据分析的结果通过矢量绘图装置输出，更重要的是为了将自动扫描仪获取的栅格数据加入矢量形式的数据库。多边形栅格格式向矢量格式转换，就是提取以相同编号的栅格集合表示的多边形区域的边界和边界的拓扑关系，并表示成由多个线段组成的矢量格式边界线的过程。

**（1）步骤**

栅格格式向矢量格式转换通常包括以下 4 个基本步骤：

①多边形边界提取：采用高通滤波将栅格图像二值化或以特殊值标识边界点。

②边界线追踪：对每个边界弧段由一个节点向另一个节点搜索，通常对每个已知边界点需沿除了进入方向的其他 7 个方向搜索下一个边界点，直到连成边界弧段。

③拓扑关系生成：对于矢量表示的边界弧段数据，判断其与原图上各多边形的空间关系，以形成完整的拓扑结构并建立与属性数据的联系。

④去除多余点及曲线圆滑：由于搜索是逐栅格进行的，因此必须去除由此造成的多余点记录，以减少数据冗余。由于栅格精度的限制，曲线可能不够圆滑，需采用一定的插补算法进行光滑处理，常用的算法有：线形迭代法、分段三次多项式插值法、正轴抛物线平均加权法、斜轴抛物线平均加权法、样条函数插值法。

**（2）双边界搜索算法**

该算法的基本思想是通过边界提取，将左右多边形信息保存在边界点上，每条边界弧段由两个并行的边界链组成，分别记录该边界弧段的左右多边形编号。边界线搜索采用 $2 \times 2$ 栅格窗口，在每个窗口内的四个栅格数据的模式，可以唯一地确定下一个窗口的搜索方向和该弧段的拓扑关系，极大地加快了搜索速度，拓扑关系也很容易建立。具体步骤如下：

①边界点和节点提取：采用 2×2 栅格阵列作为窗口顺序，沿行、列方向对栅格图像全图扫描，如果窗口内四个栅格有且仅有 2 个不同的编号，则该四个栅格表示为边界点；如果窗口内四个栅格有三个以上不同编号，则标识为节点(即不同边界弧段的交汇点)，保持各栅格原多边形编号信息。对于对角线上栅格两两相同的情况，由于造成了多边形的不连通，也当作节点处理。图 3-27 和图 3-28 给出了节点和边界点的各种情形。

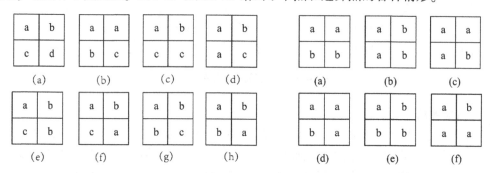

图 3-27　节点的 8 种情形　　　　图 3-28　边界点的 6 种情形

②边界线搜索与左右多边形信息记录：边界线搜索是逐弧段进行的，对每个弧段由一组已标识的四个节点开始，选定与之相邻的任意一组四个边界点和节点都必定属于某一窗口的四个标识点之一。首先记录开始边界点的两个多边形编号，作为该弧段的左右多边形，下一点组的搜索方向则由进入当前点的搜索方向和该点组的可能走向决定。每个边界点组只能有两个走向，一个是前点组进入的方向，另一个则可确定为将要搜索后续点组的方向。

例如，图 3-28c 所示边界点组只可能有两个方向，即下方和右方；如果该边界点组由其下方的一点组被搜索到，则其后续点组一定在其右方；反之，如果该点在其右方的点组之后被搜索到(即该弧段的左右多边形编号分别为 b 和 a)，对其后续点组的搜索应确定为下方，其他情况依此类推。

由此可见，双边界结构可以确定唯一的搜索方向，从而大大地减少搜索时间，同时形成的矢量结构带有左右多边形编号信息，容易建立拓扑结构和与属性数据的联系，提高转换的效率。

③多余点去除：多余点的去除基于如下思想：在一个边界弧段上的连续的三个点，如果在一定程度上可以认为在一条直线上(满足直线方程)，则三个点中间一点可以被认为是多余的，应予以去除。多余点是由于栅格向矢量转换时逐点搜索边界造成的(当边界为直线时)，多余点去除算法可大量去除多余点，减少数据冗余。

### 3.5.3　空间数据插值

空间数据插值(spatial interpolation)是通过已知点的数据，推求其他点的数据的过程。通过已知点的数据推求同区域其他位置点数据的过程称为内插；通过已知点所在的区域推求其他区域数据的过程称为外推。

空间插值在 GIS 中应用十分普遍，这是因为在地球科学的很多领域，由于种种原因或条件限制，数据不仅在精度或质量上存在问题，而且在空间分布上也常常不尽如人意，而后者导致在这些领域需要进行数据插值。以下情况需要进行插值：

①由于条件限制难以采集数据，导致数据分布不完整，部分区域数据缺失。

②虽然整个区域都有数据分布，但分布不均，部分区域样本过少或整个区域的数据都比较稀少。

③由于对空间变量分布规律不了解，导致数据采样方式不适合该分布规律，例如，在有跃变分布的区域采用均匀采样方式。

④现有的数据在不同的应用中需要进行数据转换，例如，遥感影像分辨率变换、坐标校正，TIN 到栅格、栅格到 TIN、矢量多边形到栅格等。

空间插值的理论假设是空间位置越靠近的点，越可能具有相似的特征值，而距离越远的点，其特征值相似的可能性越小。

从插值点的分布范围来看，空间插值方法可以分为整体插值法和局部插值法两类。

### 3.5.3.1　整体插值法

整体插值方法( global interpolation)利用研究区所有采样点的数据进行全区特征拟合。整体内插函数通常采用高次多项式，要求采样点的个数大于或等于多项式的系数数目。常用的整体插值法有：

**(1)边界内插法**

边界内插法假定任何重要的变化都发生在区域边界上，边界内的变化则是均匀的、同质的。这种概念模型经常用于土壤和景观制图，可以通过定义均质的土壤单元、景观图斑，来表达其他的土壤、景观特征属性。

在应用边界内插法时，应仔细考虑数据源是否符合以下理论假设：

①属性值在图斑或景观单元内是随机变化的，不是有规律的。

②同一类别的所有图斑存在同样的类方差(噪声)。

③所有的属性值都呈正态分布。

④所有的空间变化发生在边界上，是突变而不是渐变。

**(2)趋势面法**

趋势面法是先用已知采样点数据拟合出一个平滑的数学平面方程，再根据该方程计算无测量值的点上的数据。它的理论假设是地理坐标$(X, Y)$是独立变量，属性值也是独立变量且是正态分布的，同样，回归误差也是与位置无关的独立变量。

多项式回归分析是描述长距离渐变特征的最简单方法。多项式回归的基本思想是用多项式表示线、面，按最小二乘法原理对数据点进行拟合。

趋势面是一种平滑函数，难以使曲面准确通过原始数据点，除非数据点数少且多项式次数高才能使曲面准确通过原始数据点，所以趋势面法是一个近似插值方法。

整体内插函数保凸性较差，不容易得到稳定的数值解，解算速度慢，且整体插值法将短尺度的、局部的变化看作随机的和非结构的噪声，从而可能丢失部分有用信息。但整体内插法能够在整个区域上得到唯一的、全局光滑连续的空间曲面，能够充分反映空间的宏观特征。实际上，整体插值法通常不直接用于空间插值，而是用来检测空间变量分布的总趋势及其最大偏离部分，在去除了宏观地物特征后，可用剩余残差来进行局部插值。

### 3.5.3.2 局部差值法

局部插值法(local interpolation)仅用邻近的数据点来估计未知点的值，包括以下几个步骤：

①定义一个邻域或搜索范围。

②搜索落在此邻域范围内的数据点。

③选择表达这些点空间变化的数学函数。

④为落在该网格单元上的数据点赋值。

重复上述步骤，直至网格上的所有点赋值完毕。

使用局部插值法需要注意的几个方面是：数据点的分布方式是规则的还是不规则的；数据点的个数；邻域的大小、形状和方向；所使用的插值函数。常用的局部差值法有：

**(1)最近邻点法——泰森多边形法**

泰森多边形采用了一种极端的边界内插法，只用最近的单个点进行区域插值。泰森多边形根据数据点位置将区域分割成子区域，每个子区域包含一个数据点，各子区域到其内数据点的距离小于任何到其他数据点的距离，并用其内数据点进行赋值。

GIS 和地理分析中经常采用泰森多边形进行快速的赋值，虽有精度损失，但有快速、简明的优点。泰森多边形插值法最早是由荷兰气象学家 A. H. Thiessen 提出用来计算平均降水量。众所周知，降水、气压、温度等气象要素本是连续变化的，而用泰森多边形插值得到的气象要素结果呈非连续的跳跃性变化。尽管如此，泰森多边形插值的应用意义仍得到公认。

**(2)移动平均法——距离倒数插值法**

移动平均法也称为滑动平均法，它直接用待插点邻域范围内数据点的简单平均值或加权平均值，作为该点的特征值。邻域大小对插值结果有决定性的影响。邻域范围小将增强近距离数据点的影响；邻域范围大将增强远距离数据点的影响，降低近距离点数据的影响。在加权的情况下，邻域内点的权重随距离减小而增加。事实上，局部插值法用邻近样点数据来插值，本身已经体现距离近、权重大的原则，通过加权将给予更近点以更大的权重。

移动平均法保持了对一般趋势的反映，而且很容易填补一些小的数据空缺，使图面完整。但移动平均法具有一定的平滑效应和边缘效应，容易平滑掉区域变量的尖锐变化，可能使急剧变化模糊。

距离倒数插值法也称为反距离加权插值法，是加权移动平均方法的一种，其计算值易受数据点集群的影响，计算结果经常出现一种孤立点数据明显高于周围数据点的"牛眼"分布模式，可以在插值过程中通过动态修改搜索准则进行一定程度的改进。

**(3)样条函数插值法**

样条函数主要用于区域小片区块数据空缺或局部数据的修改，它一般采用多项式拟合局部采样点的分布，并使这种局部模拟在该局部边界与原有的数值自然地衔接和拟合，从而可能较真实地反映空间变量原有的变化趋势。

　　在计算机用于曲线与数据点拟合以前，绘图员通常使用一种灵活的曲线规逐段的拟合出平滑的曲线。这种灵活的曲线规绘出的分段曲线称为样条。曲线规绘出的曲线近似于分段的三次多项式函数，并在交接处与原有曲线比较自然的衔接和拟合。

　　样条函数是数学上与灵活曲线规对等的数学等式，是分段函数。为保证边界处与原有数值自然衔接，样条函数在连接处有连续的、与原有样点数据相等的一阶和二阶连续导数。样条函数只进行局部区块的拟合，用以补充或修改局部区块的空间变量分布曲面，而不用处理不涉及局部区块修改的其他部分的数据，这就意味着点位变化时，样条函数可以修改少量数据点配准，而不必重新计算整条曲线，趋势面分析方法做不到这一点（图3-29）。样条函数的主要缺点是样条内插的模拟虽然看上去比较满意与合理，但其误差不能直接估算。

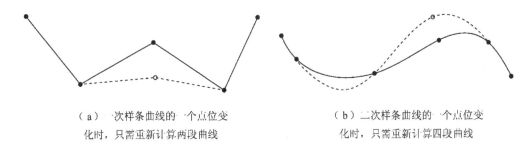

（a）一次样条曲线的一个点位变　　　　　　（b）二次样条曲线的一个点位变
化时，只需重新计算两段曲线　　　　　　　　化时，只需重新计算四段曲线

**图3-29　样条函数的局部变化**

**(4) 空间自协方差最佳插值方法——克里金插值**

　　克里金插值又称为统计优化法，一般而言，它不是用来直接进行插值，而是一种应用地理统计理论优化插值，特别是优化局部插值的方法，它是为局部插值提供确定权重系数的最优方法，且能描述误差信息。克里金插值是唯一的统计优化算法，是由南非矿山工程师 D. G. Krige 在金矿勘探应用中提出的，因而得名，并由法国地理数学家 G. Matheron 改进。它提供了确定权重系数的最优方法，从而使内插函数处于最佳状态，对给定点上的变量值提供最好的无偏估计，因而被广泛地应用于气象要素、土壤物理属性、土壤制图等领域，并成为 GIS 或某些地学专业软件地理统计插值的重要组成部分。

　　克里金插值基于区域性变量的数学理论。区域性变量理论认为，任何在空间连续性变化的属性是非常不规则的，不能用简单的平滑数学函数完全模拟，但可以用随机表面给予较恰当的描述。这种连续性变化的空间属性称为区域性变量。该理论将空间变量分解为3部分：趋势或结构性成分，与空间变化相关的随机部分（区域性变量）以及随机噪声。区域性变量理论假定差异的稳定性和可变性，一旦结构性成分确定后，剩余的差异变化属于同质变化，不同位置之间的差异仅是距离的函数。

　　克里金插值是利用区域性变量的原始数据和变异函数的结构特点，对未采样点的区域性变量的取值进行线性无偏最优化估计的一种方法。具体地讲，它是根据待估样点（或待估块段）有限邻域内若干已测定的样点数据，在充分考虑了样点的形状、大小和空间相互位置关系、它们与待估样点相互空间位置关系，以及变异函数提供的结构信息之后，对该待估样点值进行的一种线性无偏最优估计。具体步骤包括：首先，用一个数学函数来估算整个区域的趋势或趋势面。如果没有趋势函数，则采用平均值作为估算基础。区域性变量由趋势面和半方差给出。计算半方差的邻域范围或样点搜索区，如上述，随不同搜寻策略而不同。然后，用一个数字模型来拟合半方差图样点的变化，通常取指数函数或球面模型，但当半方差变化较简单时，可取线性模型。最后，利用这些模型估算用于加权平均的权重系数。采用这样权重系数的插值将是一种最佳的线性无偏估计，估计方差最小。

克里金插值对未观测点处的估值是优越的，能够给出确定权重系数的最优方法，避免系统误差的出现，并能描述误差信息，它优于上面讨论的其他内插方法，具有普遍意义。克里金插值特别适合用于具有很好定义的趋势面的数据。但是，当用邻近样点来估计半方差比较困难时，所用的模型就不完全合适，克里金插值就不一定好于其他方法。克里金插值在统计学上的优越性，也给计算带来上一定程度的复杂性，特别是有大量点数据和格网点时。总的来说，克里金插值应用于精度要求较高，且样点数据有较好的趋势面的场合。在不要求这两个条件时，采取其他简便易行的方法，也未尝不是一种好的选择。

## 本章小结

空间认知、空间数据模型、空间数据结构和空间数据采集，以及空间数据基本处理，是地理信息系统的基本问题和常用方法。地理空间认知的目的在于将复杂的地理事物、现象，简化、抽象到计算机中进行表示、处理和分析。空间数据模型由概念数据模型、逻辑数据模型和物理数据模型三个不同的层次组成，是对现实世界中的数据和信息的抽象、表示和模拟。空间数据结构是空间逻辑数据模型的数据组织方式，影响地理信息系统数据存储、查询检索和应用分析等操作处理的效率。地理信息系统空间数据的来源、采集手段、编辑处理和质量控制直接影响地理信息系统的成本和效率。

## 思考题

1. 什么是空间实体？它一般有哪些特征？
2. 简述地理空间认知与 GIS 的关系。
3. 场模型和对象模型的主要区别是什么？分别有什么特点？
4. 什么是空间拓扑关系？其在描述空间实体特征中有什么意义？
5. 空间数据源有哪些？通过哪些途径可以获取这些数据源？
6. 简述空间数据采集与处理的基本流程。
7. 如何评价 GIS 数据质量？以野外采集的数据为例，分析其数据误差来源。
8. 简述空间数据入库的流程。
9. 空间数据整体插值法和局部插值法的主要区别是什么？它们分别有哪些常用方法？

## 参考文献

蔡少华，翟战强. 1999. GIS 基础空间关系分析[J]. 测绘工程，8(2)：38 – 42.

陈军. 1995. GIS 空间数据模型的基本问题和学术前沿[J]. 地理学报(S1)：24 – 33.

陈军，赵仁亮. 1999. GIS 空间关系的基本问题与研究进展[J]. 测绘学报，28(2)：95 – 102.

杜世宏，秦其明，等. 2006. 空间关系及其应用[J]. 地学前缘，13(3)：69 - 80.

龚健雅. 1992. GIS 中矢量栅格一体化数据结构的研究[J]. 测绘学报，21(4)：259 - 266.

李清泉，李德仁. 1996. 三维地理信息系统中的数据结构[J]. 武汉测绘科技大学学报，21(2)：128 - 133.

廖楚江，杜清运. 2004. GIS 空间关系描述模型研究综述[J]. 测绘科学，29(4)：79 - 82.

马荣华，黄杏元. 2005. GIS 认知与数据组织研究初步[J]. 武汉大学学报，30(6)：539 - 543.

谭继强，丁明柱. 2004. 空间数据插值方法的评价[J]. 测绘与空间地理信息，27(4)：11 - 13.

王晓明，刘瑜，张晶. 2005. 地理空间认知综述[J]. 地理与地理信息科学，21(6)：1 - 10.

吴德华，毛先成，刘雨. 2005. 三维空间数据模型综述[J]. 测绘工程，14(3)：70 - 78.

曾怀恩，黄声享. 2007. 基于 Kriging 方法的空间数据插值研究[J]. 测绘工程，16(5)：5 - 13.

曾衍伟，龚健雅. 2004. 空间数据质量控制与评价方法及实现技术[J]. 武汉大学学报，29(8)：686 - 690.

## 本章推荐阅读书目

地理信息系统概论. 第 3 版. 黄杏元，马劲松. 高等教育出版社，2008.

地理信息系统. 刘南，刘仁义. 高等教育出版社，2002.

地理信息系统教程. 汤国安，刘学军，等. 高等教育出版社，2007.

# 第 **4** 章

# GIS 开发

GIS 是一门由地球科学、信息科学、空间科学等交叉的学科。从 20 世纪 60 年代开始，GIS 便已经投入应用，由于技术水平的限制，应用程度较浅。近 20 年来，计算机科学与技术的飞速发展为 GIS 的应用提供了技术支持。现阶段，GIS 的应用更加普及，GIS 产品已经逐渐成为像手机、电视、汽车一样不可缺少的生活必需品，人们对 GIS 的需求也越来越大。为了保证 GIS 技术能够满足不断变化的社会需求，需要对 GIS 不断挖掘、不断开发。桌面 GIS 有着很大的扩展空间，它的开发完善了原有的 GIS 功能。WebGIS 通过网络共享数据，使数据分析更加快速。随着移动终端操作系统的发展和不断完善，移动 GIS 搭载于多种多样的智能移动终端，提供精确的定位功能和便利的数据采集功能。虚拟 GIS 建立在 GIS 和虚拟现实技术飞速发展并成功结合的基础上，方便用户查看数据，编辑、管理数据。开源 GIS 通过开放获取程序代码，为广大开发人员提供免费的开发平台，促进 GIS 功能不断扩展。

## 4.1　桌面 GIS 开发

### 4.1.1　桌面式开发的概念

应用程序的组成部分在一台设备上的单层程序，即本地运行的单机窗口程序开发称为桌面式开发。桌面应用开发包括窗体、控件与事件处理、字符串处理、数据库管理、读写本地文件与目录、压缩与解压、网络连接等。

桌面 GIS 分通用型(工具型)和应用型两类。通用型桌面 GIS 即常见的 GIS 软件平台或软件包，如 ArcInfo、SuperMap 等，具有空间数据输入、存储、处理、分析和输出等 GIS 的基本功能。应用型 GIS 是以某一专业领域的工作为主要内容，利用 GIS 的手段进行数据管理、分析和表达，这种 GIS 软件专业性强，包括专题 GIS(如国土 GIS、海洋 GIS)和区域综合 GIS(区域经济、人口、资源、流域环境)。应用型桌面 GIS 是指主要运行于 PC 平台，使用者主要是非 GIS 专业人员的应用型 GIS。

### 4.1.2  桌面 GIS 的开发方式

**(1)独立开发**

不依赖任何 GIS 工具软件,独立进行应用系统开发。选用某种程序设计语言(如 C++、VB、C#等),在一定的操作系统平台上编程实现,如 EA2000 地图生成与发布系统。这种开发方式具有开发周期长,创新性强,扩展空间大的优点。

**(2)基于开源 GIS 开发**

桌面版开源 GIS 软件有 GRASS、UDIG、OSSIM、QGIS、MapWindows、gvSIG、Kosmo、JUMP/JCS、SAGA、ILWIS、SharpMap 等,应用 Python 等语言进行开发。这种开发方式开发周期长,具有较大的开发自主权,拓展空间大。

**(3)单纯借助 GIS 工具语言开发**

常见二次开发的宏语言,ArcGIS 提供了 VBA 语言;MapInfo 提供了 MapBasic 语言等。这种开发方式简单易行,短小灵活,适于开发专业的小型工具,但它属于宿主开发方式,不宜于开发大中型桌面 GIS。

**(4)集成二次开发**

集成二次开发指利用 GIS 工具软件实现 GIS 的基本功能,以通用编程软件尤其是面向对象的可视化开发工具(如 Delphi、C++、VB 等)为开发平台,进行二者的集成二次开发。这种开发方式开发周期短,宜于开发大众型应用桌面 GIS,已成为应用型桌面 GIS 开发的主流方式。

### 4.1.3  桌面 GIS 的开发历程

**(1)模块式 GIS**

在 GIS 发展的早期阶段,由于受到技术的限制,GIS 软件是只能满足某些功能要求的模块,没有形成完整的系统,各个模块之间不具备协同工作的能力。

**(2)集成式 GIS**

集成式 GIS 是 GIS 发展史上一个重要里程碑,其优点在于它集成了 GIS 的各项功能,形成独立完整的系统;而其缺点在于系统过于复杂、庞大,从而导致成本过高,也难于与其他应用系统集成。集成式 GIS 的典型代表:国外有 ArcInfo、MapInfo、GenaMap 等;国内有 MapGIS、SuperMap、GeoStar 等。

**(3)模块化 GIS**

模块化 GIS 的基本思想是把 GIS 按照功能划分成一系列模块,运行于统一的基础环境之中(如 MicroStation)。模块化 GIS 具有较大的工程针对性,便于开发和应用,用户可以根据需求选择所需模块,具有代表性的模块化 GIS 有美国 Intergragh 公司开发的 Intergraph 的 MGE。但无论是集成式 GIS 还是模块化 GIS,都很难与管理信息系统(MIS)以及专业应用模型一起集成为高效、无缝的 GIS 应用软件。

**(4)核心式 GIS**

核心式 GIS 被设计为操作系统的基本拓展。Windows 系列操作系统上的核心式 GIS 提供了一系列动态链接库(DLL),用户在开发 GIS 应用系统时可以采用现有的高级编程语言,通过应用程序接口(API)访问内核所提供的 GIS 功能。除了一些基本的动态链接库以外,实现各种功能的动态链接库可以被拆卸和重组,给用户提供较大的灵活性。对数据库管理要求较高的用户甚至可以选择 MIS 开发工具来构造 GIS 应用软件,为 GIS 与 MIS 的无缝集成提供了全新的解决思路。如 MapGIS 6.0 版本把内核功能抽取为 DLL,在 VC++中通过 API 来调用。

**(5)组件式 GIS**

组件式 GIS(ComGIS),是指基于组建对象平台,以一组具有标准通信接口的、允许跨语言应用的组件来集成具有相关功能的 GIS 系统。它使近 20 年来兴起的面向对象技术进入到成熟的实用化阶段。组件式 GIS 提供的是为完成 GIS 系统而推出的各种标准ActiveX控件,GIS 系统开发者不必掌握专门的开发语言,只需熟悉基于 Windows 平台的通用集成开发环境,了解各个控件的属性、方法和事件即可。这些控件称为 GIS 组件,组件之间可以通过标准的通信接口实现交互,这种交互甚至可以跨计算机实现。典型的组件 GIS 产品主要有:ESRI 推出的 MapObjects、MapInfo 公司推出的 Mapx、Intergragh 公司推出的 GeoMedia、超图公司推出的 SuperObjects、加拿大阿波罗科技集团推出的 TITAN 以及中国科学院地理科学与资源研究所推出的 ActiveMap 等。组件式 GIS 是当今 GIS 发展的重要趋势。

**(6)插件式 GIS**

插件式 GIS 是指基于脚本、COM 组件、ActiveX 控件等技术把 GIS 的功能抽取为相对独立的插件,在需要时把这些插件插入 GIS 平台中,以 GIS 平台中的插件管理器管理这些插件。这种开发形式比单纯的 ComGIS 更灵活,软件伸缩性更强。MapGIS 7.0 是插件式 GIS 的典型代表。传统结构体系与插件式结构体系对比分析如图 4-1 所示。

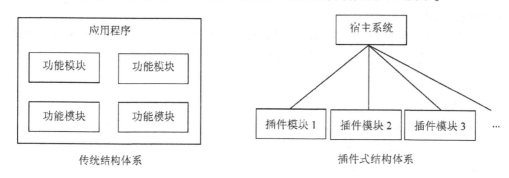

**图 4-1　传统结构体系与插件结构体系对比分析**

## 4.1.4　常见的桌面 GIS 二次开发软件

**(1)ArcGIS**

基于 ArcGIS 软件,开发桌面 GIS 有 3 种方式:第一种是基于 ArcGIS DeskTop 定制开发,这种方式应用 VBA 开发环境开发应用于 ArcGIS DeskTop 中的工具或宏;第二种是在.NET 等开发环境中引入 ArcGIS Engine 对象库进行应用程序开发,开发出来的软件仍然依托于 ArcGIS DeskTop 软件运行;第三种是在.NET 等开发环境中引入 ArcGIS Engine 对象库进行应用程序开发，开发出来的软件独立于 ArcGIS DeskTop 软件运行，但需要安装运行许可软件（ArcGIS Engine Runtime）。

**（2）MapX**

MapX 是一个可编程控件，它使用与 MapInfo Professional 一致的地图数据格式，并实现了大多数 MapInfo Pro 的功能。MapX 为开发人员提供了一个快速、易用、功能强大的地图化软件。在 . NET、Delphi、PowerBuilder、VC + + 等可视化开发环境中，只需在设计阶段将 MapX 控件放入窗体中，并对其进行编程，设置属性、调用方法或相应事件，即可实现数据可视化、专题分析、地理查询、地理编码等丰富的地图信息系统功能。

MapX 定义了一个类体系，以有效地组织图形元素、图层、属性数据等对象。MapX 的主要功能包括：地图显示，对地图进行放大、缩小、漫游、选择等操作，制作专题地图，图层控制，数据绑定，生成动态图层和用户绘图图层，生成和编辑地图对象，简单地理查询，边界查询，地址查询。

**（3）GeoMedia**

GeoMedia 没有自己的数据格式，可以将 Arc/Info、ArcView、MGE、MapInfo、CAD（包括 AutoCAD 和 MicroStation）、Access、Oracle、SQL Server 等多个 GIS 数据源的数据直接读取到数据库中，无需任何转换地置于一个统一的系统中，并能输出其他 GIS 平台的数据格式。GeoMedia 没有专属的开发语言，使用任何一种常用开发工具，即可调用它提供的组件、控件进行开发。

**（4）SuperObjects**

SuperObjects 是基于 Microsoft 的 COM 组件技术标准，以 ActiveX 组件和控件的方式提供强大的 GIS 功能，适用于用户快速开发专业 GIS 应用系统。这些 ActiveX 组件和控件可以方便地嵌入到 . NET、Java 等编程环境中。

**（5）MapGIS 10. 2**

MapGIS 10. 2 产品体系由 MapGIS 专业 GIS 软件和云 GIS 平台组成。MapGIS10. 2 为升级后的新一代 GIS 产品。在新的体系中，桌面平台、移动平台、Web 平台的功能和性能都得到了较大提升。云 GIS 平台 MapGIS $I^2$GSS，是一种全新云模式，包含智能化云工具箱，可以与专业 GIS 产品无缝对接，支持多体量云产品定制。

## 4.1.5　3D GIS 的开发

**（1）底层开发 3D GIS**

底层开发 3D GIS 是基于可视化面向对象开发语言环境和三维编程接口的开发方式，底层开发的方式开发效率较高，同时具有跨平台特性，其缺点在于代码量很大，而且只能针对开放的数据格式。3D GIS 主要应用的语言环境有 VC + +、. NET 平台，常用的三维开发接口包括 DirectX、OpenGL、Vrml，其中 DirectX 和 OpenGL 都是基于半底层开发的，开发的软件模块和代码都可以移植。

**（2）二次开发 3D GIS**

ArcObject 是 ESRI 公司提供给用户的二次开发平台，其中的三维组件能够较好地在三维数据技术上完成三维场景构建、可视化表达和较为复杂的三维分析。ArcGIS 10.0 可方便地实现三维虚拟城市建设。

TerraExplorer Pro 开发组件是美国 Skyline 公司开发的全三维的构建平台，具有较大空间信息展示功能，支持交互式绘图工具，提供三维测量及地形分析工具，提供数据库接口支持(如 Oracle、ArcSDE)，提供 GIS 标准文件格式，拥有强大的三维空间数据处理功能。

EV-Globe 是北京国遥新天地信息技术有限公司开发的三维 GIS 平台，该平台可以进行逼真的全球 3D 高速浏览，矢量、栅格数据一体化管理，提供全球真彩色陆地卫星影像数据为基础的遥感影像。另外，还可支持跨平台服务，并能够给用户定制功能。

VRMap 是北京灵图公司提供的一个三维可视化构建平台，采用 J2EE 体系架构，可以在多种编程语言平台下进行二次开发。VRMap 二次开发平台是基于 DirectX 和 OpenGL 开发的通用三维引擎，它在总体框架上采用 COM 组件技术，并且使用球面贴图技术实现了文字注记和贴图注记。同时，VRMap 提供城市级别的基于网络的海量精细场景，可以快速建立三维应用。

**(3)3D GIS 开发存在的问题**

目前，3D GIS 开发存在的主要问题有：在 2D 屏幕中实现辅助三维空间分析难度太大，因此，目前大多空间分析的功能主要是在 2D GIS 中实现，结果则在 3D GIS 中显示；由于没有开放底层的接口，大多二次开发 3D GIS 拓展受限；3D GIS 兼容性很差，没有统一的标准。

# 4.2 WebGIS 开发

WebGIS 是在 Internet 或 Intranet 网络环境下的一种兼容存储、处理、分析、显示与应用地理信息的计算机信息系统。其基本思想是在互联网上提供地理信息，让用户通过浏览器浏览和获得地理信息系统中的数据和功能服务。GIS 通过 WWW(World Wide Web) 服务使其功能得以延伸和扩展，并真正成为一种大众化的工具。WebGIS 为地理信息和 GIS 服务通过 Internet 在更大范围内发挥作用提供了新的平台。

## 4.2.1 WebGIS 的特点

当前 WebGIS 采用了主流的通信、应用协议和体系结构，特别是客户端软件采用了通用的浏览器，大大增强了 GIS 软件的开放性和易用性。与传统的地理信息系统相比WebGIS 在体系上有着重大的创新和发展，这些体系上的创新和发展使 WebGIS 具有以下几个方面的特点：

**(1)超越空间的信息共享**

WebGIS 可以通过浏览器进行信息发布，不仅是专业人员，普通用户也能获取所需的信息，它拥有更多的应用群体。客户可以同时访问多个位于不同地点服务器上的最新数据，而这种 Internet 所特有的优势大大方便了 GIS 的数据管理，使分布式多数据源的数据管理和合成更易于实现。此外，由于 Internet 的迅猛发展，Web 服务正在渗入千家万户，在全球范围内任意一个 WWW 站点的 Internet 用户都可以获得 WebGIS 服务器提供的服务，因此极大地扩展了 GIS 的应用范围，使得 GIS 真正成为一种大众使用的信息工具。

**（2）降低系统成本**

传统的 GIS 在每个客户端都要配备昂贵的专业 GIS 软件，但有些用户使用的只是一些最基本的功能，这实际上造成了极大的浪费。WebGIS 在客户端通常只需使用 Web 浏览器（有时根据需要还要安装插件），其软件成本与全套的专业 GIS 软件相比明显要降低很多。

**（3）平衡高效的计算负载**

传统的 GIS 大都使用文件服务器结构的处理方式，其处理能力完全依赖于客户端，效率较低。而目前 WebGIS 系统能充分利用网络资源，将基础性、全局性、复杂性的处理交由服务器执行，而对数据量较小的简单操作则由客户端直接完成。这种计算模式能灵活高效地寻求计算负荷和网络流量负载在服务器端和客户端的合理分配方案。在客户端环境不变的情况下，通过提高服务器端机器性能和 Internet 网速，可以达到提高整个服务效率的目的，是一种较为理想的模式。

**（4）客户端和服务器端的平台独立性**

无论服务器/客户机是何种机器，安装的何种操作系统，无论 WebGIS 服务器端使用何种软件，只要客户端系统中安装了浏览器，就可以透明地访问空间和非空间数据。

**（5）巨大的扩展空间**

Internet 技术基于的标准是开放的、非专用的，是由标准化组织 IETF 和 W3C 为 Internet 制定的，这为 WebGIS 的进一步扩展提供了极大的发挥空间，使得 WebGIS 很容易与 Web 中的其他信息服务进行无缝集成，建立功能丰富、灵活多变的 GIS 应用。

## 4.2.2　WebGIS 的体系结构与平台软件

### 4.2.2.1　WebGIS 的构造模型

在网络环境中实现 GIS 主要有客户机/服务器模式（Client/Server，简称 C/S 模式）与浏览器/服务器模式（Browser/Server 模式，简称 B/S 模式）。C/S 模式一般用于部门内管理，安装在内部的局域网，C/S 结构必须在前台 Client 端工作站上安装相应的应用程序。C/S 模式的特点是实现客户端与服务器的直接相连，响应速度快。管理信息系统具有较强的事物处理能力，能实现复杂的业务流程。B/S 模式在客户机上的应用程序精简到一个通用的浏览器软件，如 Netscape Navigator、Microsoft 公司的 Internet Explorer 等，也有可能浏览器上还安装有 ActiveX 控件、Plug-in 插件、Java Applet 小程序，通过浏览器，加上 Web 服务器，用户便能得到图文并茂的地理信息，同时，也可以进行数据的存取、分析等。B/S 模式的特点是覆盖范围广、用户类型多、浏览端可以是不同的平台。

### 4.2.2.2　WebGIS 的体系结构

按照客户端和服务器端实现的功能与网络传输的数据量，可以划分出 3 种可能的 WebGIS 体系结构，即基于服务器的服务系统（瘦客户模式）、基于客户机的应用系统（胖客户模式）和基于服务器/客户机（Server/Client）的混合系统（混合模式）。一般而言，胖客户模式适合于客户端处理能力较强，用户需要对数据处理过程进行控制的环境；瘦客户模式则适用于广域网环境或对 GIS 分析功能较低要求的应用；而混合模式结合了胖客户模式和瘦客户模式的优点。与前两种方式不同，混合模式既不是把全部的空间处理功能模块和数据下载到本地，再在客户端进行所有的空间操作，也不是把全部的空间处理功能放置在服务器端，在服务器进行所有的空间操作，而是根据 Web 应用的特点和网络的状况，在客户端和服务器端进行空间处理功能的分配。

### 4.2.2.3 WebGIS 平台软件

#### （1）ESRI 公司的 ArcIMS

ArcIMS 是 ArcGIS 系列中的 WebGIS 服务器平台，包括了客户端和服务器端两方面的技术，它扩展了普通站点，使其能提供 GIS 数据和应用服务。ArcIMS 包括 Author、Administrator、Designer 3 个管理工具，Author 用来创建地图，Designer 用来设计 WebGIS 网站，Administrator 负责管理地图服务。

ArcIMS 可以把多个数据源集合到一起，并利用 ArcSDE 来管理这些数据，ArcSDE 是个通道，可以很方便地管理存在普通数据库中的空间数据。ArcSDE 可以管理多种商业数据库的地理信息（IBM DB2、IBM Informix、Microsoft SQL Server 和 Oracle），也可以用 ArcSDE for Coverage 管理文件形式数据。

#### （2）MapInfo 公司的 MapXtreme

MapXtreme 是 MapInfo 平台上的网络地图发布工具，可支持大量用户同时通过内联网或互联网查询及下载地图。用户端以网页浏览器作界面，无需添加新软件或执行任何安装程序。利用 MapX treme 可达到以较低成本让大量用户以互动形式共享地图及关联数据的目的。MapXtreme 分为 NT 和 Java 版本。NT 版本在 Windows NT 4.0 上运行；Java 版本则可在任何支持 Java 虚拟机（Java Virtual Machine）的平台上运行。

#### （3）Intergraph 公司的 GeoMedia WebMap

GeoMedia WebMap 的最大特点是提供了 OpenGIS 解决方案，它可以操作常见 GIS 数据而无需转换数据格式。GeoMedia WebMap 可以直接读取包括 MGE、FRAMME 和 CAD 文件，以及 ArcView Shapefile、Arc/Info Coverage、MapInfo 和 Oracle、SQL Server、Access 数据等多种空间数据源，GeoMedia WebMap 的全部数据都可以由大型商用数据库系统托管，数据标准采用 Microsoft、Oracle、Sybase 等数据库标准，可以大大提高数据的共享性和利用效率。该系统可以发布 CGM、JPG、PNG 等格式的图像，其中，CGM 图像是国际标准的开放式矢量数据格式，CGM 格式图像具有数据量小、传输速度快的特点。GeoMedia WebMap 可提供各种基于 Server 的分析组件，用户在客户端只需要通过浏览器就可以进行各种专业的 GIS 分析，如路径分析、缓冲区分析、动态分段分析、管线交叉分析、地理编码和标注等。

### 4.2.3 WebGIS 的开发

按系统提供的信息内容和服务对象，WebGIS 可分为提供公共信息的 WebGIS 和提供专业信息的 WebGIS。Google Maps 和 Mapbar 是提供公共信息的 WebGIS 的典型代表；提供专业信息的 WebGIS 则把技术和具体的应用领域相结合，以满足该领域业务管理的需要。

**(1) 服务器端方式**

该实现方式以服务器为中心，空间信息的查询和分析等处理都交给服务器完成，然后服务器将处理请求之后的空间信息以图片的形式通过网络传输给客户端。客户端的作用相当简单，只负责发送用户请求给服务器，并显示与服务器交互后的结果。工作方式是 HTML、CGI、Servlet API 等，实例有 MapObjects IMS、ArcIMS。

**(2) 客户端方式**

相对于服务器端方式将 GIS 查询和分析等对空间数据处理的任务都交由服务器完成，客户端方式中，客户端应用程序(一般是安装一些可以处理 GIS 空间数据的插件/控件)来完成 GIS 的分析和结果输出工作。工作方式有 ActiveX、Plug-in、Java Applet，实例有 Map Guide、GeoMedia、SuperMap。

**(3) 混合方式**

混合方式综合了这两种方式，形成一种混合型的解决方案。凡是涉及简单、基本用户控制的任务由客户端承担；涉及大型数据集的操作或复杂分析的任务就由服务器端来承担。这样，双方共享彼此的计算能力，将功能进行合理分配，充分发挥服务器和客户端的优势，最终达到提升了整个系统性能的目的。工作方式为分布式模型，实例有 GeoSurf、MapGIS IMS。

## 4.2.4　WebGIS 的主要开发技术

目前，WebGIS 系统的主要开发技术有基于服务器端开发方式的通用网管接口技术(Common Gateway Interface，CGI)和服务器应用程序接口技术(Server API)；基于客户端的实现方式：插件技术(Plug-in)、ActiveX 控件技术、Java Applet 技术和 J2EE 技术等。

**(1) 通用网管接口技术**

CGI 是连接外部应用程序和 Web 服务器的接口标准，它完成的主要工作是实现客户端页面和服务器应用程序之间的信息交互。

基于 CGI 技术的 WebGIS 实现流程如下：用户利用浏览器通过因特网发送请求到 Web 服务器，Web 服务器会创建一个进程来启动一个 CGI 程序，接着 CGI 程序把该请求发给后端运行的 GIS 程序，由 GIS 应用程序提取用户发送过来的请求参数后，查询相应的空间数据，并按照请求对数据进行处理，再把处理后的结果返回给 Web 服务器，最后 Web 服务器再把结果传递到客户端呈现给用户。

**(2) 服务器应用程序接口**

Server API 是和 CGI 类似的一种 WebGIS 开发技术，比 CGI 技术先进的地方在于这些程序一经启动便作为一个进程长期运行于服务器中，下一个请求到来时不用启动一个新的程序进程来处理该请求。它是通过进程间通信(inter-process communication，IPC)与 GIS 应用程序进行信息交换。目前，市场上 ESRI 公司的 ArcView IMS、Map Objects IMS 和 MapInfo 的 MapXtreme 等都是采用这种实现技术。

**(3) 插件技术**

插件技术就是开发出能够同浏览器交换信息的软件。基于 Plug-in 技术的 WebGIS 系统的工作流程为：首先，用户从客户端浏览器发出空间数据处理请求，Web 服务器接收到请求后，进行简单处理，然后，调用 GIS 软件获取到空间数据，再将结果 GIS 矢量数据传送给 Web 服务器，由 Web 服务器传送到客户端。客户端浏览器接收到 GIS 矢量数据并对 GIS 矢量数据进行解析，然后在本地浏览器中查找处理此 GIS 矢量数据对应的 Plug-in，如果系统中不存在相应 Plug-in，则需要下载对应的 GIS Plug-in 来处理并且显示 GIS 数据；如果可以找到，则直接用它来处理 GIS 数据，最后呈现给用户。

目前，ESRI 公司的 ArcExplor、Intergraph 公司的 GeoMedia Web Map 以及 AutoDesk 公司的 MapGuide 等都提供了客户端可选的 Plug-in 插件。

**（4）ActiveX 技术**

ActiveX 技术的基础是分布式组件对象模型（distributed component object model，DCOM），基于 ActiveX 技术的 WebGIS 系统工作原理为：首先，客户端用户从浏览器发出 GIS 数据处理和显示操作请求，Web 服务器接收到客户端发送过来的请求后，进行简单处理，然后将结果 GIS 数据和 GIS ActiveX 控件代码传送到客户机端浏览器。客户端接收到从 Web 服务器传来的 GIS 数据和 GIS ActiveX 控件后，GIS ActiveX 控件被浏览器加载，然后对 GIS 数据进行查询和分析等处理，完成 GIS 操作。

ESRI 公司的 MapObjects、ArcObject，Intergraph 公司的 GeoMedia Professional 以及 MapInfo公司的 MapX 组件式 GIS 产品都是 ActiveX 产品。

### 4.2.4.5　Java Applet 技术

Java Applet 是采用 Java 创建的基于 HTML 的程序。基于 Java Applet 技术的 WebGIS 系统工作原理为：首先，客户端用户从浏览器发出空间数据处理（查询或分析等）请求，Web 服务器接收到客户端发送过来的请求后，进行初步的简单处理，然后将 Java Applet 应用程序传送到客户机端浏览器。客户机端接收到从 Web 服务器传来的 GIS Java Applet 应用程序后，GIS Java Applet 被加载到本地机器，然后由 GIS Java Applet 来处理用户的请求。当用户再次发出请求时就不用下载 GIS Java Applet，GIS Java Applet 直接向 GIS 服务器发出数据处理请求，GIS 服务器将 GIS JavaApplet 所需要的 GIS 数据传回给客户端，再由 GIS Java Applet 处理并且最终呈现给用户。

### 4.2.4.6　J2EE 技术

J2EE 技术的核心就是 Java 2 平台的标准版，基于 J2EE 的 WebGIS 开发技术将 WebGIS 分为 4 层：

①客户端：主要功能是提交用户的请求和 WebGIS 数据在浏览器的显示，不处理任何的业务逻辑。

②Web 服务层：主要的功能是接收客户端发送过来的请求，对请求进行简单分析，找到合适处理该请求的应用服务器中合适的业务逻辑。

③WebGIS 应用服务层：是系统最重要的一层，该层的主要任务是使用与请求对应的业务逻辑处理客户端请求（即空间数据的查询、分析等处理），完成对数据服务层的访问来处理请求，并返回结果数据。

④数据服务层：主要功能是完成对空间数据和属性数据的存储和管理。

## 4.3　移动 GIS 开发

### 4.3.1　移动 GIS 的定义

移动 GIS 是面向客户的一种服务系统，有广义和狭义之分。狭义的移动 GIS 采用的是离线 GIS 模式，运行仅限于所存在的移动终端上，这些移动设备大多具有桌面 GIS 功能（如个人掌上电脑，personal digital assistant，PDA），这类 GIS 移动终端不具备与服务器之间的交互能力，仅可利用离线数据进行分析处理。广义的移动 GIS 是一种可以进行数据交互的系统，是综合 GIS、卫星导航定位系统 GNSS、互联网、计算机与多媒体等的一项技术。移动 GIS 也不完全是一项新技术，它的原型是"嵌入式 GIS"，即搭载在嵌入式终端设备上的 GIS。随着 PDA 设备的发明使用，在 2001 年移动 GIS 开始有了发展。随着计算机操作系统不断发展，Windows 和 Linux 系统的普及，移动 GIS 逐渐成熟，并渐渐引入到国土、林业、测绘、地理等行业中，但是，由于 PDA 等终端设备不易携带且价格昂贵，加上无线网络的带宽不能满足数据传输的要求，使得 GIS 发展一度受阻。而后，互联网和智能移动终端的崛起，使得移动 GIS 再一次得到蓬勃发展，现已形成了一条完整产业链，包括数据采集、处理、储存、交互、应用等多个方面，涉及广泛。

### 4.3.2　移动 GIS 的体系结构

移动 GIS 具有一定的体系结构，王方雄等（2007）的研究结果表明，移动 GIS 的体系结构由表示层承载的客户端、逻辑层承载的服务器和数据层承载的数据服务器组成。

**(1) 表示层**

表示层支撑着移动 GIS 客户端，直接面向移动 GIS 的用户。移动 GIS 表示层可应用于各种移动终端，如个人电脑、掌上电脑、移动电话和车载导航等，提供了多种客户端软件，如 WAP 浏览器、Web 浏览器等，用户可以自由选择合适的客户端作为 GIS 的搭载平台。其中，广义的移动 GIS 可以与服务器之间相互连接，为狭义移动 GIS 提供数据更新。

**(2) 逻辑层**

逻辑层主要由无线网关、移动定位网关、Web 服务器和 GIS 应用服务器构成，旨在维持移动 GIS 使用中的负载平衡。

**(3) 数据层**

数据层，即数据服务器，是存储和管理空间数据和属性数据的数据库系统。它集成移动 GIS 所拥有的数据，并提供数据使移动 GIS 进行应用分析，完成各种任务。数据服务器的存在使得移动数据客户端可以和多种数据源进行交互，使移动 GIS 具有更灵活的性能。

### 4.3.3　移动 GIS 的特点

移动 GIS 经过多年的发展，已具备以下特点。

**(1) 移动性**

移动性是移动 GIS 很重要的特征。移动 GIS 不再依赖于固定的终端和宽带连接，它借助智能移动终端和无线网络的支撑与服务器进行连接和数据交互，打破了桌面 GIS 的束缚，是桌面 GIS 的发展。

**（2）实时性**

实时性是移动 GIS 最大的特点，传统 GIS 使用离线处理模式，并不能实时更新数据，而移动 GIS 含有具定位功能的 GPS，在使用过程中就可将 GPS 采集的坐标信息经由网络上传到服务器进行处理，同时也可以接收服务器发送的信息，如车载导航的应用就是移动 GIS 的一大体现。

**（3）移动终端多样性**

由于技术的发展进而产生了各种各样的移动产品，用户所能选择的移动终端也日趋多样，手机、微型电脑以及移动计算终端都可以成为移动 GIS 的搭载平台。

**（4）信息载体的多样性**

信息载体的多样性是由移动终端多样性所决定的特征，由于终端功能不同，所使用的信息多种多样，如图形信息、语音信息、文本信息等。

**（5）开发平台多样性**

基于移动 GIS 的结构和特性，尤其是针对不同移动终端和开发平台有不同的开发方法，常见的开发平台有 MapGIS、ESRI 的 ArcGIS Mobile 等。

## 4.3.4 基于 ArcGIS 的移动开发技术

### 4.3.4.1 ArcGIS 概况

在 GIS 技术发展的初时期，GIS 技术人员主要注重数据处理以及 GIS 应用，主要研究方向集中于 GIS 数据库的创建。在 GIS 技术逐渐发展成熟之后，GIS 技术人员才开始逐渐将数据库中的信息使用到 GIS 实际应用中。ArcGIS 是由 ESRI 开发，使用较为普遍的 GIS 平台。最初在 1982 年 6 月，ESRI 推出 Arc/Info 1.0，是世界第一种真正意义上的 GIS 软件，经过数十年的发展，到现在已推出 ArcGIS 9.0、ArcGIS 10、ArcGIS 10.2 等诸多广为使用的版本。ArcGIS 的一系列产品为用户提供了灵活多变、全面的 GIS 平台。自 ArcGIS 9.0 问世以来，ESRI 就建立了比较完善的 GIS 系统，并从 ArcGIS 9.0 开始，提供一套完整的 GIS 软件产品。现今的 ArcGIS 拥有云架构 GIS 平台，实现了 GIS 由共享向协同的跨跃，并且提供了 3D 建模、分析和编辑能力，真正完成由三维空间向四维空间的跨跃，是遥感 GIS 一体化——RS + GIS 的更好体现。

ArcGIS 包含的 AreObjects（AO）是 ESRI 公司为 ArcGIS 家族中的 ArcMap、ArcCatalog 和 ArcScene 提供的开发平台。AO 的构建依赖的是微软公司的组件对象模型（Component Object Model，COM）技术。COM 技术是一种网络编辑规范，它帮助人们在建立动态互变的组件时进行规范性操作，规定了在建立过程中用户和组件应遵循的一些二进制法则和网络标准。通过 COM 可以把用户所需的两个组件进行互联而不需要考虑是否具有相同的操作环境、语言以及硬件。因此，AO 具有很强大的开放性和扩展性。开放性是指开发环境的多样性选择，AO 支持 VB、C + + 等多种支持 COM 标准的开发工具，使得用户在开发 ArcGIS时可以针对个人能力选择不同的开发环境；扩展性是指 AO 具有编辑扩展功能，用户可利用 COM 技术编写自己需要的 COM 组件，以便于添加 AO 没有提供的功能，对 AO 的组件库进行扩展补充。随着移动终端的不断发展，无线网络的普及扩大，使得移动设备逐渐普及。伴随移动设备的进步，操作系统也有飞速的成长，iOS、Android 以及 Windows Phone 等蓬勃发展，软、硬件性能都有了很大进步，使得可以处理比较复杂的移动 GIS 应用的能力。因此，个人移动终端也逐渐成为了移动 GIS 的搭载平台。各大厂商也提供了一些移动 GIS 的二次开发平台，以供用户在不同的操作系统下进行移动 GIS 的开发应用，推动 GIS 软件的发展。

#### 4.3.4.2　ArcGIS for iOS

iOS 即 iPhone Operating System，是美国苹果公司开发出来的操作系统，主要搭载于美国苹果公司旗下的智能产品上，如 iPhone、iPad 等。iOS 系统诞生于 2007 年，之后苹果公司对其不断进行完善，使其功能不断加强，用户体验也不断提高。

1）iOS 系统的分层

iOS 作为苹果智能设备上的操作系统，连接移动硬件设备和应用程序，为程序正常运作提供运行环境。研究表明，iOS 系统由下到上分为 4 层：核心操作系统层、核心服务层、媒体层、可触摸层。如图 4-2 所示，下层架构为上层提供基础服务和应用核心服务，上层结构则提供直接和应用相关的服务。

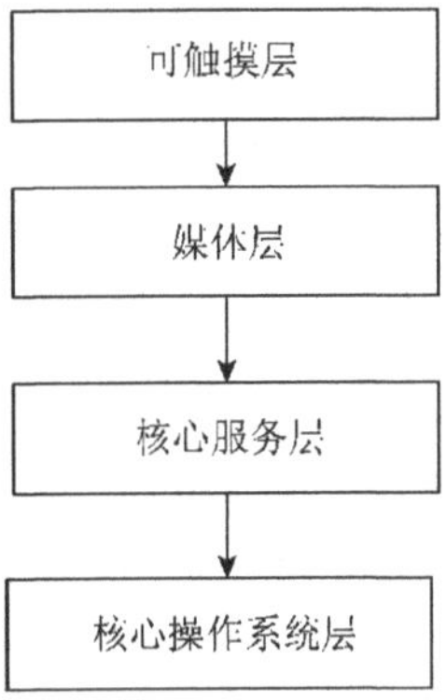

图 4-2　iOS 系统的体系结构

**(1)核心操作系统层**

在整个 iOS 系统的开发体系中，核心操作系统层(core OS)处于最底层，为 iOS 系统提供技术支持，如硬件驱动、系统管理等。在应用程序中，开发者通常用不到核心操作系统层所提供的功能，但是所引用的其他库很有可能会用到或者依赖于 core OS。开发者在处理安全问题或者与硬件进行沟通的时候，会直接用到 core OS 提供的功能。

**(2)核心服务层**

在 iOS 体系中，核心服务层(core service)是跟随着核心操作系统层而进行服务。主要由两个部分组成：核心服务库和基于核心服务的高级功能，主要提供如电话本、定位等服务。

**(3)媒体层**

媒体层(media layer)主要为用户提供媒体服务，包含图形技术、音频技术和视频技术。多媒体技术将这些技术结合起来可以给用户带来更好的媒体体验，这一层所提供的服务便于创建外观和音效俱佳的应用程序。

**(4)可触摸层**

可触摸层(cocoa touch layer)主要负责与用户的交互，直接提供和应用程序相关的服务，如多点触控、文字输入输出、图片显示、文件存储等功能。

如果对 iOS 系统进行应用程序开发，就需要用到 iOS SDK。iOS SDK 是用于开发 iOS

程序的开发包，开发用户利用 iOS SDK 可以在支持 iOS 系统的移动设备上创建应用程序。SDK 由苹果公司提供，为用户提供了一个方便的开发和调试平台，用户开发应用程序所需的接口、工具等都能在 SDK 中找到，它所含有的主要开发工具为 Xcode 工具集和 iOS 模拟器。

Xcode 工具集由 Xcode、Interface Builder 和 Instrument 组成。Xcode 是开发环境，主要实现对应用程序的管理；Interface Builder 可视化用户界面编辑器，主要以可视化的图标或者列状、树状形式显示对象信息并存储，并且在需要的时候快速、动态地加载到程序中。Instrument 是运行时的性能分析和调试工具，通过 Instrument 收集应用程序运行时的信息数据，并由此确认存在的问题，提高程序的运行效率。iOS 模拟器是在 Mac OS X 下的开发程序，开发 iOS 平台的程序时，可以作为辅助工具。其功能是帮助模拟 iOS 平台设备，在模拟器上运行对应的程序，以方便没有实体设备的时候去调试程序。

### 2）基于 ArcGIS for iOS 的移动 GIS 开发技术

基于 ArcGIS for iOS 的移动 GIS 开发涉及诸多技术，主要涉及 3 种技术：移动空间定位、地图数据的发布和加载以及客户端与服务器端数据交互。

**（1）移动空间定位**

移动空间定位是传统 GIS 所不具备的功能，是移动 GIS 的最主要的功能。这一功能可以通过 GIS 进行定位，从而采集空间信息。基于 ArcGIS for iOS 的移动 GIS 程序来进行移动空间定位的方法是通过 ArcGIS 提供的 AGSGPS 或 iOS 的 Core Location 来实现的。

AGSGPS 是通过 GPS 获取移动终端设备当前位置的方法。开发者通过调用 GPS 来获取设备的位置，并可以在 AGSMapView 的地图控件上以标记的方式来标明当前位置，GPS 的系统会自动采用使用时所能达到的最高精度位置数据进行显示。这一方法的优点是方便快捷、精度较高，缺点则是对 GPS 信号要求较高，在有遮挡物以及卫星位置不佳等情况下精度低，甚至无法获得空间信息。运用此方法定位空间的步骤一般为开始定位、停止定位、获取当前位置数据。这些步骤在 GIS 开发的过程中都需要使用相应的开发环境下的语言指令进行调用。

iOS 的 Core Location 不仅可以通过 GPS 获取空间信息，还可以通过蜂窝基站、Wifi 等方式获取信息。如若使用 GPS 进行定位，则优缺点同 AGSGPS。当使用蜂窝基站进行定位时，iOS 所存在的设备使用天线自动搜寻最近的蜂窝基站，使用蜂窝基站提供的位置数据时所采用的定位技术为三角定位，因此，考虑到定位精度，在搜寻蜂窝基站的时候一般会搜寻 4~5 个基站才可进行定位。这种方法不依赖于卫星的位置和信号，但是当基站密度较低的时候精准度也比较低。如使用 Wifi 进行定位则是通过获取服务商提供的位置数据，连接网络进行定位，精度较高，这种定位方式不依赖卫星和基站。

**（2）地图数据的发布和加载**

用户可以从商业公司和 ArcGIS Server 获取所需的地图，使用 ArcGIS for iOS 开发移动 GIS 应用程序时需要在线从 GIS 服务器中获取用户所需要的地图，此外，用户还可通过 ArcGIS 提供的扩展框架处理地图从而自行创建组件，制作离线地图。

　　ArcGIS for iOS 提供了多种渠道来获取、显示 GIS 应用服务器上的地图资源。这些图层可分为瓦片图层和动态图层，前者访问的是缓存好的地图，后者查询的则是动态的、实时的地图。开发者如要使用公开的商业地图时，则需要通过 ArcGIS online 提供的服务来获得高质量、免费的地图资源。

　　在使用移动 GIS 时，若移动终端设备处于网络覆盖不到的地区，客户端则无法连接到服务器，无法获得在线地图数据。因此，ArcGIS for iOS 所拥有的扩展性，使得开发者可以自行建立瓦片图层，开发者通过建立离线图层，访问存储在程序内的离线地图资源，不通过服务器来获得空间信息。

**(3) 客户端和服务器端数据交互**

　　移动 GIS 在开发应用时，其系统中存储了数量庞大的数据，因为开发环境及开发平台的不同，GIS 不支持开发环境不同的系统直接访问开发环境不同的数据库。因此，数据库和服务器之间的查询、删除等操作很难进行。为了连接客户端和服务器，需要开发者将不同开发环境下的应用程序在访问数据库的时候转换成同一种语言，使客户端和服务器进行数据的交互。

### 4.3.4.3　ArcGIS for Android

　　Android 系统是使用最为普及的手机操作系统之一，由 Google 公司领导开发。Android 即为"机器人"，它是运行在 Linux 平台的操作系统，其创作团队于 2003 年成立，在 2007 年正式向外界展示 Android 操作系统，2008 年 9 月，谷歌正式发布 Android1.0 系统，标志着 Android 系统正式诞生，经过数年发展，逐渐完善。

　　Android 系统相比于 iOS 以及 Windows Phone 具有自己独特的优势，最大的优势就是具有很强的开放性。Android 的开发平台允许任何移动厂商的加入，没有设立任何障碍，使得 Android 拥有数量庞大的开发者，Android 用户和应用程序的日渐积累，让这个宽容的系统逐渐走向成熟。其次，Android 平台因其开放性而使其具有丰富的硬件支持。各个厂商都有自己特色的硬件产品，而这些硬件产品的差异却不会影响到数据的同步和软件的兼容。最后，Android 平台的开发环境十分宽松，它提供给开发者一个自由的环境，没有各种框架的约束，从而成就了 Android 系统中丰富多彩的应用程序，但是开发自由也会带来负面结果，例如，对于血腥、暴力、色情等方面的程序开发，Android 并不能按照相关法律进行妥善处理。

　　研究表明，Android 系统的架构中应用程序层主要服务于手机应用以及 UI 应用，这些应用是基于 Java 语言开发的，开发者在发布到 Android 系统的同时，会提供该版本的基本程序，如邮件客户端、地图、浏览器、联系人管理程序等，所有的应用程序都是使用 Java 语言编写的；应用程序框架层提供开发框架，用于框架和应用组件的应用开发；中间件层面向各种库尤其是共享库的开发；Linux 内核层主要负责底层内核和硬件的开发。

　　现在，Android 系统经过不断的发展，二次开发的平台也越来越多，适于移动 GIS 的开发平台也已经逐渐成熟。例如，百度提供的 BaiduMap 开发平台、ESRI 推出的 Android 开发平台以及南京跬步科技有限公司研发的 UCMap 开发平台等，本节仅介绍 UCMap 开发平台。

UCMap 是南京跬步科技有限公司研发的 Android 系统二次开发平台。它属于对 Android 系统架构中间件层的开发。在移动 GIS 开发中，UCMap 支持所有的主流嵌入式系统，不但可以支持 Android 系统，有时也可用于 iOS 以及 Windows Phone 的开发中，因此应用及其广泛。其系统组成见表 4-1 所列。

表 4-1　UCMap 系统组成

| 项　目 | 举　例 |
| --- | --- |
| 数据源 | PostGIS、Shapefile、ArcSDE、Oracle、VPF 等 |
| GIS 服务器 | GeoServer、MapServer、MapGuide、ArcGIS Server 等 |
| 瓦片缓存服务器 | GeoWeb Cache |
| 手机客户端 | UCMap 手机客户端 |
| WebGIS 客户端 | OpenLayers |

UCMap 采用 SOA 的独特架构，可向用户提供获取 GIS 数据的服务，实现空间数据和 GIS 功能的存储、维护和共享，具有开放性。它严格遵守 OGC 标准，忽略系统软、硬件的差异。同时，UCMap 丰富了 GIS、GPS 等新技术在各行各业的应用，具有多种功能，如空间数据浏览、空间数据渲染、地图查询、要素编辑、影像叠加、空间分析、GPS 定位等。

### 4.3.5　移动 GIS 的应用

移动 GIS 能够以文本、图像、语音等方式传送实时的地图信息，在测绘领域、部分商业产品领域以及日常生活的大众领域内已经得到了较为广泛的应用。

在测绘领域，移动 GIS 的主要作用是用于野外测量和数据的收集等方面。传统的野外测量和数据采集耗时耗力、精准度差，而且不能实时更新。在使用移动 GIS 相关技术开发出的 RTK 技术，能够实时测量两个测量站的观测量，将基准站接收的信息传递给用户端，进而计算用户坐标。这一应用实现了坐标换算、距离计算、面积测量等功能。

移动 GIS 在行业产品内的应用也很广泛，现在移动 GIS 的相关产品已经应用于林业、农业、国土、水利、交通、物流等各个领域。在行业内最普遍的应用就是地图浏览、定位、数据采集、导航等。例如，移动 GIS 在林业方面的应用主要是进行野外调查中样点的确定，查询样地坐标进行森林资源调查；在电力方面的应用则主要是进行电力巡检，通过移动 GIS 相关功能记录巡检中的故障点，并进行信息上传，管控中心即可根据上传数据安排人员进行维修和维护。

大众化的移动 GIS 产品主要服务于生活。最为广泛的应用当属手机电子地图。它包含了地图浏览、坐标查询、地图定位等功能，甚至可以进行车辆导航、公共交通班次查询以及延伸出来的餐饮娱乐等相关功能，为人们的生活带来了极大的便利。例如，路径选择功能就可以通过当前位置和目的地位置的分析，经由 GIS 上传数据、接收数据进行处理后智能选择最合适的路线，同时人们也可以利用移动 GIS 查询路况，合理安排时间和路线。

总之，依赖于无线网络和移动终端发展而不断发展的移动 GIS，在运行环境和技术层面上都有了很大的改善，但是，人们对移动 GIS 功能的需求还远远没有得到满足。因此，以 GPS 技术为核心支撑的移动 GIS，具有广阔的发展前景，必将成为以后 GIS 开发的热点。

## 4.4　虚拟 GIS 开发

传统的 GIS 是平面的、二维的，近年来，随着三维图形技术以及地形的可视化算法不断涌现，人们能够将 GIS 与虚拟现实技术进行结合，虚拟 GIS(VR – GIS)则是二者应运而生的新产物。

### 4.4.1　GIS 与 VR 的结合过程

GIS 是管理空间数据的信息系统，用户和 GIS 的交互主要通过专业程序的操作界面进行，这种交互方式难以有效、全面地利用 GIS 所蕴含的地理信息。而虚拟现实技术的出现，能够让用户身临虚拟环境之中，更易于接收和理解空间数据信息，继而可以从三维空间更好地获取信息、处理信息、分析信息。GIS 与 VR 的结合对用户理解信息、充分利用地理信息具有重大意义。根据尹轶华(2005)的研究表明，GIS 与 VR 的结合并不是一蹴而就的，而是一个一环扣一环的过程，此过程一般可分为 3 个阶段。

**(1)数据结合阶段**

这一阶段是 GIS 和 VR 结合的基础。在这一阶段中，GIS 起到管理数据的作用，虚拟现实技术成为沟通的桥梁。它将 GIS 作为系统后台的空间数据管理工具，利用已取得的 GIS 和 VR 技术成果，将 VR 作为前台，与用户进行地理空间信息交流。这一阶段方便用户接收、理解地理空间信息并进行有效的反馈。

**(2)数据模型和功能结合阶段**

这一阶段结合的前提是将 GIS 和 VR 组成的系统统一起来，搭建在统一结构上。VR 和 GIS 只有采用相同的数据模型，建立共同的数据库，才能统一发挥其功能。用户不但可以利用虚拟现实系统进行空间数据的观测、获取，还可利用虚拟现实交互接口对空间数据进行查询、分析和管理。

**(3)VR 技术和 GIS 技术一体化**

这一阶段，将不同的地理信息集中到一个虚拟场景之中，让用户获取地理信息的方式更加直观和便于用户在虚拟的环境中编辑地理模型，通过虚拟现实提供的模型分析实际的应用问题。这种利用虚拟现实技术的 GIS 技术，不但可以分析当下的地理模型及空间信息，还能通过模拟再现过去的场景以及预测未来的景观，为用户在分析问题方面提供极大的支持，更好地服务于用户。

VR – GIS 是 VR 技术和 GIS 技术相互促进的成果。因此，VR – GIS 既具有传统 GIS 的特点，如空间数据的管理、调取、分析等功能；又具有 VR 技术的功能，可以给予用户虚拟现实的交互式体验。VR – GIS 使用的是 GIS 的数据库，包括了大量的地理信息数据。VR 功能实际上则是提高了 GIS 的制图能力，将 GIS 数据库中的数据经过虚拟现实建模语言(VRML)转换到 VR 系统中，以三维以及时间维的方式呈现给用户。VR – GIS 所需要的软硬件支持相对较高，依赖于桌面 GIS。

### 4.4.2 VR – GIS 的应用

VR – GIS 目前正处于如火如荼的开发阶段，但是，也已经涌现了一大批功能强大巨大的应用，在城市规划、旅游管理、军事训练、教育教学、校园模拟等方面都有了较为广泛的应用。例如，VR – GIS 在城市规划方面可应用于小区规划，在虚拟的环境中，可以同时显示小区地块时间维上的变化，分析过去和现状，将规划场景叠加进去，与历史形成对比，有助于做好小区设计规划。同时，这也成为了数字化城市的基础。当小区设计、报建时，同时将设计采用的 VR – GIS 三维模型提供相关部门，将成为数字城市建设的一部分，若每一个建筑在开工之时均上报三维模型，则数字城市的建设会省去大量人力物力。又如，虚拟校园的建设，是利用虚拟现实技术模拟实际校园环境，让用户置身其中，为校园的规划设计、推广宣传提供了更好的方式；商业住房的宣传则可以通过 VR – GIS 使用户亲身体验住房建筑的门窗朝向、采光、室内装饰等。

尽管 VR – GIS 已经得到了广泛应用，在未来的发展也具有很大的潜力，但是仍面临着一些问题，如虚拟环境不足以贴近实际、需要更高性能的传感器、更高配置的计算机等，这些问题的解决还有待科研人员对 VR – GIS 的进一步开发。

### 4.4.3 虚拟 GIS 的开发

#### 4.4.3.1 虚拟现实建模语言

虚拟现实建模语言(virtual reality modeling language，VRML)，是人们在虚构三维世界并再现真实世界时建模所使用的语言。VRML 是面向 Web 的语言，它只能构建可通过 Internet 传递的三维虚拟世界，Web 用户需要在浏览器上安装 VRML 插件才可以进行虚拟世界建模工作。

1993 年 9 月，真正意义上的 VRML 浏览器正式问世。而 VRML 的概念是后期才被人所定义的，最初的 VRML 代表的是 Virtual Reality Markup Language，后来越来越多的开发应用可使 VRML 能够反映三维虚拟的场景，因此人们将 Markup 改为了 Modeling，就是现在所用的 VRML。1994 年的第二次 WWW 大会上发布了 VRML 1.0 的原型。VRML 1.0 功能还不够完善，仅支持单个用户使用非交互功能，并没有音频和动画功能，但是经由多人的合作努力，建立了 VRML 1.0 标准。VRML 2.0 的使用规范于 1996 年 8 月公布，它在 VRML 1.0 的基础上进行了比较好的扩展，它也是 VRML 97 向着 X3D 发展的标志。VRML 2.0 加入了动画元素，可以显示动态图形，虚拟场景也更加逼真，人机交互的体验更好。VRML 2.0 有两大功能：一是创建虚拟三维场景，二是用户和系统进行交互式操作。VRML 2.0 受到了专业人士的认同，许多商业人士表明 VRML 2.0 将为他们的产品结构提供框架。例如，VRML 2.0 就是以 SGI 公司的 Move World 提案为基础的，该公司已经引进 cosmo3D——VRML 2.0 的 API，作为其新工具 Viper 的基础。此外，SGI 公司旗下的其他多个产品也是基于 VRML 2.0 开发的。Sun Microsystems 公司虽以 Java 而著名，但也将 VRML 2.0 作为 Java 3D 的功能内核。Microsoft 公司已经采纳了 VRML 2.0 标准。VRML 2.0 的使用范围正在逐渐拓宽。

如今，VRML 已经广泛应用于人们的生活、科研、商务、教育等各个领域，无论是在用户体验上，还是在经济效益上都取得了巨大的成果。VRML 所呈现的虚拟世界使人们获取信息、分析信息不仅仅停留在 2D 空间上，通过互联网使虚拟的世界具有动态性，可以让用户通过相应的操作，按照用户的意志进行动态变化。用户仅仅通过浏览器就可以感受到虚拟现实带来的便利，过去只能从图片中得到极其有限的信息，而通过 VRML 产生的场景，就可以身临其境，动态"参观"的方式全方位获取所需的信息。更值得注意的是，开发者通过 VRML 制作出来的虚拟场景，通过 Internet 上传到网络上，可使用户随时随地任意浏览，解除了一系列的限制，使用户获得信息的过程更加自由、舒适。VRML 不仅支持数据和过程的三维表示，而且能提供带有音响效果的结点，用户能走进视听效果十分逼真的虚拟世界，同时，用户能够使用虚拟的信息表达自己，与虚拟对象交互。例如，在科教方面，可以利用 VRML 呈现的虚拟地理空间，使学生学习地理知识时仿佛身临其境。

### 4. 4. 3. 2　VR – GIS 开发工具

将 VR 和 GIS 更好地结合需要对 VR – GIS 进行不断的开发探索，现今已经出现了许多基于 GIS 的虚拟现实开发工具，传统的开发工具有 ArcGIS、MapInfo、SurperMap 等；有专门的 3D GIS 软件 MR 和 VRMap 等以及 3D 游戏开发工具 OpenGL、Direct 等。

**（1）ArcGIS**

ArcGIS 主要由 ArcGIS Desktop、ArcGIS Engine 和 Server GIS 等部分组成，ArcGIS Desktop 即桌面 GIS，它提供给 GIS 专业人员一个编辑、管理、分享地理空间信息的平台，由 Desktop 为基线所研发的 ArcView、ArcEditor 等具有更高级的功能，如更完善的制图、空间信息处理、数据分析等功能。ArcGIS Engine 即为嵌入式 GIS，它是将 GIS 组件和工具插入到 GIS 应用程序中的工具库，用 ArcGIS Engine 可以创建应用程序、扩展原有程序等。Server GIS 是 GIS 服务器，它是空间数据服务器，供用户获取、发布地理空间数据，共享地理信息。对 VR – GIS 的开发运用了 GIS 数据库的功能，但是也需要借助于 ArcGIS 三维建模的功能。

ArcGIS 三维平台有 ArcScene 和 ArcGlobe 两种。前者比较适合建立具有透视性的三维场景，后者则主打桌面 GIS，将地理数据可视化，提高显示性能。二者区别主要在于 ArcScene 将数据投射到用户所定义的当前虚拟空间位置，适合小范围、高精度的虚拟场景。ArcGlobe 则是将全部数据投影到一个球体表面，使虚拟场景接近现实。

**（2）MapInfo**

MapInfo 是美国 MapInfo 公司开发的 GIS 软件，也具有桌面 GIS 功能。MapInfo 提供信息可视化、数据地图化功能。其含义是 Mapping Information，意为地图和属性信息的结合。MapInfo 操作简便，但具有强大的功能：

①图形输入功能：图形输入功能是将数据库中各种地理空间信息进行数字化转换，使信息转换成 MapInfo 的基本图形数据组织，在其中以表的形式呈现。

②信息管理功能：信息管理功能是将图形输入后形成的表进行管理编辑的功能，这种方式可以通过两种表来实现：一种是数据表，包括或不包括图形对象的数据表；另一种为栅格表，仅显示地图图像，不记录数据表、字段等结构信息。

③查询调取功能：MapInfo 拥有强大的查询调取的功能，在 MapInfo 的操作界面中为选

择功能。用户可借助这一功能，可以从地图上调取数据表，也能够利用数据表查询相应的地图信息。

**（3）SurperMap**

SurperMap 是北京超图软件股份有限公司依靠中国科学院研发出的开发平台。该平台拥有开放式的架构，因此可以满足不同人员的开发需求。它具有多个并行的 GIS 服务器，将这些 GIS 服务器的资源进行整合，在权限允许的范围内可自由使用，提高了服务性能。同时，SurperMap 支持多种开发环境的任意选择。

SurperMap 可用于应用系统开发、数据处理与建库以及项目咨询等。应用系统开发则是开发 VR - GIS 的主要用途，专注于国土、商务、统计、军事等领域的系统开发。

**（4）VRMap**

VRMap 是三维地理信息系统。通过 VRMap 可以解决在三维 GIS 与 VR 技术领域从结构到应用方面的问题。作为数字城市建设最佳的基础软件平台之一的 VRMap，具以下的特点：

①VRMap 是开放式平台：这就意味着 VRMap 在开发时拥有高度的自由性，并且 VRMap 应用 COM 技术，使得其系统架构较为严谨，在开放式开发下，仍能保持体系的稳定性。

②VRMap 具有完整的空间数据描述体系：可利用 VRMap 模拟出地物地貌、曲面、气象节点等不同场景。并且使用 SDK 进行二次开发的开发者均可以由自定义节点为接口添加自定模型，因此，VRMap 不但可以描述建筑地理场景，也可表示各种各样的客观对象。

③VRMap 还拥有强大的三维空间数据处理能力：这包括了空间建模、多人协同制图等能力。它具有比较完整的符号系统，在输出图像上也有较高质量，在建模输出数据方面有着卓越表现。

④VRMap 的三维空间分析能力也很优秀：它主要包括了定量分析、查询统计、地形属性分析、气候分析等。

**（5）OpenGL**

OpenGL（Open Graphics Library）是一个功能强大的底层图形库。它规定了在使用不同编程语言、不同平台时的编程接口规范，用于 CAD 制图、能源开发、游戏设计、VR 等行业，帮助用户实现高质量、高感染力、高视觉表达的制图软件编程。

**（6）Direct**

Direct，即 Direct 3D，是基于微软的 COM 技术的 3D 图形 API。适合多媒体、娱乐、3D 动画中的 3D 图形计算。由于以 COM 作为接口，所以操作较为复杂，仅仅支持在 Windows 平台使用。

### 4.4.4　VR - GIS 的实现方法

VR - GIS 的不断开发应用，使得数字化和实物虚拟化成为 VR - GIS 应用的一个重要领域。在现实的基础上，利用开发平台和手段，构建虚拟空间，以真正实现 VR - GIS。VR - GIS 实现的关键在于实时生成三维图形。首先需要虚拟环境的建立，在实际环境信息数据的基础上建立虚拟环境模型，而后通过立体声技术消除方位对声音带来的影响，最后在各种环境下生成所需的立体图形。根据尹轶华的研究，本节介绍以下几种 VR – GIS 的实现方法。

#### 4.4.4.1 利用已有软件平台的 VR – GIS 模块进行实现

已有的软件平台较多，目前，比较热门的 VR – GIS 平台有美国 ESRI 公司的 ArcGIS 3D Analyst、Intergraph 公司的 MTA 以及 ERDAS 公司的 Imagine Virtual GIS 等提供的模块。通过运用这些模块实现 VR – GIS 较为简便，但是，这些软件平台是由商业公司开发的，所提供的 VR – GIS 模块并不免费，有些价格比较昂贵，在经济条件较好、经费充裕的情况下，该方式便于实现 VR – GIS。

#### 4.4.4.2 通过 VR 开发工具包实现

为了适应不同开发者的需求，现已出现许多商品化的虚拟现实工具包可供使用，如 Simple Virtual Environment(SVE)就是一个比较好的开发库，这个开发库对设备要求不高，且开发工具较完整。SVE 主要用于在图形工作站工作的开发者使用。PC 用户可以选择另一个开发包 DDG Toolkit。这是一个用于开发实时三维图形的系统开发包，所支持的语言是 C ++，OpenGL 是它的基础。除此之外，还有很多较为成熟的工具包提供给不同开发用户使用。虽然这种开发方式提供了许多虚拟现实功能开发途径，工作量和开发的难度也不是很高，但是也需要投入大量资金购买工具包。

#### 4.4.4.3 从现有图形开发库底层开发

相比于前两种需要大量经费的开发方式，这种从底层开发的方式则不需要花费过多经费。由于是从现有图形库进行开发，因此可控选择的图形库也很多，如 Silicon Graphics GL 图形开发库、OpenGL、Microsoft DiretX 等都是不错的图形库。这种方法只能利用图形开发库所具有的基本功能进行开发，而 VR 功能的实现则均由用户自己处理。这种开发耗时耗力并且开发难度都很大，但是相对的花费较低、自由度较高。可以根据自己的要求在原图形开发库基础上进行设计、规划，开发出的成果具有自主知识产权。因此，这种方式多用于实验、研究当中，而多数有经费支持的企业往往采用前两种方法。

## 4.5 开源 GIS 开发

### 4.5.1 开源 GIS 的定义

随着智慧地球、物联网以及云计算等技术的出现，地理信息技术也随之发生变革。在信息技术高速发展的时代，GIS 的应用更加的广泛，地理信息技术的发展日新月异，开发开源 GIS 有助于 GIS 功能的扩展和深入研究，降低软件成本，促进地理信息服务业的发展，也促进了我国地理空间信息产业升级，提高了我国的自主创新能力。

开源意思为开放源代码。开源软件就是将源代码公开，用户可以免费使用、编辑和发布软件。开源 GIS 指的是与 GIS 相关的开源软件。但是，开放源代码并不是想象中那么简单，开源软件需要遵循一定的约束条件：

①开放的源代码可以被自由分发。

②程序一定要含有编辑该程序的源代码，允许第三方编辑代码并发布。

③不能随意破坏源代码的完整性等。

因此，开源 GIS 除了开放源代码之外，还同时采用了一定的开放标准和开放协议，以这些协议和标准为基础共享数据。最常用的标准就是开放地理空间信息联盟（open geospatial consortium，OGC）标准。

OGC 旨在提供空间数据共享、数据整理等方面操作的标准。OGC 发布的 OpenGIS 很好地规范了地理信息的发布和共享，并能用自己的框架为用户提供编辑的接口。

### 4.5.2 开源 GIS 软件

开源 GIS 软件种类繁多，大体可分为桌面 GIS 软件、GIS 数据库和 GIS 类库等部分。仅桌面 GIS 软件就有许多种，本节简单介绍几种常用的开源 GIS 软件。

#### 4.5.2.1 桌面 GIS 软件

**(1) GRASS GIS**

GRASS（geographic resources analysis support system）GIS 是一个免费的开源桌面 GIS 软件。GRASS 基于开源政策，许多大学都选择这个软件进行工具开发，研究人员对已发布的代码进行完善，使 GRASS 的功能越来越强大。GRASS 现具有图像处理、地理信息分析、图像数字化、图像可视化等功能。其最大的特点在于其依靠于一个大型 GIS 系统。GRASS 拥有 400 多个 GIS 算法，在某种意义上也是开源式的 ArcGIS。

**(2) OrbisGIS**

OrbisGIS 是一个未被完整开发的开源 GIS 软件，还仅仅是半成品，但它在建模方面使用的方法算法却较为新颖，可以发布、共享地理信息数据，以便监测和管理地理空间。OrbisGIS 能够分析生态方面的一系列问题，如评估生态政策的合理性等。OrbisGIS 还包含了分析工具，可以在时空维度下计算各项指标，进行综合性建模，这些功能的存在使得 OrbisGIS 即使是一个半成品，也是人们乐于使用的优秀工具。

**(3) QGIS**

QGIS 全称 Quantum GIS，是一款基于 C++ 语言开发的跨平台、兼容性较强的桌面 GIS 软件。它可以在 Linux、Unix、Mac OSX 以及 Windows 等平台上稳定运行。QGIS 的主要功能是提供数据显示、数据处理、生成地图。QGIS 的优点在于它界面的友好性。掌握 ArcGIS 的用户都可以快速掌握 QGIS 使用的技巧，由于 QGIS 运用了 GRASS 的分析功能，因此其也具有了与 GRASS 相近的优秀分析能力。目前，QGIS 已经被开发翻译为 31 种语言，在世界学术和商业领域被广泛使用。

**(4) gvSIG**

gvSIG 是一个跨平台、开源的桌面 GIS 软件，适用于 Windows、Linux 等操作系统，能够访问离线存储的数据，并且能通过遵循 OGC 标准远程访问服务器的数据。gvSIG 的常用功能之一——gvSIG CAD 可以进行几何图像相关的编辑操作，而 gvSIG 也支持移动 GIS 的功能，可用于现地位置获取。

开源桌面 GIS 软件还有很多，如 FalconView、DIVA-GIS、OpenJUMP 以及 MapWindow 等都是常用、优质的桌面 GIS 软件。这些软件的运用并没有完善，仍需要人们投入进去进行开发。

### 4.5.2.2　GIS 数据库

除了桌面 GIS 软件，开源 GIS 还包括了 GIS 数据库。常见的数据库有 PostgreSQL 和 MySQL 等。

#### (1) PostgreSQL

SQL 是结构化查询语言，多用于编程和数据库方面，也是美国发布的数据库语言美国标准。PostgreSQL 是加利福尼亚州州立大学伯克利分校开发的，它支持大部分的 SQL 标准，并加入了许多现代的研发成果，使原有功能更加完善。PostGIS 是 PostgreSQL 的一个扩展，其源代码是公开的，这就吸引了很多爱好者不断参与到 PostGIS 的开发当中，用户可以通过添加组件对其进行扩展，使其现有功能在不断完善的同时又扩展了新的功能。因此，虽然 PostgreSQL 没有商业化，但是无论是在功能还是扩展方面都不落后于其他商业空间数据库。

#### (2) MySQL

MySQL 是一个数据库管理系统。传统的数据库是将数据都保存在一个库中，而 MySQL 是一个关联型的数据库，而关联型数据库可以将数据保存在不同的表中，这就增加了数据提取的速度，也使得数据调取更为灵活。

MySQL 的程序基于 C 和 C++ 语言，这两种编程语言应用较为广泛，因此可以支持 Windows、Linux、Mac OS X 等操作系统。MySQL 的功能很多，包括提供用于管理、改善数据库操作的管理工具；为 Java、C、C++ 等多种语言的编程提供 API；加强 SQL 查询算法，达到快速查询的作用；既可以作为单独应用程序用在客户端服务器中，也可以作为一个库嵌入到其他软件中。此外，MySQL 是开源的，并且功能足以满足一般用户的需求，因此，该系统在科研和小企业中被广泛使用。

### 4.5.2.3　GIS 类库

GIS 类库是开源 GIS 软件的又一大组分，如 GDAL、OGR、Proj. 4、GeoAPI、GeoTools、SharpMap 等。

#### (1) GDAL

GDAL( geospatial data abstraction library )是用于读取、编辑栅格数据的空间数据库。利用 GDAL 提供的指令工具，可以实现栅格数据的编辑和转换。很多常用的 GIS 产品都使用了 GDAL 库，最著名的就是 ESRI 公司的 ArcGIS，GDAL 支持的栅格数据类型有 124 种之多，在 GDAL 支持列表中有 Geo TIFF、Imagine、Arc/Info ASCII Grid、JPEG 2000、PNG、

NITF 等常用格式。

**(2) OGR**

OGR 是 GDAL 库的一个部分,它是基于 C++ 的开源库,用户可以使用其命令工具进行各种矢量文件格式的操作。它所支持的文件格式有 68 种,如 Shapefile、ArcSDE、GeoRSS、MySQL、PotGIS 等矢量数据格式。

**(3) Geotools**

Geotools 是基于 Java 语言编写、遵循 OGC 标准的工具包,用于开源 GIS 的开发。这一工具包主要提供各种 GIS 相关的算法公式以及数据的编辑处理功能,并将数据进行显示。用户可以通过其显示功能,运用 Geotools 所包含的 GIS 算法来完成地图的制图和可视操作。

**(4) Proj. 4**

Proj. 4 是当下最为知名的投影库,这个库可以对两个不同的投影系统进行转换,也可以完成不同椭球体和大地基准面的转换过程。Proj. 4 由 USGS(U. S. Gelogical Survey)创立,使用 C 语言进行编写,遵循 OGC 标准。目前,很多 GIS 软件都采用 Proj. 4,如 GRASS、PostGIS 以及 MapServer 等。

**(5) SharpMap**

SharpMap 是使用 C 语言编写的渲染类库,提供对 GIS 数据的渲染功能。起初的 SharpMap 仅支持 ESRI Sharp 和 PostGIS 等少量格式,现今对多数栅格数据和矢量数据格式均可渲染。SharpMap 占用资源较少,运行速度较快,操作步骤较简单,深受开发者喜爱。目前,SharpMap 仅实现了 GIS 的最基本的功能,更多功能的扩展仍在开发中。

### 4.5.3 开源 GIS 系统

开源 GIS 软件种类繁多,开发和应用也各有差异,本节介绍以下几种常见软件的开发、应用。

**(1) GeoServer**

GeoServer 是地理系统信息服务器。利用这个服务器可以方便地图数据的发布,同时也支持用户对数据进行管理。通过 GeoServer 可以很方便地共享空间地理信息给其他用户。

GeoServer 是开源项目,因此,可以通过网站直接下载使用。现常用的版本为 GeoServer 2.0.3,需要在 JDK 1.6 环境下进行安装。安装完成后需要对 GeoServer 进行配置,配置内容包括配置 Server 用以设置 GeoServer 服务器的内存;配置 Services 对 GeoServer 提供的服务进行设置;配置 Data 用以发布数据;配置 Security 用以保证用户数据安全等。

GeoServer 用于发布数据时,它以创建操作空间、选择数据源、编辑图层的工作顺序进行发布。当 GeoServer 用于地图制图的渲染时,也有着很好的用户体验。传统的 ArcGIS Server 采用的是 GDI 的制图功能和符号系统,所渲染出的结果常常带有明显的锯齿,图片不够美观;而 GeoServer 则采用 OGC 标准下的 SLD 作为它的渲染系统核心,所渲染的线条、形状的边缘就更加平滑,有着明显的抗锯齿效果。因此,Geoserver 被广泛应用于在发布地图的过程中的图像渲染。

**（2）PostGIS**

PostGIS 是一种对象到关系的数据库管理系统，它是目前性能较为强大的数据库管理系统。PostGIS 的功能包括支持各种空间数据类型，可完成所有数据储存、调取的方法，有一定数量的分析函数和空间函数等。现常用版本为 PostGIS 1.5，需要先安装 PostgreSQL 9.0 for Windows，然后在 PostgreSQL 中选择安装 PostGIS 1.5 for PostgreSQL。安装完成后仍需配置。

PostGIS 一大功能就是通过 SQL 实现空间查询，给定位置即可查询经纬度。此外，PostGIS 也可查询行政区面积、坡度级别等各项数据。在数据服务器方面，PostGIS 可以直接读取数据库中的数据并进行查询、渲染，但是渲染效果不及 GeoServer。

**（3）SharpMap**

SharpMap 可以算作目前为止实现了基本 GIS 功能的系统，可用于桌面和 Web 程序，其优点是低占用、高速度。SharpMap 0.9 版本中主要有 3 个模块：SharpMap、SharpMap Extensions 以及 SharpMap UI。SharpMap 是主要工具，提供一些常用的数据格式以及数据获取、图像渲染等内容；SharpMap Extensions 是扩展模块，该模块对 SharpMap 的功能做了进一步完善，如扩展了对地理信息数据进行访问的能力；SharpMap UI 则负责给用户提供操作界面。

SharpMap 在数字化城市建设中有很大的作用，主要帮助城市管理中的城市建筑普查。规划局需要调查城市建筑的大小、年龄、外观、权属等属性信息。若采用传统的野外调查方法进行普查，不仅效率低下、耗时耗力，而且无法满足调查的精度要求。若用基于 .net 的开源 SharpMap，开发普查软件，从 Windows 数据中将所需数据转译下来，并将其传输到智能终端设备中用于城市建筑普查，可以满足普查项目对效率和质量的要求。

**（4）World Wind**

World Wind（WW）是 NASA 发布的一个开源地理科普软件，它通过可视化技术将开发者提供的图像通过地球仪的形式展现，近年相继出现了火星和月球的球体展示。除此之外，WW 提供给用户发布全球地理影像和 DEM 的功能。WW 的核心部分是 World Wind 工程和 Plug-in SDK 工程。这两个工程包含了 WW 编辑的基本算法和主要功能。

WW 和 VR-GIS 密不可分，三维可视化技术和虚拟现实技术促进了 WW 的发展。用户可以利用 WW 浏览本地影像和 DEM，在 WW 中通过配置文件即可加载用户自定义的本地影像和 DEM 数据，使得用户获取数据、接收数据的方式更加直观。因此，影像三维模型的快速可视化技术也是数字地球实现的关键所在，在 WW 支持下的三维模型正在逐渐走向快速可视化道路。

## 本章小结

本章的主要内容有：桌面 GIS 开发的概念，几种常见的桌面 GIS 开发软件；WebGIS 开发的特点，WebGIS 开发主要有服务器端、客户端、混合等三种方式，介绍了几种主要的 WebGIS 开发的技术；移动 GIS 体系结构由表示层、逻辑层、数据层组成，介绍了几种基于 ArcGIS 的移动开发技术；GIS 与 VR 的结合主要有数据结合、数据模型和功能结合、

VR 技术和 GIS 技术一体化这三个阶段，介绍了 VR – GIS 的几种开发工具；开源 GIS 软件主要有桌面 GIS 软件、GIS 数据库和 GIS 类库等部分，介绍了几种开源 GIS 系统。

## 思考题

1. 简述组件式 GIS 的基本思想及特点。

2. 简述 AE 中常见控件的功能。

3. 什么是 WebGIS？WebGIS 具有哪些特点？

4. GIS 技术可应用于哪些领域？了解并论述 GIS 的应用和发展前景。

5. 简述移动 GIS、VR – GIS 和开源 GIS 的含义、作用及区别。

6. 影响移动 GIS 发展的因素有哪些？

7. 移动 GIS、VR – GIS 以及开源 GIS 在建设数字城市中都有何作用？

## 参考文献

王文，韩圣君．1998．应用桌面 GIS 开发方法探讨[J]．遥感信息(3)：15 – 16.

卫菊红．2011．物联网技术发展及应用研究进展[J]．工业控制计算机，24(12)：50 – 52.

熊剑．2006．基于 ArcIMS 的 WebGIS 开发与实践[D]．上海：华东师范大学.

杨德严．2011．开源 GIS 开发与应用研究[D]．昆明：昆明理工大学.

尹轶华．2005．虚拟现实技术和 GIS 技术在虚拟校园中的应用[D]．重庆：重庆师范大学.

## 本章推荐阅读书目

ASP. NET Web 程序设计与应用．第 2 版．王维清．清华大学出版社，2015.

GIS 设计与实现．第 2 版．李满春．科学出版社，2011.

WebGIS 工程项目开发实践．张贵军．清华大学出版社，2016.

# 第5章

# GIS 相关技术

地理信息系统，简单来说就是一种对地理信息进行处理的技术系统。具体来讲，地理信息系统是利用计算机硬件、软件的支持，对整个或部分地球空间中所需的地理分布数据进行采集、储存、管理、运算、分析、显示以及描述的系统。GIS 作为"3S"技术的重要组成部分，在现实应用中很少独立行使功能，因此，遥感(Remote Sensing，RS)技术以及全球定位系统(Global Positioning System，GPS)也是理解和掌握 GIS 技术过程中必须了解的技术。同时在"3S"技术集成发展的过程中，一些新技术也应运而生。其中，物联网、云计算、数字林业作为现代"3S"技术发展过程中所产生的重要理念，已成为新时代"3S"技术的重要组成部分。

## 5.1 遥感技术

### 5.1.1 遥感的概念

遥感技术是从不同高度的遥感平台上(人造卫星、飞机或其他飞行器)，通过探测器接收来自目标物体反射和发射的电磁波信息，经数据处理分析来识别目标物体和现象，从而判认地球环境和资源的技术。在探测中使用的运载工具称为遥感平台，如飞机、卫星等；获取目标物体信息的探测仪器称为传感器，如照相机、摄影机等。

遥感技术包括传感器技术，信息传输技术，信息处理、提取和应用技术，目标信息特征的分析与测量技术等。遥感技术可应用于气象、地质、地理、农业、林业、陆地水文、海洋、测绘、污染监测及军事侦察等领域。

### 5.1.2 遥感的原理

振动的传播形式为波，电磁振动的传播形式为电磁波。电磁波的波长越短，其穿透性越强。遥感所使用的电磁波波段是从紫外线、可见光、红外线到微波的光谱段。太阳作为电磁辐射源，它所发出的光也是一种电磁波。太阳光从宇宙空间到达地球表面需穿过地球的大气层。太阳光在穿过大气层时，会受到大气层吸收和散射的影响，因而使透过大气层的太阳光能量受到削减。但是大气层对太阳光吸收和散射的影响随太阳光波长的变化而发生变化。通常把太阳光透过大气层时透过率较高的光谱段称为大气窗口。大气窗口的光谱段主要有紫外线、可见光和近红外波段。

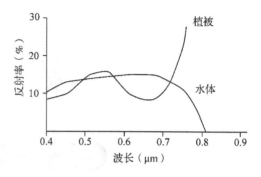

**图 5-1　不同地物的反射光谱曲线**

地面上的任何物体(即目标物)，如大气、土地、水体、植被和人工构筑物等，在温度高于绝对零度(即 0K = -273.16℃)的条件下，它们都具有反射、吸收、透射及辐射电磁波的特性。当太阳光从宇宙空间经大气层照射到地球表面时，地面上的物体就会对由太阳光所构成的电磁波产生反射和吸收。由于每一种物体的物理和化学特性以及入射光的波长不同，因此它们对入射光的反射率也不同。各种物体对入射光反射的规律称为物体的反射光谱，不同物体的反射光谱曲线各不相同(图 5-1)。遥感探测正是将遥感仪器所接受到的目标物的电磁波信息与物体的反射光谱相比较，从而可以对地面的物体进行识别和分类，这就是遥感技术的基本原理。

### 5.1.3　遥感系统的组成

遥感是对地观测的综合性技术，它的实现既需要一整套的技术装备，又需要多种学科的参与和配合，因此，实施遥感是一项复杂的系统工程。根据遥感的定义，遥感系统主要由以下 4 部分组成(图 5-2)。

**(1)信息源**

信息源是遥感需要对其进行探测的目标物。任何目标物都具有反射、吸收、透射及辐射电磁波的特性。当目标物与电磁波发生相互作用时会形成目标物的电磁波特性，这就为遥感探测提供了获取信息的依据。

**(2)信息获取**

信息获取是指运用遥感技术装备接收、记录目标物电磁波特性的探测过程。信息获取所采用的遥感技术装备主要包括遥感平台和传感器。其中，遥感平台是搭载传感器的运载工具，常用的遥感平台有气球、飞机和人造卫星等；传感器是用来探测目标物电磁波特性的仪器设备，常用的传感器有照相机、扫描仪和成像雷达等。

**(3)信息处理**

信息处理是指运用光学仪器和计算机设备对所获取的遥感信息进行校正、分析和解译处理的技术过程。信息处理的作用是通过对遥感信息的校正、分析和解译处理，掌握或清除遥感原始信息的误差，梳理、归纳被探测目标物的影像特征，然后依据特征从遥感信息中识别并提取所需的有用信息。

**(4)信息应用**

信息应用是指专业人员按不同的目的，将遥感信息应用于各业务领域的过程。信息应用的基本方法是，将遥感信息作为地理信息系统的数据源，供人们对其进行查询、统计和分析利用。遥感的应用领域十分广泛，最主要的应用领域有军事、自然资源调查、地图测

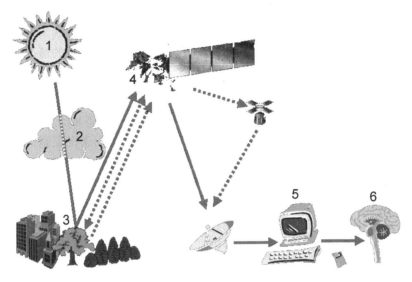

**图 5-2  遥感的过程及系统组成**

1. 太阳辐射  2. 大气吸收  3. 目标物  4. 传感器  5. 信息处理  6. 信息应用

绘、环境监测以及城市建设和管理等。

## 5.1.4  遥感技术的特点

遥感作为一门综合性对地观测科学，它的出现和发展既是人们认识和探索自然界的客观需要，更有其他技术手段无法比拟的特点。

**(1)感测范围大，具有综合、宏观的特点**

遥感是从飞机或人造卫星上，居高临下获取的航空相片或卫星图像。遥感的视域范围比在地面上观察大得多，而且不受地形地物阻隔的影响，景观一览无余，为人们研究地面的各种自然、社会现象及其分布规律提供了便利条件。例如，航空相片不仅可提供不同比例尺的地面连续景观相片，而且可提供相应的立体观测。航片图像清晰逼真，信息丰富。一张比例尺 1:35 000 的 23cm×23cm 的航空相片，可展示出地面逾 60km² 范围的地面景观实况，并且可将连续的相片镶嵌成更大区域的相片图，以便进行大尺度的宏观分析和研究。因此，遥感技术为宏观研究各种现象及其相互关系提供了有利条件(如区域地质构造和全球环境等问题)。

**(2)信息量大，具有手段多、技术先进的特点**

遥感是现代科技发展的产物，它不仅能获得地物可见光波段的信息，而且可以获得紫外线、红外线、微波等波段的信息。遥感不但能用摄影方式获得信息，而且还可以用扫描方式获得信息。遥感所获得的信息量远远超过了用传统方法所获得的信息量，这扩大了人们的观测范围和感知领域，加深了人们对事物和现象的认识。例如，微波具有穿透云层、冰层和植被的能力；红外线则能探测地表温度的变化等。因而遥感使人们对地球的监测和对地物的观测实现了多方位和全天候。

**(3) 获取信息快，更新周期短，具有动态监测的特点**

遥感通常为瞬时成像，可获得同一瞬间大面积区域的景观实况，现实性好；而且可通过将不同时相取得的资料及相片进行对比，分析和研究地物动态变化的情况，为环境监测以及研究地物演化规律提供了技术基础。

**(4) 用途广、效益高的特点**

使用遥感技术获取信息受到的限制条件少。在地球上有很多地方，自然条件极为恶劣，人类难以到达，如沙漠、沼泽、高山峻岭等。采用不受地面条件限制的遥感技术，特别是航天遥感可方便及时地获取各种宝贵资料。遥感已广泛应用于农业、林业、地质、矿产、水文、气象、地理、测绘、海洋研究、军事侦察及环境监测等领域，深入到很多学科中，应用领域在不断扩展。遥感成果的快捷获取以及所显示出的效益，是传统方法不可比拟的。遥感正以其强大的功能展现出广阔的发展前景。

## 5.1.5 遥感技术的分类

**(1) 按搭载传感器的遥感平台分类**

根据遥感探测所采用遥感平台的不同，可以将遥感分类为：地面遥感，即把传感器设置在地面平台上，如车载、船载、手提、固定或活动高架平台等；航空遥感，即把传感器设置在航空器上，如气球、航模、飞机及其他航空器等；航天遥感，即把传感器设置在航天器上，如人造卫星、宇宙飞船、空间实验室等。

**(2) 按遥感探测的工作方式分类**

根据遥感探测工作方式的不同，可以将遥感分类为：主动式遥感，即由传感器主动地向被探测的目标物发射一定波长的电磁波，然后接收并记录从目标物反射回来的电磁波；被动式遥感，即传感器不向被探测的目标物发射电磁波，而是直接收并记录目标物反射太阳辐射或目标物自身发射的电磁波。

**(3) 按遥感探测的工作波段分类**

根据遥感探测工作波段的不同，可以将遥感分类为：紫外遥感、可见光、红外遥感、微波遥感、多光谱遥感。

**(4) 其他分类方式**

根据应用领域的不同，可将遥感分为：环境遥感、大气遥感、资源遥感、海洋遥感、地质遥感、农业遥感、林业遥感等。根据遥感信息记录方式的不同，可将其分为：成像遥感和非成像遥感。

# 5.2 全球定位系统

## 5.2.1 全球定位系统的概念

全球定位系统(Global Positioning System，GPS)是美国国防部研制的一种全天候的、空间基准的导航系统，可满足位于全球任何地方或近地空间的军事用户连续、精确地确定三维位置和三维运动及时间的需要。它是一个中距离圆形轨道卫星导航系统。全球定位系统是进行地面采样、导航和定位的有力工具。它具有高精度、全天候、高效率、多功能、操作简便、应用广泛等特点，高精度的特点，可在全球任意地点为任意多个用户提供几乎是实时的三维测速、三维定位服务，极大地改变了传统的定位技术和导航技术。GPS 最初是为军方提供精确定位而建立的，现在已经广泛进入民用领域，目前，GPS 已广泛应用于大地测量、资源勘查、地震监测、土地测量等领域，可以给多个行业（如交通、国土资源、旅游等）提供位置信息服务。

## 5.2.2　全球定位系统的发展历程

1973 年，美国国防部决定发展各军种都能使用的全球定位系统，并指定由空军研制。在项目的实施中，参加的单位有美国空军、陆军、海军、海岸警卫队、国防地图测绘局、国防部高级研究计划局，以及一些北大西洋公约组织成员国和澳大利亚。GPS 的建立历时 20 多年，耗资数百亿美元，于 1994 年 3 月 10 日，24 颗工作卫星全部进入预定轨道，GPS 全面投入运行，技术性能达到了预期目的。GPS 是现代科技发展的结晶，它的推广应用有力地促动了人类社会的进步。此后，世界各国纷纷加快了建设卫星导航定位系统的步伐。其中较为成熟的系统有俄罗斯的 GLONASS、我国的北斗卫星导航系统及欧洲的伽利略系统。

## 5.2.3　全球定位系统的组成结构

GPS 由空间卫星星座、地面控制系统和用户设备三部分组成。

GPS 的空间部分由 24 颗工作卫星组成，它位于距地表 20 200km 的上空，均匀分布在 6 个轨道面上（每个轨道面 4 颗），轨道倾角为 55°。此外，还有 4 颗有源备份卫星在轨运行。卫星分布使得在全球任何地方、任何时间都可观测到 4 颗以上的卫星，并能保持良好定位解算精度几何图像，这就为用户提供了在时间上连续的全球导航能力。

地面控制部分由 1 个主控站、5 个全球监测站和 3 个地面控制站组成。监测站均配装有精密的铯钟和能够连续测量到所有可见卫星的接收机。监测站将取得的卫星观测数据，包括电离层和气象数据，经过初步处理后，传送到主控站。主控站从各监测站收集跟踪数据，计算出卫星的轨道和时钟参数，然后将结果送到 3 个地面控制站。地面控制站在每颗卫星运行至上空时，把这些导航数据及主控站指令注入卫星。这种注入对每颗 GPS 卫星每天一次，并在卫星离开注入站作用范围之前进行最后的注入。如果某地面站发生故障，那么在卫星中预存的导航信息还可用一段时间，但导航精度会逐渐降低。

用户设备是指各种以无线电技术和计算机技术为支撑的 GPS 接收机和数据处理软件，是一种能实现接收、跟踪、变换和测量 GPS 信号的终端设备。GPS 接收机都是由天线单元和接收单元两大部分组成，其类型很多，按工作原理可分为码接收机、集成接收机；按用途可分为测地型、导航型、定时型；按载波频率可分为单频和双频。

## 5.2.4　全球定位系统的定位原理

GPS 定位的基本原理是根据高速运动的卫星瞬间位置作为已知的起算数据，采用空间距离后方交会的方法，确定待测点的位置。某卫星信号传播到接收机的时间只能决定该卫星到接收机的距离，但并不能确定接收机相对于卫星的方向，在三维空间中，GPS 接收机的可能位置构成一个球面；当测到两颗卫星的距离时，接收机的可能位置被确定于两个球面相交构成的圆上；当得到第三颗卫星的距离后，球面与圆相交得到两个可能的点；第四颗卫星用于确定接收机的准确位置。因此，如果接收机能够得到四颗 GPS 卫星的信号，就可以进行定位；当接收到信号的卫星数目多于四个时，可以优选四颗卫星计算位置。

### 5.2.5 全球定位系统的定位方法

GPS 定位的方法是多种多样的，用户可以根据不同的用途采用不同的定位方法。GPS 定位方法可依据不同的分类标准，做如下划分：

**(1)根据定位所采用的观测值**

根据定位所采用的观测值分为伪距定位和载波相位定位。伪距定位所采用的观测值为 GPS 伪距观测值，所采用的伪距观测值既可以是 C/A 码伪距，也可以是 P 码伪距。载波相位定位所采用的观测值为 GPS 的载波相位观测值，其优点是观测值的精度高，一般优于2mm；其缺点是数据处理过程复杂，存在整周模糊度的问题。

**(2)根据定位模式**

根据定位的模式分为绝对定位和相对定位。绝对定位又称为单点定位，这是一种采用单台接收机进行定位的模式，它所确定的是接收机天线的绝对坐标。这种定位模式的特点是作业方式简单，可以单机作业。绝对定位一般用于导航和精度要求不高的应用中。相对定位又称为差分定位，这种定位模式采用两台以上的接收机，同时对一组相同的卫星进行观测，以确定接收机天线间的相互位置关系。

**(3)根据获取定位结果的时间**

根据获取定位结果的时间分为实时定位和非实时定位。实时定位是根据接收机观测到的数据，实时地解算出接收机天线所在的位置。非实时定位又称后处理定位，它是通过对接收机接收到的数据进行后处理以进行定位的方法。

**(4)根据接收机的运动状态。**

根据接收机的运动状态分为动态定位和静态定位。动态定位是指在进行 GPS 定位时，认为接收机的天线在整个观测过程中的位置是变化的。也就是说，在数据处理时，将接收机天线的位置作为一个随时间改变而改变的量。静态定位是指在进行 GPS 定位时，认为接收机的天线在整个观测过程中的位置是保持不变的。也就是说，在数据处理时，将接收机天线的位置作为一个不随时间改变而改变的量。在测量中，静态定位一般用于高精度的测量定位，其具体观测模式为多台接收机在不同的测站上进行静止同步观测，时间有几分钟、几小时甚至数十小时不等。

# 5.3　物联网

## 5.3.1　物联网的概念及原理

物联网的概念最早是由美国麻省理工学院的学者提出的，他们认为物联网是指将所有物品通过采用射频识别技术等的传感设备与互联网连接起来，实现智能化识别和管理的网络。2009 年，欧盟制定的《物联网研究战略路线图》提出："物联网将是未来互联网的一个重要成员，物联网将通过采用标准化技术和通用通信协议，自由地、自主地配置网络环境。"

通过上述定义可以看出，国际上对物联网的界定相对抽象，提到的技术和网络并不是非常具体，通常是一种展望性描述。而且由于物联网技术在不断发展，这些技术和网络亦会变化，所以大部分研究成员认为物联网是动态发展的，其概念也会随之变化与发展。顾名思义，物联网就是物物相连的互联网。这里具体包括两层意思：第一，物联网的核心和基础仍然是互联网，是在互联网基础上的延伸和扩展的网络；第二，其用户端延伸和扩展到了任何物品与物品之间，进行信息交换和通信。因此，目前国内的一些学者通过对物联网的界定具体化，提出了一些明确的技术和网络表述，将其定义为"通过射频识别、红外感应器、全球定位系统、激光扫描器等信息传感设备，按约定的协议，把任何物品与互联网相连接，进行信息交换和通信，以实现智能化识别、定位、跟踪、监控和管理的网络"。

物联网的技术原理是指在互联网基础上，通过各种信息传感设备，如传感器、射频识别技术、全球定位系统、红外感应器、激光扫描器、气体感应器等各种装置与技术，实时采集任何需要监控、连接、互动的物体或过程，采集其声、光、热、电、力学、化学、生物、位置等各种需要的信息，与互联网结合形成一个巨大网络。在这个网络中，物品能够彼此进行"交流"，而无需人的干预。其实质是利用射频自动识别技术，通过计算机互联网物品的自动识别和信息的互联与共享。其目的是实现物与物、物与人，所有的物品与网络的连接，方便识别、管理和控制。

## 5.3.2　物联网的分类

物联网的分类标准有很多种，本节只介绍最常见的两种：一是按照服务范围分类；二是按照功能分类。

按照服务范围可以将物联网分为 4 类：私有物联网，一般这种网络只向单一机构内部提供服务；公有物联网，以互联网为载体向广大公众或大型用户提供服务社区物联网，向特定的关联群体或"社区"提供服务；混合物联网，有统一的运营实体，将以上两种或两种以上的物联网组合起来。

按照功能可以将物联网技术分为 3 类：感知技术、网络技术和应用技术。感知技术运用 RFID、传感器、二维码等数据采集技术对信息进行识别和感知；网络技术则涉及组网技术、交换技术等多种信息技术的综合应用，它们运用互联的基本功能，实现了将感知信息能够以高可靠性、高安全性的路再传输出去；应用技术运用了多种包含于信息协同及共享和互通的技术，如软件和算法技术、信息呈现技术、平台服务技术、并行计算技术、数据存储技术等。

### 5.3.3 物联网关键技术及体系架构

针对互联网的特性，物联网应用中的关键技术可以分为 3 类。

**（1）传感技术**

传感技术是计算机应用中的关键技术，在物联网中显得尤为重要。物联网需要依靠传感技术才能进行信息采集，并将采集到的信息转变成数字信号进行传输。换而言之，传感技术是物联网最前端的感觉细胞，将收集到的信息传递给大脑进行分析，然后再处理大脑反馈的信息。

**（2）RFID 标签**

RFID 标签也是一种传感技术，RFID 技术是融合了无线射频技术和嵌入式技术为一体的综合技术。RFID 技术就是一种无线通信技术，可以通过无线电信号识别特定目标并读写相关数据，而无需识别系统与特定目标之间建立机械或者光学的接触。换而言之，物联网将传感器作为感知设备，将 RFID 标签作为被识别的电子标识，这样就可以组成一套完整的感知系统。

**（3）嵌入式系统技术**

在人们的生活中，嵌入式系统遍布我们的生活，它集成了计算机硬件技术、传感技术等多种复杂的技术，经过多年的进化不断完善，在我们的生活中小到随身的 MP3 播放器，大到飞机卫星都可以看到嵌入式技术的影子。嵌入式技术让普通的设备可以具备计算处理功能。如果把物联网用人体作一个简单比喻，那么传感器便相当于人的眼睛、鼻子、皮肤等感官，网络就相当于神经系统用来传递信息，嵌入式系统则是人的大脑，在接收到信息后要进行分类处理。这个例子很形象地描述了传感器嵌入式系统在物联网中的位置与作用。

### 5.3.4 物联网的应用邻域及发展前景

#### 5.3.4.1 物联网的应用领域

物联网应用涉及国民经济和人类社会生活的方方面面，因此，物联网被称为是继计算机和互联网之后的第 3 次信息技术革命。信息时代，物联网无处不在。根据物联网实时性和交互性特点可以将物联网应用于以下 6 大领域：

**（1）智能工业领域**

工业生产过程控制、生产环境检测、制造供应链跟踪、产品全生命周期检测等物联网系统，可形成综合管理监测平台，促进经济效益提升、安全生产和节能减排。

**（2）智能农业领域**

农业生产精细化管理、生产养殖环境监控、农产品质量安全管理与产品溯源等物联网系统，形成重点农产品质量管理平台，保障农产品安全。

**（3）智能环保领域**

城市大气环境实时监测、重点流域和湖泊水质监测、工业污染源排放实时监控等物联网系统，形成重点地区和行业的实时监控和预警平台，改善环境质量。

**（4）智能物流领域**

覆盖库存监控、配送管理、安全追溯全流程的物联网系统，形成跨区域、行业、部门的物流公共服务平台，提高物流效率，保障物流的安全和可控。

**（5）智能交通领域**

交通状态感知与交换、交通诱导与智能化管控、车辆定位与调度、车辆远程监测与服务等物联网系统，形成城市交通实时监控和管理平台，提升交通管理水平。

**（6）智能安防领域**

社会治安监控、危险化学品运输监控等物联网系统，形成重点区域和行业的监控和管理平台，提升公共安全管理的信息化水平。

### 5.3.4.2　物联网的发展前景

据预测，到 2035 年前后，我国的物联网终端将达数千亿个。随着物联网的应用普及，形成我国的物联网标准规范和核心技术，已成为我国物联网业界发展的重要举措，解决好信息安全技术问题，是物联网发展面临的迫切问题。

物联网在我国如此迅速崛起得益于我国在物联网方面的几大优势。首先，我国在 1999 年就已经开始对物联网核心的传感网技术进行研究，研发水平居世界前列；其次，我国与德国、美国、英国等一起成为物联网国际标准制定的主导国，专利拥有量高，是目前国际上少数能够实现物联网完整产业链的国家之一；再次，我国政府领导指示要抓住物联网发展的机遇，战略上提供对新兴产业的扶持，现阶段我国经济实力已十分雄厚，无线通信和宽带网络覆盖率比较高，政策和经济基础设施上的双重有利条件为物联网事业的发展提供强有力的保障。

## 5.4　云计算

### 5.4.1　云计算的概念及原理

云计算是继 1980 年大型计算机到客户端—服务器的大转变之后的又一种巨变。目前，由于对云计算的认识在不断的发展变化，云计算仍没有普遍一致的定义，现阶段云计算的定义为：云计算是分布式计算、并行计算和网格计算的发展，或者说是这些科学概念的商业实现。

云计算的基本原理是通过使计算分布在大量的分布式计算机上，而非本地计算机或远程服务器中，企业数据中心的运行将更与互联网相似。这使得企业能够将资源切换到需要的应用上，根据需求访问计算机和存储系统。

### 5.4.2　云计算的分类

云计算作为发展中的概念，尚未有全球统一的分类标准。根据目前业界达成的基本共识，是从云计算提供的服务类型和服务方式的角度出发，将云计算进行分类。

**(1)按服务类型分类**

所谓云计算的服务类型，是指其为用户提供什么样的服务；通过这样的服务，用户可以获得什么样的资源；以及用户该如何去使用这样的服务。以服务类型为指标，云计算可以分为基础设施云、平台云和应用云 3 类。

基础设施云为用户提供的是底层的、接近于直接操作硬件资源的服务接口。通过调用这些接口，用户可以直接获得计算和存储能力，而且非常自由灵活，几乎不受逻辑上的限制。但是，用户需要进行大量的工作来设计和实现自己的应用，因为基础设施云除了为用户提供计算和存储等基础功能外，不进一步做任何应用类型的假设。平台云为用户提供一个托管平台，用户可以将他们所开发和运营的应用托管到云平台中。但是，这个应用的开发和部署必须遵守该平台设定的规则和限制，如语言、编程框架、数据存储模型等。

**(2)按服务方式分类**

按照云计算提供者与使用者的所属关系为划分标准，可将云计算分为 3 类，即公有云、私有云和混合云。公有云是由若干企业和用户共享使用的云环境。在公有云中，用户所需的服务由独立的第三方云提供商提供。该云提供商也同时为其他用户服务，这些用户共享这个云提供商所拥有的资源。私有云是指为企业或组织所专有的云计算环境。在私有云中，用户是这个企业或组织的内部成员，这些成员共享着该云计算环境所提供的所有资源，公司或组织以外的用户无法访问这个云计算环境提供的服务。混合云指公有云与私有云的混合。

### 5.4.3 云计算的关键技术

云计算作为一种新的超级计算方式和服务模式，以数据为中心，是一种数据密集型的超级计算。它运用了多种计算机技术，其中以数据存储、数据管理、编程模型等技术最为关键。

**(1)数据存储技术**

为保证较高可用性、可靠性和经济性，云计算采用分布式存储的方式来存储数据，采用冗余存储的方式来保证存储数据的可靠性，即将同一份数据存储多个副本。另外，云计算系统需要同时满足大量用户的需求，为大量用户提供服务。

云计算的数据存储技术未来的发展将集中在超大规模的数据存储、数据加密和安全性保证以及继续提高数据存储速率等方面。另外，在快速的数据定位、数据安全性、数据可靠性以及底层设备内存储数据量的均衡等方面仍需要继续研究完善。

**(2)数据管理技术**

云计算系统对大数据集进行处理、分析，向用户提供高效的服务。因此，数据管理技术必须能够高效地管理大数据集。如何在规模巨大的数据中找到特定的数据，也是云计算数据管理技术所必须解决的问题。云计算的特点是对海量的数据存储、读取后进行大量的分析，数据的读操作频率远大于数据的更新频率，云计算的数据管理是一种读优化的数据管理。因此，云系统的数据管理往往采用数据库领域中列存储的数据管理模式，将表按列划分后进行存储。

**(3) 编程模型**

为了使用户能更轻松地享受云计算带来的服务，让用户能利用编程模型编写简单的程序来实现特定的目的，云计算的编程模型必须十分简单，必须保证后台复杂的并行执行和任务调度向用户和编程人员透明。云计算是一种更加灵活、高效、低成本、节能的信息运作的全新方式，通过其编程模型可以发现，云计算技术是通过网络将庞大的计算处理程序自动分拆成无数个较小的子程序，再由多部服务器所组成的庞大系统进行搜索、计算分析之后再将处理结果回传给用户。通过这项技术，远程的服务供应商可以在数秒之内，达成处理数以千万计甚至亿计的信息，达到和"超级电脑"同样强大性能的网络服务。

## 5.4.4　云计算应用领域及发展趋势

### 5.4.4.1　云计算应用领域

目前，随着本土化云计算技术产品、解决方案的不断成熟，云计算理念的迅速推广普及，云计算必将成为未来中国重要行业领域的主流 IT 应用模式，为重点行业用户的信息化建设与 IT 运维管理奠定核心基础。现阶段云计算主要应用在以下 4 个领域：

**(1) 交通云**

交通云是指在云计算之中整合现有资源，并能够针对未来交通行业发展整合所需求的各种硬件、软件、数据，动态满足各应用系统，针对交通行业的需求(基础建设、交通信息发布、交通企业增值服务、交通指挥提供决策支持及交通仿真模拟等)。随着科技的发展和智能化的推进，交通信息化也在我们的国家布局之中。通过初步搭建起来的云资源，统一指挥、高效调度平台里的资源，处理交通堵塞等突发事件的效率都会有显著提升。

**(2) 通信云**

从各大企业现有的云平台和我们身边接触最多的例子来说，用得最多的其实就是各种及时通信信息备份、配置信息备份、聊天记录备份、照片等的云存储加分享，方便大家重置或者更换手机的时候，一键同步，一键还原，省去不少麻烦。

**(3) 医疗云**

如今云计算在医疗领域的贡献让人赞不绝口。从挂号就医到病例管理，从传统的询问病情到借助云系统会诊，这一切的创新技术，填补了传统医疗上的很多漏洞，同时也方便了患者和医生。

医疗云在云计算等 IT 技术不断完善的"云端时代"，一般的 IT 环境可能已经不适合许多医疗应用，医疗行业必须更进一步，建立专门满足医疗行业安全性和可用性要求的医疗环境——医疗云。它是 IT 信息技术不断发展的必然产物，也是今后医疗技术发展的必然方向。医疗云主要包括医疗健康信息平台、医疗云远程诊断及会诊系统，医疗云远程监护系统以及医疗云教育系统等。

**(4) 教育云**

由于我国疆域辽阔，优质教育资源分配不均。很多中小城市的优质教育资源长期处于一种供不应求的状态。面对这种状况，我国已制定了相应的信息技术政策以促进教育变革。目前，我国正在尝试利用云计算进行教育模式改革，促进教育资源均衡化发展。

云计算在教育领域中的迁移称之为"教育云"，是未来教育信息化的基础架构，包括了教育信息化所必需的一切硬件计算资源，这些资源经虚拟化之后，向教育机构、教育从业人员和学员提供一个良好的平台，该平台的作用就是为教育领域提供云服务。教育云主要包括成绩系统、综合素质评价系统、选修课系统、数字图书馆系统等。

### 5.4.4.2 云计算发展趋势

随着云计算的发展，互联网的功能越来越强大，用户可以通过云计算在互联网上处理庞大的数据和获取所需的信息。从云计算的发展现状来看，未来云计算的发展会向构建大规模的、能够与应用程序密切结合的底层基础设施的方向发展。另外，不断创建新的云计算应用程序、为用户提供更多更完善的互联网服务也可作为云计算的一个发展方向。我国云计算存在3个重要发展趋势：一是信息处理的集中化、云化，网随云动；二是大数据的发展对云计算提出了更高的要求，云计算需要具备扩展性、弹性、资源池化、自助服务、可度量、低成本、按需支付和故障容错等能力；三是混合云的发展受到重视，云端的融合成为一种必然的趋势，在技术上这不仅需要一个深度软件定义的云计算管理平台，还需要云和端的良好感知。同时云计算技术一定要适应各行各业的应用开发需要，大众可以通过不同的终端使用丰富的云端应用。

## 5.5 数字林业

### 5.5.1 数字林业的相关概念

美国前副总统戈尔于1998年1月提出"数字地球"的概念以后，国内外对此都做出了积极响应。我国的林业专家们针对我国的情况又具体地提出了"数字林业"的概念。数字林业是由国家林业局在2001年提出的，它代表着林业信息化的一个方向和趋势，同时，它也是数字地球的一个重要组成部分。随着信息技术和管理技术等相关技术的不断发展和完善，许多专家认为数字林业的概念也是不断变化的，现阶段被大家广泛认可的数字林业概念为使用网络技术、信息技术和人工智能等技术，实现森林资源的信息化管理和网络化办公等功能，进而最大限度地收集和使用各类信息，从而能够快速地提供各种信息服务。

数字林业是林业信息化发展的一个必然趋势，也是"数字地球"的一个组成部分。数字林业从一定程度上来讲，只是一个理念，与"数字城市"是城市信息化的一个方向和趋势类似，数字林业也是林业信息化的一个方向和趋势，它是"数字地球"的一个有机组成部分，可以将其看成是一个系统工程或发展战略，但不能看作一个项目或一个系统，它包含很多个相关的系统，目前我们很难确定林业信息化达到什么样的程度才是实现了数字林业。它是一个动态的概念，但并不是一个虚拟的概念，它是林业发展的一个战略目标，有一个逐步发展和完善的过程，而且在发展过程中将会对林业的管理、决策、可持续发展等带来巨大的效益。

由于数字林业是一个动态的概念，是随着相关技术的发展而不断发展的，因此数字林业的目标也是动态的，它通过引入"3S"技术，改变传统森林资源管理与监测的方法，实现以"3S"技术为平台，建成一个集空间图形信息、遥感图像数据、统计数据、模型预测成果于一体，使数据信息共享、产出成果丰富，为各级林业决策管理部门服务的综合信息管理体系。同时数字林业还应具有广泛和易访问的林业地理空间数据，通过对数字林业信息的分析和模拟，可以突破政府传统的决策局限性，减少决策的盲目性。在现阶段，其战略目标是实现各种森林资源数据的整合，使之便于共享和使用，使林业管理部门、企业等都能方便有效地进行网络办公，信息化管理，在线查找信息，在线分析统计相关信息，各种森林灾害的实时动态监测、预警与指挥，林业资源与生态环境的实时监测、保护与规划，重大事件与决策的分析和模拟，辅助决策支持等。

数字林业的基础主要有 3 项：网络设施、基础数据和用户。网络设施就是要具备能供海量数据流通的高速宽带网络和网络交换系统。在数字林业中，数据分为属性数据和空间数据，主要有各种管理数据、办公数据、地形数据、森林资源数据、气象数据、火灾数据、病虫害数据等，并且这些数据都是海量的，不能用常规的集中管理模式来进行管理，应采取分布式存储的方式。数字林业用户分为两类：系统高级用户和一般用户。高级用户是数字林业的管理维护者，其主要职责是管理和维护数字林业系统，并逐步建立起相应的机构和规范，要不断对网络系统和数据进行建设、更新、维护和升级，并协调用户的访问；用户是一般数字林业的使用者，数字林业作为一个工程，除了需要管理者与维护者以外，培养使用数字林业的人也是一项重要的基础工作。

## 5.5.2　数字林业建设关键技术

数字林业主要对林业资源及其工程建设等相关现象进行统一的数字化表达，它以林业数字化数据为依托，用宽带网络连接各分布式数据库，以虚拟现实技术为特征，提供具有多级分辨率的二维和三维浏览以及各种信息自动提取、统计分析和辅助决策的功能。用户可以根据自己的需要实时获取和操作信息。基于数字林业的这些特点和功能，可以发现其涉及的学科和技术有很多，如海量数据的存储与管理技术、高速传送的网络技术以及资源分布技术、可视化和虚拟现实技术、数据挖掘技术、数据共享与互操作技术和"3S"技术等，本节对数字林业建设过程中所用到的几种关键技术加以简单介绍。

### (1)海量数据的存储与管理

数字林业的数据包括多比例尺、多分辨率的空间矢量或栅格数据，多光谱、多角度和多种分辨率的遥感卫星影像，实地测量的地形数据和各种普通地图以及专题图、图像照片，数字、文本、符号等文字符号数据和视频音频等多媒体数据形式。不仅数据类型复杂，而且在大规模的地域数字化中，涉及领域众多，因此数据量非常大，如何存储和管理这些异构、多数据源和多分辨率的数据，是数字林业必须要解决的一个问题。现在的硬件条件已经可以满足海量数据的存储需求，但是要达到数据的最优化管理，还需要相应的策略优化。

### (2)网络技术

要使林业资源共享，必须将其发布在网络上，网络平台是数字林业系统集成的基础平台。针对数字林业数据量大、用户访问多、传输速率高的要求，在网络建设中必须满足：遵循标准的规范和接口，具备开放性、扩充性和兼容性；网络设备性能高，先进可靠。因此，搭建完善的、能够方便快捷获取信息的网络平台是促使数字林业为更多人认可和使用的基本要求。

**（3）可视化和虚拟现实技术**

对地球资源的传统研究和分析决策方式，都是基于纸绘地图或沙盘的形式，这种非计算机生成的手工数据，缺乏扩展性和可保存性。可视化技术是一种将抽象符号转化为几何图形的计算方法，显示方式主要有二维和三维两种。目前来讲，二维的可视化方法发展时间较长并且已经成熟，地理信息系统在 20 世纪 60 年代就已经被提出并且快速发展，国内外出现了许多相关软件和支持技术。数字林业的三维可视化是目前在林学和计算机图形学领域研究的一个热点，利用此技术可以对林地植被进行模拟，虚拟演示林地分布情况。虚拟现实技术应用的实现（如虚拟防火、虚拟病虫害、虚拟林木生长等），对林业的管理和决策起着至关重要的作用。如何快速、高效、逼真地采用三维可视化和虚拟现实技术来显示数字林业，是专家和技术人员共同努力的目标。近年来，三维计算机图形学发展迅速，新的理论和方法层出不穷，其在各行各业应用的深度与广度也在日益增大。

**（4）数据挖掘技术**

数据挖掘是一种信息处理技术，涉及数据库技术、统计学、机器学习、高性能计算、模式识别、神经网络、数据可视化、信息检索、人工智能等多个学科。其主要特点是对数据库中大量的采集数据按照一定的方式进行抽取、转换、分析和其他模型化处理，提取人们无法直接从原始数据中得知，但又隐含在其中的潜在有用的信息和知识，还可以通过对已知数据的分析，得到相关的未知数据，并以较高的准确度预测事件发生的概率和可能性。利用全球定位系统、遥感等技术获取的图像、文本或多媒体数据以及林业行业内部多年来所积累的大量原始采集数据和资料，都是直接对实体进行测量，并未解析数据中的相关性或反映出实体的特征，因此可以利用数据挖掘技术对数字林业的海量数据进行分析，从中挖掘出林业信息机理知识，进而认识森林生态系统的演化规律。

**（5）数据共享与互操作技术**

为了让数字林业的建设更具实用性和普遍性，数据共享是需要解决的核心问题之一。建立成熟完善的数字林业系统，需要在时间和空间上有丰富的数据积累和分析经验做支持的。现有的数据因技术上的不断更新和获取时间的不同，其保存方式和数据类型有着比较大的差异，这给数据共享带来了一定的困难。解决数据共享问题，首先需要制定政策和行业的标准，统一规范数据获取方式。

在地理信息系统几十年的发展和研究中，已经推出了为提供地理数据和地理操作的交互性和开发性的软件开发规范——开放式地理信息系统，使一个系统支持不同的空间数据格式成为可能。这种基于接口的不同系统之间、不同数据结构之间的动态调用将成为国际标准，并且已经引起广泛重视。

**（6）"3S"技术**

"3S"技术是实现数字林业数据采集、获取和分析的重要技术。我国森林资源的调查和监测长期以来大多采用目测法、航测法、角规法、罗盘仪结合皮尺法等常规的测量方法。这些方法精度低、速度慢、自动化程度低、信息量少，最大缺点是白纸平板底图，不能实现数字化成图，导致林业信息资料更新慢，给林业的管理、监测和规划带来极大的不便。

遥感(RS)是获取地表信息的重要手段，全世界每年平均发射卫星 150 次，通过 RS 所采集的遥感影像图以高分辨率、多层次动态描述林业资源的时空分布特征和森林资源的动态变化规律，为科学合理的管理林业资源提供了重要资料。全球定位系统(GPS)作为一种较新的定位方法，已经在越来越多的领域取代了常规光学和电子测量仪器。利用 GPS 可以在全球任何地方、任何时间接受信号并定位，一方面使林业管理具有更强的空间针对性和实用性；另一方面，通过 GPS 实时对土壤水分以及植被生长情况进行描述，对林业各要素进行跟踪，实现了精准化监测。地理信息系统(GIS)是指由电子计算机系统所支撑的，对地理环境信息进行采集、存储、检索、分析和显示的综合性技术系统。地理信息系统还有一种特殊的"可视化"功能，是通过计算机屏幕把所有的信息逼真地再现到地图或遥感相片上，成为信息可视化工具，清晰直观地表现出信息的规律和分析结果，同时还能动态地在屏幕上监督"信息"的变化。

## 5.5.3　数字林业的功能和作用

数字林业的基本功能主要包括以下 5 个方面：

①历史档案功能：对陆地森林建立历史档案，可通过室内资料查询了解森林的演变和发展。

②现实展示功能：以现实的状态将陆地森林的现状提供给研究者和分析者，其现状包括森林的面积、蓄积量和质量状态。

③前景预测功能：森林正以何种状态变迁，到什么时候发生什么样的森林事件(如采伐程度、林火蔓延及病虫害程度等)。

④分析决策功能：通过预测和分析，获知森林数量、质量的变化将对人类产生什么样的后果，应以怎样的对策合理开发和保护森林，实现对森林资源的可持续开发和利用。

⑤精准林业功能：通过数字地球技术，配合航天摄影，GPS 导航定位，利用 GIS 实施立地、气候、气象、土壤、施肥、喷药和灭火等精准设计与分析，通过制订详细作业计划，在实施这些项目时不重不漏，可以恰到好处。

## 5.5.4　数字林业发展过程中存在的问题

作为信息化和技术化建设的一个重要部分，我国数字林业在建设和应用等方面尚处于逐步发展的完善阶段。在"数字林业"的概念被提出之后，虽然国家林业和草原局非常重视并且已经将其付诸实施，可是在数字林业的运行和发展中也不可避免的遇到了一些技术上的问题和挑战。

### (1)数据共享

在数据类型方面，基础数据可以通过实地勘探、仪器远程测量及卫星遥感等不同的方法获取，因此得到的数据形式也不相同。在数据存储方面，目前所能使用的数据库有很多种，如 Foxbase、Foxpro、Access 以及 SQL Server、Oracle、DB2 等。这些数据库在数据结构和存储模式上有着非常大的差异，所以在数据共享、系统更新或数据更新时就会存在很大的问题。但随着各种标准和规范的制定，数据共享的问题会逐步得到解决。此外，林业信息分类和编码也需要统一规范，数字林业信息种类繁多，内容丰富，涉及诸多领域，如何将各类多维数据进行有机的组织、存储、管理和检索，也是十分重要的，这直接影响着数据库的部署优劣以及系统的应用效率。为了使数字林业信息分类和编码的体系既有系统性、确定性，又有可扩充性的特征，在编码中需要按照科学性、系统性、稳定性、兼容性、完整性、扩充性以及灵活性等原则来进行数据分类和标准设定。

**（2）应用平台完备和兼容**

在"数字林业"相关应用系统的设计中，应符合完备性、标准化、系统性、兼容性、通用性、可靠性、可扩充性及实用性的要求。目前已经有很多林业管理系统，例如，森林资源数据处理系统（DPS）、森林资源管理信息系统（MIS）、森林资源决策支持系统（DSS）、林木良种管理息系统和主要经济树种在线查询系统等。各个系统针对专门的要求实现相关管理，但是系统和系统之间缺乏兼容性，数据不能在系统间实时更新，大大影响了系统的有效利用。因此，需要致力于开发相关的组件，逐步推出一批即插即用的应用组件，在各系统间搭建信息桥梁。

**（3）层级整合**

"数字林业"要建设的内容很多，并且根据研究范围和覆盖面的不同，需要不同的架构设想。"数字林业"应按照国家、省、地区、县的层次来组成。它既是一个面向公众、重点为专业业务服务的多层次系统，与其他行业数字系统既有联系又保持其独立性，又是隶属于区域的数字系统。如果不同区域所采取的系统搭建方式不同，在层级之间的信息传输就会出现问题。解决这一问题首先需要建立国家林业信息交换网络平台，着手制定部分标准与规范，例如，元数据标准、数据分类与编码标准、数据库设计规范、数据质量与质量控制标准、数据交换与安全标准，统一术语定义、设计与实施方法、体系结构等一系列要素；然后各个区域根据规范建立内部的本地信息中心，并与国家林业信息交换中心交接，达成信息的合理分流和汇合。

**（4）数据安全**

在互联网的快速发展中，全球极力解决的一大问题就是安全问题。计算机广泛联网，数据保护面临着各种威胁和损害。无论采取何种防护措施，都有被攻破的可能性。"数字林业"数据量大，而且多数是经过实地测量或卫星遥感获取的，获取困难，投入大，代价高，因此，安全问题就显得尤为重要。解决安全问题要从林业系统的应用系统层、数据库系统层、操作系统层、网络层分别设立防护措施，充分利用硬件和软件相结合的各种加密、检测、隔离方式，确保数据不丢失、不破坏。

此外，"数字林业"还存在以下发展问题，例如，机构不健全、缺乏信息化建设人才；信息化基础设施建设落后，投入不足；数字化信息积累不足；对林业信息化建设认识不足；各层级、各领域信息集成整合不够等。但是，随着人们认识的加深和技术的进步，相信这些问题都会逐步得到解决。

## 📋 本章小结

作为"3S"技术中的重要组成部分，GIS在现实应用中很少独立发挥功能。通常情况下，GIS 作为空间信息处理平台，而遥感(RS)、全球定位系统(GPS)则作为 GIS 的两个主要信息源，三者密不可分。因此，了解遥感、全球定位系统基本理论与方法也是理解和掌握 GIS 技术的前提。在 GIS 技术发展过程中，物联网、云计算等一些新技术也应运而生，并与 GIS 紧密结合。作为一本 GIS 在林业中应用的教材，了解数字林业的基本原理、方法，对于深刻把握 GIS 在林业中的应用具有重要指导作用。因此，本章对上述与 GIS 相关技术的基本概念、理论与方法做了简单介绍，从而为 GIS 在林业上的应用做了技术铺垫。

## 思考题

1. 简述"3S"技术的定义及其组成部分。
2. 什么是地理信息系统？简述其组成及特点。
3. 什么是遥感？简述其特点。
4. 全球定位系统有哪些组成部分？
5. 简述物联网和云计算的原理。
6. 物联网和云计算的应用领域有哪些？

## 参考文献

国庆喜，张锋. 2003. 基于遥感信息估测森林的生物量[J]. 东北林业大学学报，31(2)：13 – 16.

李希胜. 2003. "数字林业"建设的现代与思考[J]. 森林工程，19(1)：17 – 8.

王鹏. 2010. 云计算的关键技术与应用实例[M]. 北京：人民邮电出版社.

卫菊红. 2011. 物联网技术发展及应用研究进展[J]. 工业控制计算机，24(12)：50 – 52.

张慧春，周宏平，郑加强，等. 2004. 精确林业的发展及其应用前景[J]. 世界林业研究，17(5)：14 – 17.

张佩英. 2010. 云计算及其应用探讨[J]. 制造业自动化，32(9)：78 – 80.

朱洪波，杨龙祥，朱琦. 2011. 物联网技术进展与应用[J]. 南京邮电大学学报(自然科学版)，31(1)：1 – 9.

邹伦，刘瑜，张晶，等. 2001. 地理信息系统——原理、方法和应用[M]. 北京：科学出版社.

## 本章推荐阅读书目

地理信息系统导论. 陈述彭，鲁学军，周成虎. 科学出版社，2001.

遥感原理与应用. 李小文，刘素红. 科学出版社，2017.

# 下　篇
## GIS 在林业中的应用

# 第**6**章

# GIS 在森林资源与
# 生态环境监测中的应用

GIS 在林业中的应用由来已久，我国是将遥感卫星资料应用到林业领域比较早的国家。以往在 GIS 的应用方面偏重于森林资源调查与林地变化方面。随着地理信息系统和遥感技术的迅猛发展，以及林业与生态环境研究的进一步深入，GIS 在林业中的应用更加广泛。GIS 现已向国家森林资源和生态环境的综合监测和评价方向发展，除调查木材资源外，还兼顾林地动态变化、荒漠化、水土流失、森林生物物理参数反演、森林生物多样性保护等方面的综合监测及评价。经过多年发展，GIS 在林业和生态环境研究方面占据了重要的地位，大大提高了林业调查、生态环境监测等方面的效率，为林业和生态环境研究提供了强大的工具和研究平台，把森林资源与生态环境综合监测评价推向了新的、更高层次的现代化、数字化、实时化和智能化阶段。

## 6.1 森林资源调查

### 6.1.1 森林资源调查概述

森林资源调查也称为森林调查，是指依据森林经营的目的，系统地采集、处理、预测森林资源信息的工作。森林资源调查利用测量、测树、遥感以及抽样技术等调查手段，查清调查范围内的森林数量、质量、分布、生长、消耗、立地质量，以及森林资源可及性等，从而为制定林业方针、政策、法律、法规，科学地经营森林提供依据。森林资源调查主要包括森林资源状况调查、森林经营历史调查、森林经营条件调查以及森林未来的发展等方面的调查。

在我国，依据调查的目的和范围森林资源调查分为 3 类：

①国家森林资源连续清查：简称"一类清查"，其目的是为了掌握调查区域内森林资源的宏观状况，为制定或调整林业方针、政策和计划规划等提供依据。

②森林资源规划设计调查：也称"森林经理调查"，简称"二类调查"，其目的是为了县级林业区划、企事业单位的森林区划、编制经营方案、制订生产计划等提供数据支撑。

③森林作业设计调查：又称为"三类调查"，主要是指为满足伐区设计、造林设计和抚育采伐设计等而进行的调查，其目的是对将要进行生产作业的区域进行调查，以便了解生产区域内的资源状况、生产条件等。

森林资源是林业的基础，查清森林资源是开展林业生产经营活动的先决条件。森林资源调查所获得的信息，主要有以下几方面的用途：

①为国家和各级地方政府制订经济和环境发展计划、规划、方针、政策等提供依据。

②为林业企事业单位制订长期、中期、短期或年度计划，实现森林资源的合理经营、科学管理和林业可持续发展提供依据。

③用于检查各项林业方针、政策、计划、方案及经营技术及规程的执行情况。

### 6.1.2　我国森林资源调查体系

我国森林资源调查体系主要由国家森林资源连续清查、森林资源规划设计调查、森林作业设计调查 3 部分构成(表 6-1)。

表 6-1　森林资源调查种类比较

| 调查种类 | 调查总体 | 落实单位 | 调查内容 | 间隔期 |
|---|---|---|---|---|
| 国家森林资源连续清查<br>（一类调查） | 省(自治区、直辖市) | 林业局(县) | 面积、蓄积量、生长量、采伐量、枯损量、更新量 | 5 年 |
| 森林资源规划设计调查<br>（二类调查） | 林业局(县) | 小班 | 林业生产条件调查、小班调查、林业专业调查、森林多资源调查 | 10 年 |
| 森林作业设计调查<br>（三类调查） | 具体作业地块 | 具体作业地块 | 伐区设计、造林设计、抚育采伐设计 | 无 |

**(1)国家森林资源连续清查**

国家森林资源连续清查是以掌握宏观森林资源现状与动态为目的，为及时、准确地查清各省和全国的森林资源的数量、质量及其消长动态，以省(自治区、直辖市，以下简称省)为单位，以抽样理论为基础，利用固定样地为主进行定期复查的森林资源调查方法，对森林资源与生态状况进行综合评价，是全国森林资源与生态状况综合监测体系的重要组成部分。森林资源连续清查成果是反映全国和各省森林资源与生态状况，制定和调整林业方针政策、规划、计划，监督检查各地森林资源消长任期目标责任制的重要依据。

国家森林资源连续清查的具体工作包括：制订森林资源连续清查工作计划、技术方案及操作细则；完成样地设置、外业调查和辅助资料收集；进行森林资源与生态状况的统计、分析和评价；定期提供全国和各省森林资源连续清查成果；建立国家森林资源连续清查数据库和信息管理系统。

**(2)森林资源规划设计调查**

森林资源规划设计调查是以国有林业局(场)、自然保护区、森林公园等森林经营单位或县级行政区划为调查单位，逐个林班、小班调查森林资源现状和动态，以满足森林经营方案、总体设计、林业区划与规划设计需要而进行的森林资源调查。其目标是查清经营单位内的森林资源状况，对森林资源进行评估，并为森林资源管理规划、森林资源空间和功能管理模式以及总体的林业规划设计提供依据和指导。其调查成果可以为确定森林资源数量、质量，确定采伐限额及森林增长量、生态和环境效益补偿和森林资产管理等提供重要依据，指导并规范森林经营行为。该类调查一般每 10 年进行一次，经营水平高的地区或经营单位也可每 5 年一次，两次森林经理调查的间隔期称为经理期，其所制定的规划为中期规划。

森林资源规划设计调查的内容分为基本内容和可选内容两类，可以概括为林业生产条件调查、小班调查、专项调查 3 个方面。

该类调查的基本内容包括核对森林经营单位的境界线，并在经营管理范围内进行或调整(复查)经营区划，调查各类林地的面积，调查各类森林、林木蓄积，调查与森林资源有关的自然地理环境和生态环境因素，调查森林经营条件、前期主要经营措施与经营成效。

该类调查的可选内容应该根据森林资源的特点、经营目标和调查的目的以及以往资源调查成果的可利用程度具体确定。可选内容主要包括森林生长和消耗量调查、森林土壤状况调查、森林更新调查、森林病虫害调查、森林火灾调查、野生动植物资源调查、生物量调查、湿地资源调查、荒漠化土地资源调查、森林景观资源调查、森林生态因子调查、森林多种效益计量与评价调查、林业经济与森林经营情况调查、森林经营、保护和利用建议的提出，以及其他专项调查。

**(3) 森林作业设计调查**

森林作业设计调查是林业基层生产单位为满足伐区设计、造林设计和抚育采伐设计而进行的调查。其任务是查清一个伐区、抚育和改造林分内的森林资源数量、出材量、生长状况和结构等，据此来确定采伐和抚育改造的方式、采伐强度、预估出材量以及制定更新措施、进行工艺设计等。该类调查是林业企业经营利用的手段，应在森林资源规划设计调查的基础上，根据规划设计的要求逐年进行。森林资源数据应落实到具体的伐区或作业地块，为编制年度计划服务。

森林作业设计调查工作量大，精度要求高，作业实施困难，与森林资源清查、森林资源规划设计调查相比，该类调查具有如下特点：为企业生产作业设计服务，精度要求高，时间短；调查和设计同步进行，如采伐作业调查，在进行调查的基础上进行采伐和更新设计；为保证调查的精度，禁止采用目测估计，通常采用全林实测法或高强度抽样；调查设计中较多采用"3S"等技术。森林作业设计调查必须在采伐作业的前一年完成，无固定的调查周期，应根据森林经营方案中的具体规划开展调查，大多采用全林实测或标准地调查的方法进行，蓄积量精度要求 95% 以上，面积精度要求 90% 以上。

## 6.1.3　遥感、地理信息系统与森林资源调查

森林资源的调查、经营、管理、监测、分类、评价、保护和发展，是林业工作的重点问题。森林资源具有典型的空间分布特征和动态变化特征，因此，森林资源的管理和经营活动依赖于森林资源大量的调查数据，以此作为基础林业数据指导各种森林经营活动。森林资源管理要求能够根据条件和地理分布描述现在和未来的资源状况，相应的管理和决

策、评价系统也要求具有实时性和空间上的合理性和科学性。遥感、地理信息系统以及全球定位系统在林业中的应用由来已久，"3S"技术作为数据源可以提供大量的数字林业基础数据，GIS 良好的空间管理功能和分析功能为森林资源的监测和管理提供技术支持。

1984 年，我国首次引入计算机进行森林资源清查，大大提高了数据处理和分析的效率。手持式计算机或掌上电脑(PDA)、GPS 设备和专业数据库软件已经在第六全国森林资源连续清查(1999—2003 年)时期被逐渐应用于野外工作中，林调人员可以直接在野外显示、记录和标注地图数据，数据记录更加方便，质量控制更加精准，人为错误大大减少。GIS 应用于森林资源调查，其强大的制图功能和地理空间数据库功能可以及时更新调查资料成果，对于采伐、更新、造林、林地变化以及小班信息等的年度变化监测等可以迅速成图并保存于空间数据库中，同时森林资源地理信息数据库，能方便快捷地查询和统计分析森林资源变化的情况，使林业决策者和专业技术人员能及时掌握森林资源现状和变化趋势，制定出相应林业政策和发展规划。GIS 的使用，为林业地图生产、空间数据分析、森林管理规划、决策和监测提供了强有力的工具。WebGIS 技术的发展为各种级别的数据共享和决策开辟了扩展的可能性。受益于 GIS 技术，林业数据库和森林信息管理系统得以快速建立。在我国，越来越多的森林经营单位采用森林资源信息管理系统来指导森林资源调查和规划设计。GIS 技术的应用和林业数据库的建设，使得森林资源调查和数据分析更加便捷，同时促进了不同级别的林业部门之间数据的传递以及数据的公开化。

在我国，遥感在森林资源调查中的应用由来已久，航空摄影在 20 世纪 50 年代就在森林资源规划设计调查中得到了应用。在 1977 年西藏的森林资源连续清查中，Landsat MMS 影像、航空摄影和地面绘图结合首次得到应用。1990 年以来，在土地利用、森林蓄积量和郁闭度调查中开始应用 Landsat 5 TM、Landsat 7 ETM 和 SPOT 5 等影像，其中，Landsat 5 TM 和 Landsat 7 ETM 自第六次全国森林资源连续清查时便被广泛使用。近年来，越来越多的影像数据在森林资源调查中得到广泛应用，如 QuickBird、Hyperion 高光谱数据、SAR 等。无人机遥感作为近年来快速发展的主要航空遥感技术，在森林资源调查中的应用也在逐步扩展。

按照《〈国家森林资源连续清查主要技术规定〉补充规定(试行)》，应用遥感技术的目的是进一步提高总体资源现状的抽样估计精度，获得更加可靠的小面积成数地类面积数据，获得荒漠化和沙化土地、湿地资源数据，提供各类资源的空间分布信息，为清查体系的进一步优化提供技术储备。遥感技术的具体应用方法是：采用遥感判读与地面调查相结合的双重抽样方法，在地面固定样地抽样框架的基础上，系统加密遥感判读样地。为了配合遥感技术在一类清查中的应用，国家林业局还相应颁布了《遥感图像处理与判读规范(试行)》。从 1999 年起，全国已经在绝大多数省(自治区、直辖市)的一类清查中应用遥感技术，最主要的是进行固定样地位置的确定以及加密样地。由于在天然林保护工程中设置了许多禁伐区，在禁伐区内应采用遥感判读，数学模型预测的方法对有林地中的林分因子进行估测，既可保证一定的精度要求，又可减少大量的野外调查工作量和经费。此外，遥感影像在森林蓄积量/生物量、森林病虫害以及森林火灾的监测上具有很大的应用空间。在这些领域其主要应用步骤包括三步：首先，提取遥感影像上的森林资源信息，防止偏估；其次，进行遥感样地布设、判读和统计；第三，野外固定样地调查、数据汇集、绘制成果图。

遥感技术在二类调查中的应用，主要在于为调查总体提供客观反映地表覆盖特征的卫星影像图。它既可以作为最主要的图面资料或工作图供野外调查人员进行小班调查时参照，也可通过建立遥感判读标志直接对影像图进行区划判读。经过处理的遥感影像色彩丰富，各种地物类型轮廓清晰，优势树种色彩鲜明，可以在二类调查中进行地类划分以及优势树种组的划分，可以作为区划林班、小班的野外调绘底图，还可以在二类调查中作为面积统计的工具求算林班、小班面积，同时可以在 GIS 技术的支持下，将遥感资料及各种调查数据生成所需的各种专题图。

# 6.2　林地变化监测

## 6.2.1　林地变化监测的意义

林地是国家重要的自然资源和战略资源，是森林赖以生存与发展的根基，在保障木材及林产品供给、维护国土生态安全中占据核心地位，在应对全球气候变化中具有特殊地位。林地是林业生产的重要要素，是一种资产，具有权属特征(产权关系)。我国《森林法》规定，林地的范围包括郁闭度 0.2(含)以上的乔木林地、竹林地、灌木林地、疏林地、采伐迹地、火烧迹地、未成林造林地、苗圃地和县级以上人民政府规划的宜林地。

林地作为森林生存和发展的基础，不仅是我国非常重要的自然资源，更是十分关键的战略资源。据第八次全国森林资源清查数据显示，我国森林面积为 $2.08 \times 10^8 hm^2$，森林覆盖率仅 21.63%，远低于世界的平均水平(31%)，且人均森林面积仅为世界人均水平的1/4，人均森林蓄积只有世界人均水平的1/7。我国地域辽阔，林地资源分布不均，且当前经济发展过程中建设违法违规占用林地，以及毁林开垦和乱占林地导致的有林地逆转问题突出，林地流失数量仍然很大。城市化、工业化进程的加速也进一步挤压生态建设空间，严守林地生态红线压力巨大。如何有效保护、开发利用有限的林地资源成为我国当前经济发展和生态环境建设过程中亟待解决的重大问题。而其最为关键的基础性工作就是高效、准确地摸清林地资源存量及其变化情况，对当前的林地面积实施有效的动态监测。如何在林地动态监测基础上优化并强化林地资源管理，成为我国当前土地利用管理及生态文明建设中极为重要而又紧迫的课题。

## 6.2.2　我国林地资源现状以及面临的问题

### 6.2.2.1　我国林地现状

#### (1)林地面积持续增长，林业生产建设得到重视

自我国实施天然林保护和退耕还林等工程以来，我国林地面积保持持续增长的势头，林业生态建设是林地面积新增的重要原因。西部地区作为林业建设重点区域，增幅巨大，西部大开发战略和生态优先政策，促进了西部地区林地资源的快速增长。据统计，全国森林资源第六次到第七次清查间隔期内，西部地区林地面积增加量占全国林地面积增量的64.39%，退耕还林、荒漠化治理使非林地转为有林地、疏林地、灌木林、未成林造林地、

苗圃地的面积达 2 372.72 × 10⁴hm²，其中西部 12 省份达 1 442.98 × 10⁴hm²，占全国的 60.82%。

**（2）林地利用状况有所改善，森林质量得到提高**

第八次全国森林资源清查间隔期内，有林地和灌木林地面积有所增加，所占林地面积有所提高，其中有林地所占林地比例增加 2%，灌木林地增幅为 4%，但是宜林地和其他林地所占林地比例有所降低，林地地上植被覆盖度有所增加，森林质量提高明显，间隔期内公顷蓄积量、公顷年均生长量、公顷株树和平均胸径均有所增加，处于健康状态的森林面积比例增加 3%。

**（3）林地范围得以稳定，林地保护工作得到加强**

自 2008 年以来，中央和国家林业局相继出台了关于林权改革和林地确权等一系列加强林地勘界确权的文件，各地政府部门大力执行集体林地的确权勘界和颁发林权证的工作。到 2012 年上半年，我国集体林地总面积的 95% 已完成确权勘界工作，集体林地范围得到了法律的承认和保护。2010 年以来，各省相继开展林地保护利用规划的相关工作，对林地区划落界、核实范围，各地因勘查、采矿以及工程建设需要征占林地的，统一纳入征占用林地限额管理，并禁止一切形式的林地转为其他用地形式，严格保护林地。

### 6.2.2.2 我国林地资源面临的问题

尽管我国林地资源状况有所改善，林地管理工作取得了显著成效，但是，建设用地供需矛盾突出、林地利用水平不高、有林地保护难度加大、违法用地屡禁不止等问题仍然十分突出。

**（1）毁林开垦**

毁林开垦仍然没有得到根本的遏制，林地转为其他农用地仍然是有林地流失的主要途径。1998 年以来，全国大规模毁林开垦问题得到有效制止，但并没有得到根本性的遏制。近年来，个别单位和个人不顾国家法令，毁林开垦。尽管林业主管部门加大了执法打击力度，但收效甚微。特别是落实耕地占补平衡制度，往往形成了建设项目占用耕地，补充耕地需要开垦林地，势必带来林地向建设用地的间接转移。据统计，近十年来年均有林地逆转为非林地的面积相当于同期全国造林面积的 1/10～1/6。

**（2）侵占国有林地**

侵占国有林地问题一直没有得到妥善解决。在林农混居的地方，农民以"拱地头""扩地边"等隐蔽性方式蚕食侵占国有林地现象十分普遍。一些地方政府特别是乡镇一级政府对农民侵占蚕食国有、集体林地等放任自流，对林业局、林场回收被侵占林地的工作不支持，增大了回收工作的阻力；还有的地方政府和主管部门给被侵占的林地颁发土地证、草原证等权属证书，使违法行为合法化。

**（3）经济林林地的波动性较大**

农民在承包经营的经济林林地上根据市场的需求调整树种结构，什么果树收益高就改种什么，造成这部分经济林林地具有较大的波动性和不稳定性。

**(4)违法占用林地行为屡禁不止**

受地方经济发展和任期政绩的刺激，有限的林地定额和大规模建设用地需要之间的矛盾日益突出。建设单位不按规定办理占用征收林地手续，未批先占、少批多占，非法占用林地行为屡禁不止。

**(5)林地管理不规范**

一些地方政府林地登记档案资料不齐全，图表卡册填写不规范。林地流转问题突出，一些地方低价出租、出让林地，使广大林农的利益受到严重侵害。个别国有林业经营单位擅自将国有森林资源无偿出让，造成大量国有资产流失。

## 6.2.3　林地变化调查

**(1)林地变化调查的目的和任务**

全国林地变化调查是在全国林地"一张图"基础上，开展林地范围、林地保护利用状况以及林地管理属性等变化情况的调查分析，是提高林地监管能力，加强林地保护利用管理，深化国家和地方政府宏观决策管理的重要基础和支撑。全国林地变化调查的任务是收集林业经营管理等原因导致林地变化的资料，通过遥感判读区划，现地调查核实等技术手段，掌握林地变化的空间分布与管理属性变化信息，生成林地变化调查成果，更新林地"一张图"数据库。

全国林地变化调查以县(林业局、森林公园、自然保护区)为变化调查基本单位，以最近林地变化调查(或林地落界)成果为基础，收集掌握间隔期内(最近林地变化调查或林地落界时间至本次变化调查前一年年底)的林地范围、地类和管理属性变化资料，应用前后两期高分辨率卫星遥感影像进行对比分析，判读区划变化图斑，结合林业经营管理资料，通过调查核实后，确定林地变化情况，产出本期林地变化调查成果，经逐级汇总，更新全国林地"一张图"数据库。林地变化调查的主要包括资料收集处理、核实调查、成果生成3个主要技术环节。

**(2)林地变化调查的内容**

①林地范围变化：林地范围发生变化导致林地范围界的变动，主要由新增林地和减少林地两部分组成。

新增林地的地类，按现状情况进行调查确认，调查记载相关因子，包括因林业工程建设增加的林地，因通道绿化、农田林网建设等植树造林增加的林地，经县级以上人民政府批准的规划实施后，使土地用途发生改变，新增的林地。

减少林地指因占用征收减少的林地。依照有关土地(林地)管理的法律、行政法规，经县级以上人民政府林业主管部门审核审批，办理占用征收林地手续，建设项目实施后变为非林地而减少的林地。

②林地范围内的地类变化：林地范围内由于各种经营活动导致林地内各地类之间发生变化，特别是森林与非森林之间的变化，即有林地或国家特别规定灌木林地与除此之外的其他林地地类之间发生的变化。

③管理属性变更：管理属性变更主要涉及林地权属、森林类别、林种和工程类别等管

理属性发生的变更。

**(3) 林地变化调查的方法**

林地变更调查的方法主要分有：遥感影像判读区划、林业经营管理资料的收集整理和现地核实。

遥感影像判读区划主要工作是将本期遥感影像叠加到前期林地数据库及前期遥感影像上，对比分析，判读区划林地发生变化的图斑。其主要步骤为：

①将本期遥感影像特征对照林地数据库，按有林地、灌木林地、无立木林地、其他林地及非林地 5 种类型建立判读标志。

②对照两期遥感影像，判读区划出林地发生变化的图斑；遥感判读区划采取双轨制判读，一人判读区划后，由另一人结合第一人的判读结果再次判读。两人判读结果不一致的，根据遥感影像变化特征共同商定，最终形成遥感判读区划矢量图层。判读时遥感影像图的比例尺原则上不低于林地落界的遥感底图比例尺；无变化的图斑延用原图斑号，有变化的图斑编号原则上从本村(林班)的最大图斑(小班)号续编。

③利用遥感影像判读区划出的变化图斑与经营管理资料记录的图斑进行对比分析，对不能确定的变化图斑进行现地补充核实。

# 6.3　水土流失预测

## 6.3.1　水土流失预测的意义

水土流失是指在水力、风力、重力及冻融等自然力和人类活动作用下，水土资源和土地生产力遭受破坏和损失的现象，包括土地表层侵蚀及水的损失。水土流失是我国面临的重要环境问题，其分布范围广、面积较大、危害严重、治理困难，是制约我国经济社会可持续发展的重要环境因素之一，影响到国家的生态安全。及时、准确地预测水土流失的形式、分布、面积、危害程度等状况，可为水土流失评价、治理、预防等相关工作提供科学、有力的决策依据，为保障国家生态安全、促进生态文明建设创造有利条件，具有重要的生态、经济与社会意义。水土流失预测与监测工作涉及面广、工作量大、过程繁杂，以往的预测方法需要大量的人力、物力、财力，耗时长、效率低、精度有限，难以全面、及时、准确地反映其发展及治理动态。GIS 是对地理分布数据进行采集、存储、运算、分析、管理和显示的系统软件，具有较为强大的空间分析功能，为水土流失研究与预测提供了高效的数据处理与分析工具。以 GIS 为基础，结合 RS 和 GPS 技术，有助于快速完成对水土流失状况的大范围、动态预测，提高预测精度，实现水土流失研究与预测的信息化管理能力。结合 GIS 空间分析功能，对影响研究区水土流失的相关因子进行研究，完成研究区水土流失定量化分析与评价，可为查清水土流失现状、分析其主要驱动因素、预测其发展趋势、制定相关政策提供科学依据，具有重要的理论与现实意义。

## 6.3.2　土壤侵蚀定量模型简介

目前国内外水土流失预测与评价一般通过建立模型实现。土壤侵蚀定量模型是分析评价水土流失现状、预测其发展趋势、制定水土保持措施、改善水土资源利用的有效工具。根据建模方法的差异，将土壤侵蚀定量模型分为经验统计模型与物理模型。经验统计模型基于侵蚀过程的重要因子的统计分析，通过标准小区实测结果，确定土壤侵蚀的影响因子，在一定概率水平下拟合出可重现观测数据的函数关系式，通常不考虑土壤侵蚀过程的内部机制，这类模型主要有通用土壤流失方程（Universal Soil Loss Equation，USLE）、修正通用土壤流失方程（Revised Universal Soil Loss Equation，RUSLE）等。物理模型通过物理与数学关系表述侵蚀过程，考虑了土壤侵蚀过程的内部机制，依据较严密的质量、动量、能量守恒方程，经过一定简化后，对土壤侵蚀过程及各因子的变化进行定量表述，在理论上较经验统计模型更为精确，这类模型主要有水力侵蚀预报模型（Water Erosion Prediction Project，WEPP）、欧洲土壤侵蚀模型（European Soil Erosion Model，EUROSEM）等。

从预报精度的角度分析，物理模型具有较大潜力。但目前发展的物理模型需要大量的参数，其中有些参数不易观测，故在实际应用中存在不少困难，尚难以取代经验统计模型在水土流失定量调查中的主导地位。USLE模型考虑了影响水土流失的主要自然因子，依据的数据较为丰富、实用性较强、涉及区域较广，是目前土壤侵蚀量估算中应用较多的方法，其表达式如下：

$$A = R \cdot K \cdot L \cdot S \cdot C \cdot P \tag{6-1}$$

式中 $A$——为单位面积年均土壤流失量，$t/(hm^2 \cdot a)$；

$R$——降雨侵蚀力因子，代表多年平均降雨侵蚀力指数，$MJ \cdot mm/(hm^2 \cdot h \cdot a)$；

$K$——土壤可蚀性因子，代表标准小区中单位面积上由单位降雨侵蚀力所引起的土壤流失量，$t \cdot hm^2 \cdot h/(hm^2 \cdot MJ \cdot mm)$；

$L$——坡长因子，无量纲；

$S$——坡度因子，无量纲；

$C$——植被覆盖和经营管理因子，无量纲；

$P$——水土保持措施因子，无量纲。

USLE模型的设计思路清晰、建模因素全面、形式简单，为全世界土壤侵蚀模型的研究与发展提供了重要参考。但该模型只是一个经验模型，缺乏对侵蚀机理的深入剖析，只能预测面蚀、细沟侵蚀量，不能计算沟蚀和沉积量，主要应用于平原和缓坡地形区，模型的外推应用受到限制。尽管该模型在模型的外推性、应用尺度的差异性和水土流失过程考虑的有限性等方面存在一些不足，但它相对简单、稳定，所用因子具有明确的指示性、客观性以及区域尺度可获取性的特点，从而得到广泛应用，代表了一种标准参照的方法，该方法对区域尺度上的水土流失风险评估尤为适用。RUSLE模型是在USLE的基础上，以水力侵蚀理论为基础，对各因子的含义和算法进行了进一步修正，其结构与USLE基本相似。与USLE相比，RUSLE所使用的数据更广泛、资料的需求量也增加、适用范围更广，可用于不同系统的模拟分析。此外，我国学者根据USLE的设计思路，结合我国水土流失实际情况，提出了我国的坡面水蚀预报模型和水土流失方程，为促进USLE模型在我国的应用与本地化做出积极的贡献。

### 6.3.3 USLE模型的因子提取与计算

在实际操作时，收集整理公式6-1中计算、提取各因子所需的数据资料，主要包括降雨资料、土壤数据、数字高程模型（Digital Elevation Model，DEM）、遥感影像等，通过 ArcGIS 的空间数据管理分析功能，得到各项因子对应的栅格数据，然后在 ArcGIS 中将各因子值相乘，获得研究区土壤侵蚀量。

**（1）降雨侵蚀力因子 R**

降雨侵蚀力是指由降水引起土壤侵蚀的潜在能力，是评价降雨引起的土壤分离和搬运的动力指标。根据所用研究区观测资料的多少，其算法分为经典法与简便法两大类。

在经典法中，R 被定义为降雨动能和最大 30min 降雨强度的乘积，计算公式为：

$$R = \sum_{i=1}^{j} (EI_{30})_i \tag{6-2}$$

式中　$R$——降雨侵蚀力，$MJ \cdot mm/(hm^2 \cdot h)$；

　　　$E$——一次降雨的总能量，$MJ/hm^2$；

　　　$I_{30}$——在降雨过程中连续 30min 最大降雨强度，$mm/h$；

　　　$j$——降雨次数；

　　　$(EI_{30})_i$——第 $i$ 次降雨的 $EI_{30}$。

在计算降雨侵蚀力时，包括我国在内的各国研究者一般都沿用 Wischmeier 提出的这种（6-2）式计算方法。但这个经典算法是基于美国的实验数据统计而来的，而影响土壤侵蚀的降雨特征和土壤性质等均会随着区域及国度的不同而存在不等程度的差异，该算法在与美国差异较大的地区使用时受到很大限制。故各国研究者纷纷开始在自己国内对土壤侵蚀与降雨之间关系进行观测与统计分析，提出适合本地的 $R$ 值算法。

经典算法对降雨数据有较高要求，不易在缺乏详细降雨记录的区域推广运用。其中，动能 $E$ 的值最难获取，因为 $E$ 的计算需要自记降雨过程线资料，许多地区未必有，即使有，分析过程也很耗时。因此很多研究者都在探寻一种简捷的计算方法，即只要利用常规的降雨资料即可，无需繁复的计算降雨动能，快速、易算且适用范围广。目前，国内外一些研究者分别根据所在区域降雨观测资料的多寡和流失量的实测值，对经典法做出修正或提出适合当地的简便算法。国内外较为广泛应用的基于月平均降水量和年降水量的 Wischmeier 经验公式，不仅考虑了年总降水量，而且还考虑了降雨的年内分布特征，其计算公式如下：

$$R = \sum_{i=1}^{12} \left[ 0.2633 \times 31.6628 \times \log\left(\frac{p_i^2}{p}\right) \right] \tag{6-3}$$

式中　$R$——降雨侵蚀力，$MJ \cdot mm/(hm^2 \cdot h \cdot a)$；

　　　$p_i$——月平均降水量，$mm$；

　　　$p$——年平均降水量，$mm$。

利用研究区多个雨量站的平均降雨数据，使用公式（6-3）计算出各站点的年平均降雨侵蚀力因子 $R$，在 ArcGIS 软件中，根据各站点经纬度制作站点空间分布矢量图层，并将各站点每年的降雨侵蚀力 $R$ 值赋予到 ArcGIS 的站点矢量图的属性表中。然后根据具体情况，选用合适的插值方法，对 $R$ 值进行空间插值，得到降雨侵蚀力因子 $R$ 的空间分布栅格数据，再根据研究区的矢量边界图对 $R$ 值栅格图进行裁剪，得到具有明确边界的研究区 $R$ 因子空间分布栅格图。

**(2)土壤可蚀性因子 K**

土壤可蚀性因子 K 是评价土壤被降雨侵蚀力分离、冲蚀和搬运难易程度的指标。USLE 模型中 K 因子表示标准条件下的小区由每单位的降雨侵蚀力所产生的土壤流失率。它是 USLE 及其修正模型中的一项重要因子值。K 值大小与土壤质地和土壤有机质含量有较高的相关性。K 值的求算方法主要有自然降雨实测法、模拟降雨实测法、诺模图法、公式计算法和查表法等。自然降雨实测法所需时间长，至少需 1 年时间；模拟降雨实测方法由于模拟难度大，致使 K 值准确性不高；查表法虽可直接利用土壤普查的质地名，但限于质地名只有 12 种，以及质地名的准确性，影响了它的应用；诺谟图法要求参数较多，而且有的参数难以获得(如准确的渗透速度级别等)，不易应用。关于土壤可蚀性值估算的研究中，具有代表性的有 Olson 和 Wischmeier 等人提出的计算方法、Erosion-Productivity Impact Calculator 模型(简称 EPIC)中的计算方法以及 Shirazi 等人所建立的公式等。

Olson 和 Wischmeier 等(1963)选用粉粒 + 极细砂粒含量、砂粒含量、有机质含量、结构、入渗 5 项土壤特性指标，通过分析其与土壤可蚀性因子 K 值之间的关系，提出了土壤可蚀性 K 值估算公式：

$$K = [2.1 \times 10^{-4} \times M^{1.14} \times (12 - OM) + 3.35(s - 2) + 2.5(p - 3)]/100 \qquad (6\text{-}4)$$

式中　M ——美国粒径分级制中的(粉粒百分含量 + 极细砂百分含量)与(100 - 黏粒百分含量)之积；

　　　OM ——土壤有机质含量百分数；

　　　s——土壤结构系数；

　　　p——土壤渗透性等级。

EPIC 模型中，采用考虑土壤有机碳和粒径组成资料的公式来估算土壤可蚀性值，公式如下：

$$K = \left\{ 0.2 + 0.3\exp\left[0.0246SAN(1 - SIL/100)\right] \right\} \left[\frac{SIL}{CLA + SIL}\right]^{0.3}$$
$$\left[1.0 - \frac{0.25C}{C + \exp(3.72 - 2.95C)}\right]\left[1.0 - \frac{0.7SN1}{SN1 + \exp(-5.51 + 22.9SN1)}\right] \qquad (6\text{-}5)$$

式中　SAN——土壤中砂粒含量所占百分比,% ；

　　　CLA——土壤粉粒含量所占百分比,% ；

　　　C ——土壤中黏粒和有机碳含量所占百分比,% ；

　　　SN1——1 - SAN/100。

根据研究区土壤有机碳和颗粒组成资料获取相关数据，代入式(6-5)，估算出每种土壤类型的 K 值，将此数值作为土壤类型图的一个属性因子，在 ArcGIS 中利用属性表连接功能，将数字化的土壤类型矢量图斑与 K 值属性信息连接，将土壤可蚀性值的计算结果导入研究区土壤类型矢量数据属性表中，形成矢量格式的研究区土壤可蚀性因子 K 值专题图，然后，利用 ArcGIS 软件的"矢量数据转为栅格数据"功能对矢量图进行栅格化，得到研究区的土壤可蚀性因子 K 栅格分布图。

**(3)坡度因子 S 与坡长因子 L**

坡度因子 S 与坡长因子 L 是侵蚀动力的加速因子，表示在其余条件均相同的情况下，某一给定坡度和坡长的坡面上土壤流失量与标准径流小区典型坡面土壤流失量的比值。它们是反映地形地貌特征对水土流失影响程度的指标。

①坡度因子 $S$：坡度因子是在其他条件相同的情况下，特定坡度的坡地土壤流失量与标准径流小区坡度的坡地土壤流失量的比值。USLE 中的 $S$ 与坡面坡度角 $\theta$ 呈抛物线关系，计算公式为：

$$S = 65.41\sin^2\theta + 4.56\sin\theta + 0.065 \tag{6-6}$$

USLE 的开发者主要是根据美国的耕地坡度(大多小于 20%，即 11.3°)推导出这一公式，但该公式不太适合坡度较陡的地区使用。根据研究区实际情况，缓坡多采用 McCool (1989)坡度公式，陡坡采用 Liu 等(1994)坡度公式：

$$S = \begin{cases} 10.8\sin\theta + 0.03 & (\theta < 5°) \\ 16.8\sin\theta - 0.5 & (5° \leq \theta < 10°) \\ 21.9\sin\theta - 0.96 & (\theta \geq 10°) \end{cases} \tag{6-7}$$

先利用 ArgGIS 的水文分析模块从 DEM 中逐像元栅格提取坡度，再根据上述公式(6-7)在 ArcGIS 中完成栅格运算，得到 $S$ 因子栅格图。

②坡长因子 $L$：坡长因子是在其他条件相同的情况下，特定坡长的坡地土壤流失量与标准径流小区坡长的坡地土壤流失量的比值。坡长指从地表径流的起点到坡度降低到足以发生沉积的位置或径流进入一个规定渠道的入口处的距离。对于坡长因子的计算，目前一般多采用 Wischmeier 和 Smith(1978)提出的坡长因子算式：

$$L = (l/22.13)^m \tag{6-8}$$

式中　$L$——坡长因子；

　　　$l$——坡长，m；

　　　22.13——标准小区坡长，m；

　　　$m$——坡长指数，其取值范围为：坡度角 $\theta \geq 9\%$ 时，$m = 0.5$；$9\% > \theta \geq 3\%$ 时，$m = 0.4$；$3\% > \theta \geq 1\%$ 时，$m = 0.3$；$\theta < 1\%$ 时，$m = 0.2$。

首先通过以下方法计算每个像元的坡长，即在 ArgGIS 的水文分析模块中，先通过 DEM 求出负地形，再求出负地形的水流方向和水流长度，即求出了正地形的山脊线，与山脊线的垂直距离即为坡长。该方法是一种快速、近似的方法。根据上述坡长因子公式，在 ArcGIS 中完成栅格运算，得到坡长因子。最后，在 ArcGIS 中使用栅格计算功能将 $S$ 因子与 $L$ 因子相乘，得到 $LS$ 因子图。

**(4)植被覆盖与经营管理因子 $C$**

植被覆盖与经营管理因子 $C$ 是指在一定条件下，有植被覆盖或实施田间管理的坡地土壤流失量与同等条件下实施精耕的连续休闲地土壤流失量的比值。它反映了植被(或作物)覆盖与管理措施对土壤流失量的影响，是侵蚀动力的抑制因子，是 USLE 模型中控制土壤流失强度的一个重要影响因子，其值具有多变性并且变化幅度大，因而是 USLE 中计算难度较大的一个因子。

$C$ 因子受到植被、作物种植顺序、生产力水平、生长季长短、栽培措施、作物残余物管理、降雨分布等多种因素的影响，不易直接计算 $C$。一般是根据地表植被的年平均覆盖度、植被冠层类型、高度、农作物栽培和管理制度、降雨分布等情况来估算该地区各种土地覆盖类型的年平均 C 值。USLE 的设计者们为此列出了 10 个表，供使用者根据不同情况查找 C 值。但该方法无法反映出区域尺度上不同物候期所带来植被状态和耕作措施等差异的影响，也无法反映土地利用内部之间的差别。

植被覆盖因子 C 主要与植被覆盖度和土地利用类型有关，计算该因子的关键是精确地获取植被覆盖度与土地利用类型。当要获取大范围的地表植被覆盖信息时，遥感技术是有效的途径。目前常用的方法就是利用遥感影像计算归一化植被指数（NDVI），以此计算植被覆盖度，再根据植被覆盖因子与植被覆盖度之间的数学关系式算出植被覆盖因子。NDVI 计算公式如下：

$$NDVI = (\rho_{nir} - \rho_{red}) / (\rho_{nir} + \rho_{red}) \tag{6-9}$$

式中　NDVI——归一化植被指数；

　　　$\rho_{nir}$——近红外波段反射率；

　　　$\rho_{red}$——红外波段反射率。

然后，通过 NDVI 与植被覆盖度之间的关系式，求算出植被覆盖度 c，公式如下：

$$c = \frac{NDVI - NDVI_{min}}{NDVI_{max} - NDVI_{min}} \times 100\% \tag{6-10}$$

式中　c——植被覆盖度，%；

　　　$NDVI_{min}$——最小归一化植被指数；

　　　$NDVI_{max}$——最大归一化植被指数。

最后，通过 C 因子与植被覆盖度 c 的关系式计算 C 因子值，生成 C 值图。目前我国应用较多的是马超飞（2001）利用回归分析法建立的 C 因子值与植被覆盖度 c（%）之间的关系，如下：

$$C = \begin{cases} 1 & (c = 0) \\ 0.6508 - 0.3436\lg c & (0 < c \leqslant 78.3\%) \\ 0 & (c > 78.3\%) \end{cases} \tag{6-11}$$

式中　C——植被覆盖与经营管理因子；

　　　c——植被覆盖度，%。

利用 ENVI 软件对遥感影像进行预处理后，计算归一化植被指数，然后计算区域内植被覆盖度，随后根据上述 C 因子与植被覆盖度关系式，通过 ArcGIS 的空间分析模块计算出研究区植被覆盖因子图层。

**（5）水土保持措施因子 P**

水土保持措施因子 P 是采用专门措施后的土壤流失量与顺坡种植时的土壤流失量的比值。其范围在 0～1 之间，0 值代表水土保持措施完善、没有侵蚀的地区，1 值代表未采取任何水土保持措施的地区。通常的侵蚀控制措施有等高耕作（横坡耕作）、等高带状种植、修梯田等。自然植被区和坡耕地的 P 因子一般取值为 1，水平梯田为 0.01，介于两者之间的治理措施则取值为 0.02～0.7。

P 因子的获取主要在于获得研究区等高耕作、等高带状种植、梯田种植、地梗、截留沟、植物防冲带等水保措施的详细信息。由于标准和观测方法未统一，国内尚未对水土保持因子进行全面综合的研究，在土壤侵蚀预报中还没有普适性的水土保持因子赋值标准。

目前，径流小区土壤侵蚀的 $P$ 因子值一般通过试验观测确定，但在区域尺度的土壤侵蚀研究中，难以通过实测方法确定相关参数值，也不易使用遥感估算的方法。由于土地利用/土地覆被在一定程度上可反映水土保持措施的差异，因此常依据土地利用类型赋值的方法确定 $P$ 值。由于 $P$ 值尚无定量计算公式，一般采取经验值或对比方法获得。例如，汪国斌(2012)参照美国农业部手册(第 537 号)中 Wischmeier 和 Smith(1978)因子划分以及相关文献，并参照由遥感影像解译的研究区土地利用现状图，确定了鄱阳湖湖区不同土地利用类型 $P$ 值的大小，见表 6-2。

表 6-2 鄱阳湖湖区不同土地利用类型 $P$ 因子值

| 土地利用类型 | 林 地 | 水 田 | 旱 地 | 草 地 | 水 体 | 居民地 | 未利用地 |
| --- | --- | --- | --- | --- | --- | --- | --- |
| $P$ 值 | 1 | 0.01 | 0.3 | 1 | 0 | 0 | 1 |

在 ArcGIS 中将土地利用图和水土保持措施因子采取属性连接，分别对不相同的土地使用类型按照表 6-2 赋予对应的 $P$ 值，栅格化后获得研究区的 $P$ 因子分布图。

### 6.3.4 土壤流失量计算与分析

根据 USLE 模型，土壤侵蚀量为上述 6 项因子的乘积。在 ArcGIS 中，将上述各因子图层统一坐标系和像元大小后，利用空间分析模块中的栅格计算器，将各因子图进行连乘，计算出每个像元的土壤流失量，得到研究区的土壤流失量栅格图。再根据水利部制定的《土壤侵蚀分类分级标准》(SL 190—2007)，确定研究区土壤侵蚀分级，再根据以上分级值，在空间分析模块中进行分类，得到研究区土壤侵蚀分级图。最后根据分析结果，找出影响研究区水土流失的主要因子，为实施水土流失治理提供科学依据。

## 6.4 荒漠化监测

荒漠化是我国面临的突出环境问题，其分布范围广、面积较大、危害严重、治理困难，是制约我国经济、社会可持续发展的重要环境因素之一，其发生发展严重影响到我国的生态安全。及时、准确地监测荒漠化的形式、分布、面积、危害程度等状况，可以为荒漠化评价、治理、预防等相关工作提供科学、有力的决策依据，为保障国家生态安全、促进生态文明建设创造有利条件，具有重要的生态、经济与社会意义。荒漠化监测工作涉及面广、工作量大、过程繁杂，以往的监测方法需要大量的人力、物力、财力，耗时长、效率低、精度有限，难以全面、及时、准确地反映其发展及治理动态。GIS 可通过对地理分布数据进行采集、存储、管理、运算、分析和显示，已成为荒漠化监测高效的数据处理与分析工具。以 GIS 为基础，结合 RS 和 GPS 技术，有助于快速完成对水土流失与荒漠化状况的大范围、动态监测与更新，提高监测精度，实现荒漠化监测的信息化管理。

### 6.4.1 荒漠化监测意义

根据《联合国防治荒漠化公约》的定义，"荒漠化"是指包括气候变异和人类活动在内的种种因素造成的干旱、半干旱和亚湿润干旱地区的环境退化。荒漠化是世界突出的重大环境问题之一，荒漠化造成生态环境破坏，威胁人类生存，破坏土地资源，造成土地资源减少、质量下降，使得生物质量变劣、物种丰度降低，对生物多样性构成严重威胁，总之荒漠化对人类社会的生存和发展构成了严重的威胁。我国是世界上荒漠化面积较大、危害最为严重的国家之一。荒漠化监测与治理已成为世界性难题，加快荒漠化的防治步伐、制止沙漠扩张、加大荒漠化的治理力度、绿化沙漠，已成为 21 世纪人类争取生存环境、扩大生存空间的首要目标。

由于荒漠化土地分布广阔、类型多样，荒漠化防治工作中出现的问题包括：荒漠化土地在哪儿、是什么类型、发展趋势如何？全国或某个省(自治区、直辖市)的荒漠化趋势是什么、如何扩展的、扩展的活跃地区在哪儿、扩展速度是多少？这些都需要准确掌握荒漠化土地的消长动态，因此荒漠化监测应运而生。荒漠化监测是人类对全球或某一地区的土地退化现象，采取某些技术手段就人类所关心的、可以反映土地退化现象的某些指标进行定期或不定期观测，并以某种媒介形式进行公布的活动。荒漠化监测提高了我们了解和掌握荒漠化土地发展现状、动态及防治方法的积极性和准确性；为各级政府和决策部门提供宏观理论依据；为防治荒漠化与防沙治沙体系的制定和调整、国家土地资源的合理开发和保护利用及可持续发展战略的实现提供基础依据。荒漠化监测在环境质量评估和土地管理中也占有重要地位。就荒漠化土地整治而言，荒漠化监测是防治荒漠化方针制定的基础，能够用来判别防治效果，并对可能产生的负面影响进行及时预测。做好荒漠化监测是加快荒漠化防治进程、提高荒漠化防治效率、遏制荒漠化扩展趋势的前提。

## 6.4.2　荒漠化监测的目标、任务、对象、方法

荒漠化监测的目标包括有效管理土地监测所使用的遥感图像信息源数据及土地详查分类数据；管理、比较、分析遥感监测结果(监测图、分类图等专题图)；查询土地变化情况的多种表达形式；有效输出多种统计图表、图像、查询及分析结果，便于决策层使用。

荒漠化监测的任务包括定期为各级行政单位和全国提供各类型沙化土地和有明显沙化趋势土地的分布、面积及动态变化情况；定期为各级行政单位和全国提供不同类型和不同程度荒漠化土地的分布、面积及动态变化情况；分析自然和社会经济因素对土地荒漠化和沙化过程的影响，对土地荒漠化和沙化状况、危害及治理效果进行分析和评价，为防沙治沙和防治荒漠化的对策、建议及国家决策提供数据支撑服务。

荒漠化监测对象应该涵盖荒漠化正(逆)过程、荒漠化防治工程影响因素及与此关联的生态、经济和社会综合效应等方面，其范围应该是荒漠化潜在的发生区。在我国，全国沙化监测范围包括所有分布有沙化土地和有明显沙化趋势土地的地区。荒漠化监测的内容主要包括土壤、植被、水文、地质地貌、气候气象、社会经济状况 6 个方面。

国内外研究学者在荒漠化监测方法上达成了共识，将荒漠化监测方法分为地面监测和遥感监测两种。地面监测又称人工监测，指通过人工地面观测和建立生态监测站方式进行实地监测，包括要素评价法、Thornthwaite 法和地面抽样法。要素评价法以定性分析为主，主要进行荒漠化程度的评价与制图；Thornthwaite 法广泛应用于植被—气候关系和气候生产力研究；地面抽样法是利用成数抽样技术进行调查，结合数理统计分析推算荒漠化土地面积及动态，地面监测需要的人力、物力多，耗费时间长，监测速度慢且受主观影响大。

遥感监测指航空遥感监测和航天遥感监测，是利用遥感技术进行监测的方法，主要监测与荒漠化特征、范围等密切相关的荒漠化组成及影响因素，其监测对象包括大气、地面覆盖、海洋及近地表状况等，该技术广泛应用于气象、土地、农业、地质和军事等领域。目前应用于地球观测的遥感卫星有法国的 SPOT 系列卫星、美国的陆地卫星（Landsat）和 NOAA 卫星等。遥感监测具有如下特点：

①范围大，能有效识别荒漠化类型及特征，而且能够获取偏远地区的荒漠化信息；

②速度快，卫星轨道覆盖重复周期短，便于动态监测；

③技术复杂，对传感器要求高。

### 6.4.3　基于遥感的荒漠化监测

遥感已成为目前荒漠化监测研究的主要技术方法。20 世纪 70 年代，国外开始使用遥感技术进行土地荒漠化的监测，我国也从 20 世纪 70 年代开始利用国外卫星数据进行资源调查和灾害、环境的监测；80 年代初期开始运用遥感技术进行有关土地荒漠化的资源调查。朱震达和陈广庭（1994）利用 1975 年的航片和 1987—1988 年的 TM 影像对我国内蒙古科尔沁地区沙漠化动态进行了研究；1984—1986 年，水利部遥感中心组织了全国土壤侵蚀调查，采用遥感方法对全国包括风蚀、水蚀和冻融在内的土壤侵蚀状况进行了调查。此后，遥感技术在土地荒漠化监测中逐渐得到广泛应用。自 2004 年起，我国荒漠化监测全面启用"3S"技术，采用地面调查与遥感数据相结合、以地面调查为主的技术路线，顺利完成了第 3 次全国荒漠化监测工作。此后，"3S"技术成为全国荒漠化监测工作中的关键技术并推广使用，实现了更加准确、迅速的分析，有力提升了荒漠化监测的成效。

遥感技术能够快速、动态地获得大范围的荒漠化信息。基于遥感技术，近年来荒漠化指标研究取得了丰富的成果。在进行土地荒漠化信息提取时，常用的方法有人工目视解译方法、监督分类方法、非监督分类方法、决策树分层分类方法、神经网络自动提取方法等，在实际应用中，通常选择其中的一种或结合几种方法进行分类提取。目视解译方法在荒漠化监测中应用最早，中国科学院沙漠研究所于 20 世纪 80 年代由目视解译首次绘制成 1∶50 万科尔沁沙地荒漠化图；陈建平等（2002）使用 TM 影像和 CBERS 卫星 CCD 相机的 3、4、2 波段假彩色合成图像，通过建立解译标志，人工目视解译得到北京及邻区土地荒漠化分布数据和动态演化趋势结果。监督分类进行土地荒漠化信息提取相比目视解译可大大减少工作量，是目前遥感分类中应用较多、算法较为成熟的分类方法之一，常见的监督分类方法有最小距离法、平行六面体法、特征窗口曲线法、最大似然法等。与人工目视解译和监督分类方法相比，非监督分类所需人工投入工作量更小，解译速度更快，但是非监督分类仅仅是利用图像像元的灰度值进行计算，其结果只是对地物光谱特征分布规律的分类，而不能确定类别的属性，并且难以解决"同物异谱"和"异物同谱"的问题，而土地荒漠化监测中，特别是不同原因形成的不同类型的荒漠化，其地表特征复杂，难以简单通过地物灰度值计算识别出不同类型的土地荒漠化，因此，仅使用非监督分类进行荒漠化监测的研究较少，一般都是与其他分类方法结合进行。此外，随着遥感分类技术的发展，决策树分层分类法、神经网络、支持向量机、随机森林等一系列分类方法均在土地荒漠化监测中得到了广泛的应用。

除通过卫星影像的目视解译获得各种地形地貌、土地利用类型的面积和分布(如裸沙占地率、沟壑密度、坡度、植被盖度)等常规的荒漠化指标,并为景观生态学指标提供数据外,遥感影像还可经处理后提取地表光谱反射率、植被指数等信息,也能够反映土地荒漠化的程度。土地荒漠化的本质特征是土地生产力的降低,土地生产力可以用植被盖度来表达,而植被指数反映了光谱响应与植被盖度之间的近似关系,植被指数的变化可以完全表达土地生产力的变化过程,因此可利用植被指数作为荒漠化监测的一个重要指标。常用的植被指数主要有归一化差值植被指数、土壤调节植被指数、增强植被指数、比值植被指数等,但是目前尚缺少直接指示土地荒漠化的发生、发展状况的植被指数或植被指数模型。

在基于遥感技术的荒漠化信息提取中,由于常用的影像分辨率大多为中等分辨率的影像,分辨率在 10～30m 左右,同时由于荒漠化幅员辽阔,区域内景观异质性显著,因此荒漠化监测中的混合像元的问题显得尤为突出,传统分类方法和基于植被指数的荒漠化信息提取受到一定的限制。解决荒漠化地区像元异质性问题及实现高精度、定量化荒漠化信息提取是目前遥感荒漠化信息提取中的较大难题。国内外众多研究利用光谱混合分解技术在遥感荒漠化监测中做了大量研究,有效地解决了像元异质性问题。

随着遥感技术自身的发展及相关图像处理领域的进步,遥感在荒漠化监测中所扮演的角色将越来越重要。同时,荒漠化监测的实时性、荒漠化信息提取的定量程度及精度必定会得到大大的提高。科学、准确的监测结果可以为荒漠化土地治理提供科学依据,并对荒漠化防治决策的制定具有重要的实践意义。

# 6.5　森林参数反演

随着全球变化研究的深入、全球范围和大区域尺度的森林碳循环和森林水文分布式模型的建立,生物物理参数常常作为重要的输入因子而成为模型中不可缺少的组成部分。传统的地面测量获得的只是有限的生物物理参数信息,而且不能够反映生物物理参数的空间变异性。因此,全球范围和大区域的生物物理参数的获取必须依赖遥感。遥感以其大面积、快速、动态的优势在宏观生态研究中得到广泛应用,借助遥感手段提取森林生态系统生物物理参数的研究取得了较大的发展,加深了对于地球表层物质和能量循环的理解,并且推动全球碳循环、水循环等模型的应用。当前有很多学者正致力于从遥感信息反演这些生物物理参数的方法和模型。

利用遥感技术进行森林生态系统参数反演和推算主要是基于植被反射光谱特征来实现的。植被的光谱反射特征是关于植被叶片组织结构的光学特性、冠层生物物理特征、土壤条件以及光照和观测几何条件的函数。森林生态系统参数包括生物物理参数和生物化学参数,其中从遥感数据中提取生物物理参数主要指用于陆地生态系统研究的一些生物物理变量,如叶面积指数、吸收光合有效辐射,净第一性生产力、生物量、森林树种的识别、森林郁闭度及其冠层结构参数等。这些参数可以反映植物生长发育的特征动态,也是联系物质生产和反射光谱关系的中间纽带,在森林参数遥感定量反演方面,主要进展集中在激光雷达、多角度光学和极化 SAR、InSAR、SAR 层析技术,以及多模式遥感数据的综合反演技术等。

## 6.5.1　反演机制与方法

森林参数遥感反演机制主要包括以下 4 种：

**(1)基于光谱反射/辐射原理的反演**

森林生物量、叶面积指数 *LAI*、覆盖度等森林结构参数，可以利用植被指数、光谱的吸收或反射特征，进行物理或统计模型的反演。

**(2)基于高分辨率和激光雷达的森林结构参数反演**

基于高分辨率遥感数据，从影像的纹理、阴影等信息估算反演森林高度、冠层等结构信息；基于激光雷达的波形数据估算反演树高信息；利用高分辨率激光雷达点云数据估算森林孔隙度。

**(3)基于森林参数物理关联的间接反演**

许多森林参数之间存在一定的关联关系，如胸径、树高和生物量，因此可以基于植被参数物理关联机制进行间接反演森林参数。

**(4)基于先验知识的综合间接反演**

自然现象存在很多物理规律和先验知识(非电磁波反射/辐射信息等)，它们可以为我们提供森林参数反演的思路和方法。

森林参数遥感反演方法主要包括经验统计模型、物理模型、半经验模型、机理模型 4 种。经验统计模型主要是基于森林参数所对应的研究区域遥感影像上的波谱反射率、纹理特征及雷达数据信息等遥感光谱特征，通过拟合其相关关系，建立遥感统计模型，这种方法受限于实地调查数据，常用模型有线性、非线性回归模型、多元回归模型等参数模型，以及 K - 邻近、神经网络、支持向量机、随机森林等非参数模型。物理模型是基于植被光谱辐射传输模型，直接输入遥感波谱数据，通过数值计算方法求得森林参数，这种方法不需要地面测量数据即可直接从波谱数据中得到植被参数，但是其模型反演往往是病态的过程，数值计算过程非常复杂。半经验模型囊括了经验模型与物理模型的优点，也称作综合模型，它使用物理意义较少的参数构建模型，综合模型的种类有 Roujean 模型、Verstraete 模型、Wanner 核驱动模型等。机理模型是根据植物的各种生理过程、林学特性、生物学特性等的变化，对植物体内的机理过程进行模拟，从而估算植被参数，目前比较有代表性的模型主要有 CENTURY 模型、CASA 模型、TEM 模型、BEPS 模型、TOPOPROD 模型、BIOME - BGG 模型、GLO - PEM 模型等。

## 6.5.2　叶面积指数

叶面积指数(leaf area index, *LAI*)表征植被叶片的疏密程度，是单位地表面积上植物单面光合作用面积的总和。它是表征植被生长状况和植被冠层结构的关键的参数，也是描述植物光合作用和物质能量交换的重要物理量。植被叶面积指数越大，表征植物光合作用越强，相应的碳吸收和累积量越大，生物量越多，作为生态系统碳循环、能量交换、水文、气候等模型中的重要因子，叶面积指数的遥感估测与反演一直都是研究重点。

叶面积指数反演的关键是如何根据光在冠层中的辐射传输过程及其形成的光谱特征，建立其与遥感地表反射率的关系模型。目前 *LAI* 定量估算主要有 2 种方法：基于植被指数的经验关系方法和基于物理模型的方法。基于植被指数的经验模型是指将 *LAI* 作为因变量，以影像中的光谱数据或变换形式（植被指数等）作为自变量建立统计估算模型进行估算。物理模型是基于植被的二向反射特征，建立在辐射传输模型基础上的模型，它具有较强的物理基础，不依赖于植被类型或环境而变化。

卫星遥感技术的快速发展为 *LAI* 大区域研究提供了基础，自 20 世纪世纪 80 年代开始，遥感数据进行 *LAI* 的研究就已经开始兴起。在中高分辨率的遥感数据中，TM/ETM + 是最常用来进行 *LAI* 研究的，国内外众多研究通过建立不同时相 TM 数据植被指数与 *LAI* 的关系、建立样地实测 *LAI* 与影像光谱信息之间的回归关系，利用不同的模型算法进行 *LAI* 的估算与反演。在中低分辨率的数据中，MODIS 数据是最常用的进行 *LAI* 研究的影像，国内外有大量利用 MODIS 数据进行 *LAI* 研究的案例。自 2000 年以来，NASA 提供全球的基于 MODIS 的 *LAI* 数据产品，产品生成真实叶面积指数，同时提供产品质量信息和不确定性的数据集，描述每个像元是否有云覆盖以及采用的算法等信息。AVHRR 和 SPOT/VEGETATION 也是进行 *LAI* 数据估算的重要数据源；加拿大遥感中心采用光谱植被指数建立 *LAI* 的计算模型，利用 AVHRR 生成了自 1993 年以来每旬的 *LAI* 分布图，分辨率为 1km；SPOT/VEGETATION 数据生成的全球 1999 年以来的 *LAI* 产品，采用冠层辐射传输模型，利用模拟数据训练神经网络，输入经过大气校正、BRDF 校正的 VEGETATION 红外、近红外和短波红外波段反射率以及角度信息，反演获得全球叶面积指数。中低分辨率遥感数据反演 *LAI* 的研究中，反演精度一直是研究的重点问题。国外应用高光谱遥感数据提取森林的 *LAI* 也已经有很多年的发展历史，这些研究大多采用成像光谱数据，如 CASI、Hyperion、ALI、AVIRIS、HyMap 等，而国内利用高光谱进行 *LAI* 的估测则起步较晚且集中于农业方面，林业方面较少。

## 6.5.3　生物量

森林生物量是指单位面积内森林植物所累积的干物质的重量，是森林生态系统生产者长期生长代谢的结果，是研究森林生态系统结构和功能的基础，森林生物量不仅反映了森林与其他环节之间的物质循环、能量流动的复杂关系，更是进行碳汇研究的基础。传统的森林生物量研究方法主要有收获法、标准木法、生物量模型法和生物量转换因子连续函数法等。随着遥感技术的发展，对生物量的研究范围从小尺度逐渐推演为大范围、多时空的遥感模型估测反演。

植被遥感图像信息的反射光谱特征反映了植物的叶绿素含量和生长状况，叶绿素含量与植被叶的生物量息息相关，叶生物量又与群落生物量相关。因此，基于遥感的生物量反演一般根据光合作用，即森林植被生产力形成的生理生态过程，以及森林植被对太阳辐射的吸收、反射、透射及其辐射，在植被冠层内及大气中的传输，结合植被生产力的生态影像因子，在卫星接受到的信息与实测生物量间建立完整的数学模型及其解析式，进而利用这些解析式估算森林生物量。

遥感技术的发展，为人们提供了多尺度、高分辨率的数据，它们可以分别从不同尺度获取光谱影像，从而提供生物量信息。光学遥感影像提供了二维的森林或其他地物的影像，由于数据易获取，许多光学影像及其增强数据被用来估测森林生物量，如 TM、AVHRR、MODIS 等，此外还有雷达遥感数据（激光、干涉雷达和极化干涉雷达等）、红外遥感。但是，各种遥感数据在生物量研究中各有优劣，光学遥感数据比较直观，但是穿透能力不强，只能提供二维信息，不能反映森林垂直结构；微波遥感全天时、全天候提供数据，具有一定的穿透能力，不受气候等因素影响，但是在地形复杂的区域易受地形影响；激光雷达作为主动遥感数据，在研究森林结构方面具有优势，但是其覆盖范围小，成本高且数据量大。因此，根据不同的传感器特性以及影像特征间的关系，选择合适的数据源，对于生物量估测是十分重要的。

目前的森林生物量遥感反演研究中，基于单一遥感数据源的估算方法大多是通过建立多元回归模型进行的，光学遥感（NOAA/NVHRR、MODIS、Landsat TM/ETM +、SPOT 等）中，大多是基于遥感信息参数，如植被指数、叶面积指数、单波段反射率信息、图像变换后的分量以及纹理信息等，与材积方程或生物量建立多元回归模型，进而预测没有实测数据地区的生物量。对于雷达遥感数据，利用 SAR 后向散射系数、AIRSAR 的 $P$、$L$、$C$ 波段信息以及 InSRA、PollnSAR 和激光雷达等与植被特征有关的信息，建立模型进行估算。此外，由于多元回归模型有时不能表达生物量与遥感数据间复杂的非线性关系，许多学者将数据挖掘和机器学习等方面的的算法（又称非参数方法）应用到了生物量估算中，如决策树、K—最邻近、神经网络和支持向量机等。基于回归的算法没有从机理方面解释遥感林学参数的形成，而遥感机理模型借助二向性反射与生物量间的关系，建立模型进行估测，模型具有明确的物理意义，主要包括辐射传输模型、几何光学模型等。此外，随着研究的进一步深入，研究者还发展了综合模型，即将具有生态意义的机理模型与遥感数据结合进行生物量估算。

### 6.5.4　净初级生产力

在初级生产过程中，植物固定的能量有一部分被植物自身的呼吸消耗掉，剩下的用于植物生长和生殖代谢，这部分生产量称为净初级生产量（net primary production，NPP）。净初级生产量是可提供生态系统中其他生物（主要是各种动物和人）利用的能量。森林生态系统的净初级生产力是指森林在单位面积、单位时间内所累积的净有机物数量，它不仅反应森林生态系统在自然环境条件下的生产能力及质量，还是生态系统碳循环的原始动力，在全球变化和碳循环中发挥着重要的功能。在过去的 50 年间，对于森林植被 NPP 的研究一直是林学、生态、遥感等领域的研究重点，而随着全球变化与碳循环研究的升温，考虑到 NPP 在全球碳循环、碳截获、碳储存和全球变化中的重要作用，NPP 研究不断引起人们的关注。

早期对于 NPP 的研究都是较为传统的站点实测方法，如直接收割法、光合作用测定法、$CO_2$ 测定法、pH 测定法、放射性标记测定法、叶绿素测定法等，这些方法较为耗时费力，在小区域 NPP 研究中较为常见，但是无法推广到大区域或全球尺度的研究中。对于大区域和全球尺度的 NPP 研究模型，根据模型对各种调控因子的侧重点以及对 NPP 调控机制的解释，可以概括为气候相关统计模型、生态系统过程模型和光能利用率模型，全球尺度的 NPP 模型以后两者为主。气候相关统计模型也称为气候生产潜力模型,以 Miami 模型、Thornthwaite Memorial 模型和 Chikugo 模型为代表,这类模型主要利用气候因子与 NPP 之间的相关原理,利用大量的实测数据建立简单的统计回归模型,通过此模型获得的结果为潜在的植被生产力。生态系统过程模型,又称机理模型或生物地球化学模型,是通过对植物的光合作用、有机物分解及营养元素的循环等生理过程的模拟得到的,可以与大气环流模式耦合,因此该类模型可以用作 NPP 与全球变化之间的响应和反馈的研究,模型主要有 BEPS、TEM、Forest – BGC、BIOME – BGC 等。光能利用率模型又称为生产效率模型,是以植物光合作用过程和 Monteith 提出的光能利用率为基础建立的,主要模型有 GLO – PEM、CASA 和 C – FIX 等。对于具体的遥感影像,AVHRR 数据的时间序列长达 20 多年,在 NPP 模型研究中应用最广;MODIS 数据由于其高时间分辨率和高光谱分辨率,因而在陆地生态系统 NPP 和碳循环研究中具有重要的应用价值。

## 6.6　生物多样性保护功能区划与生境预测

### 6.6.1　生物多样性保护的意义

　　生物多样性是指生物类群层次结构和功能的多样性,包括遗传多样性、物种多样性、生态系统多样性和景观多样性。生物多样性对维持地球生物圈的稳定具有关键、不可替代的重要意义,是人类生存与发展的重要物质基础与必要条件之一,也是人类可持续发展的保障,生物多样性保护是人类面临的重要任务。空间科学与软件工程等学科的发展拓宽了生物多样性保护的理论基础,为提高保护、规划、监测方法的准确性与有效性提供了技术支撑,尤其是地理信息系统技术将空间科学与软件工程等科学技术进行了有机融合,结合数据源的空间与非空间信息,通过空间分析、模型分析等方法为生物多样性的规划、管理、监测和决策等提供了准确、及时的科学依据与方法,从而有效地促进了生物多样性保护量化规划方法的发展。

### 6.6.2　功能区划

　　对生物多样性进行合理功能区划是有效保护生物多样性的关键环节之一。功能区划确定了未来的发展方向和管理架构,对生物多样性的有效保护与管理具有重要意义。建立自然保护区是对野生动植物及其生境等进行就地保护的有效途径,对自然保护区进行合理功能区划是使其实现可持续发展的重要环节。目前,我国已建立了数量较多的自然保护区,为我国的生物多样性保护做出重要贡献。保护区内珍稀濒危物种及生态系统的分布情况是分区的重要依据,但一些自然保护区在建立之初本底资料欠缺,物种空间分布等基础数据精度不足,难以充分满足科学区划的要求。同时,受区划方法与技术条件所限,往往根据经验在图纸上进行勾绘,致使自然保护区功能区划分的主观性较强,科学性、合理性、有效性等方面有所欠缺,影响了保护区功能的充分发挥。随着自然保护区、周边社区以及当地社会的发展,部分功能区划有待于进一步调整与优化以提升保护成效。随着地理信息系统、遥感、全球定位系统的发展,基于计算机辅助决策的功能区划分展现出较强的客观性与科学性，促进了自然保护区功能区划水平的提升。

我国在"人与生物圈计划（MAB）"的生物圈保护区区划模式指导下，采用三区划分模式（核心区、缓冲区与实验区），必要时可划建季节性核心区、生物廊道和外围保护地带，保护区功能区划的依据是生物多样性保护价值的空间分异规律。目前，自然保护区功能区划方法主要有空间叠加分析、基于功能区区划指标体系的空间叠加分析方法、最小费用距离计算法、生态敏感性评价法、不可替代性计算法、聚类分析法、物种分布模型法等。

**（1）基于空间叠加分析的功能区划**

该方法根据区划对象，明确相关区划原则与依据，收集相关资料与数据，进行图层叠加与分析，从而拟定区划范围，然后进行实地勘查定界，并对区划结果进行说明与标识。在《自然保护区功能区划技术规程》（GB/T 35822—2018）、《自然保护区功能区划技术规程》（LY/T 1764—2008）中，首先以针对性、完整性、协调性、稳定性作为区划原则，确定了核心区、缓冲区、实验区、季节性核心区、生物廊道、外围保护地带的分区依据。然后收集自然保护区的主要保护对象、自然环境与自然资源、社会经济、土地与水域利用等方面的最新资料，必要时应在野外科学考察等基础上开展补充调查。根据主要保护对象的类型和区划要求，结合当地社会经济情况，收集或绘制自然保护区的遥感影像图、地形图、水文图、植被图、国家重点保护野生动植物分布示意图、土地和海域利用现状图、自然遗迹分布图、行政区划图和干扰因素分布图等基础图件。在 GIS 中将上述各图件制作成相应图层，统一不同图层的投影与坐标系后进行图层叠加，标示主要保护对象及其适宜生境的分布区域、干扰因素的时空格局，确定不同区域的优先保护等级，据此拟定各功能区范围。此后结合实地勘查，确定各功能区界线，尽量利用河流、沟谷、山脊和海岸线等自然界线或道路、居民区等永久性人工构筑物（道路，居民区等）作为各功能区界线。然后对各功能区的地理位置、面积大小、四至边界、主要拐点坐标以及明显地标物等作出说明，并绘制功能区划图，在图面上标明各功能区范围。

**（2）基于功能区区划指标体系的空间叠加分析的功能区划**

该方法首先建立自然保护区功能区区划指标体系。梁尚游（2007）根据目前国内外有关自然保护区功能区划原则要求，结合保护区类型、保护对象等，选取多样性、代表性、稀有性、自然性、人类威胁等 5 项指标，对其进行等级划分，按等级赋值，根据保护区及其所在区域的生态特点，将每一项指标都划分为 4 个等级，各等级分别赋予 4、3、2、1 的分值。确定功能区区划指标因素后，分别形成反映其空间属性的图层，将这些图层输入计算机，用 GIS 进行数据空间分析，确定功能区的位置及面积，主要包括以下方法：通过空间数据的联合检索与查询提取所需的复合信息；通过拓扑分析来确定要素之间是否存在空间位置联系，分析不同的 GIS 图层间地物的空间关系；通过缓冲区分析实现数据在二维空间的扩展；通过叠置分析，叠置后产生具有新边界与多重属性的新图层，据此寻找、确定同时具有几种地理属性的分布区域，或根据确定的地理指标，对叠置后产生的具有不同属性的多边形进行重新分类。生成的新图层含有较原来每幅图更多的信息，据此分析判断适宜的功能区。以指标体系得分高低来区划保护区不同功能区，并可根据具体情况进行适当调整。充分运用 GIS 的数据采集优势及多图层叠加功能，以作为主导因素的单要素区划界线为基础，叠置其他非主导因素的单要素区划界线，进行多要素图层叠加，再依据区划原则进行修正，从而有效实现传统区划的"主导因素法"和"叠置法"的技术路线，提高工作效率，有效节约成本。

**(3) 基于生态敏感性评价法的功能区划**

生态敏感性是指在不损失或不降低环境质量的情况下，生态因子对外界压力或外界干扰适应的能力。生态敏感性评价通过分析、评价区域内的生态敏感性，了解其空间分布状况，确定区域内出现生态环境问题的概率和空间分布规律。在此基础上进行生态功能区划，可为合理预防与治理生态环境问题、制定相关政策提供科学依据。该方法主要过程如下：首先根据研究区与研究对象的特点及其影响因素，以及评价因子的代表性与可计量性，选取生态敏感性评价因子，构建评价指标体系；通过资料与数据收集或实地测量等方法完成指标因子的原始数据采集；然后，根据每个生态因子在生态敏感性上的作用方式及程度，确定每个指标因子的分级标准、对应的敏感性级别及数值，并根据各评价因子的重要程度，确定各因子的权重与生态敏感性综合指数计算式；此后在 ArcGIS 中建立各项评价因子图层，利用空间分析中的重分类工具，根据各指标因子的分级标准进行分级，进行单因子的生态敏感性评价；最后，利用 ArcGIS 空间叠加分析功能，结合各评价因子的权重，计算生态敏感性综合指数图层，根据数值大小与分级标准，再利用重分类功能对生态敏感性综合指数图层进行分级，划分出不同敏感级别的分区，如极度敏感区、高度敏感区、中度敏感区、低度敏感区和非敏感区等，在此基础上，提出针对不同分区的保护与管理措施。

在使用此方法的过程中有些环节可以选择不同方法，主要在以下 3 方面：一是权重的确定方面，主要有数学方法（如主成分分析法、逐步回归法、层次分析法等）、经验判定（如专家咨询法、经验权数法等）和主观判断法，一般常用的是层次分析法与专家咨询法；二是评价因子的分级方法方面，主要包括 GIS 重分类功能中的分级法、聚类分析、专家咨询法等；三是评价方法方面，主要存在两种评价方法，即模糊综合评价方法与加权求和模型方法。在实际应用时需根据具体情况选择合适的方法。

**(4) 其他方法**

有研究将 GIS 与其他软件结合用于生物多样性保护区划，如李行等(2009)利用遥感和 GIS 技术，通过集成多年的遥感、海图以及野外调查数据，构建生境地理空间数据库，利用面向对象的影像分析软件 eCognition 划分区划单元，采用空间模糊评价理论建立生境适宜性空间评价模型，对 4 种优势水鸟的生境适宜性分布进行评价，然后利用 GIS 空间分析方法进行保护区的功能区划；曲艺(2011)利用地理信息系统技术 GIS 与保护规划软件 C - Plan，通过不可替代性分析进行了青海省三江源地区生物多样性保护规划研究；唐博雅(2012)通过保护行动计划软件 CAP 评估保护对象的保护价值，结合 GIS 和景观分析软件 Fragstats，研究了辽宁双台河口自然保护区功能区划分。另外，有研究者探索了基于最小费用距离计算法的功能区划，如曲艺与栾晓峰(2010)运用最小费用距离模型作为系统框架，结合植被类型、地形、人类影响等因素，确定了黑龙江东部山区的东北虎核心栖息地分布，并通过与现有保护区分布进行比较，提出东北虎的保护空缺；李纪宏与刘雪华(2006)则通过对最小费用距离进行标准方差分类，从而确定自然保护区功能分区的核心区、缓冲区和实验区边界阈值。对新方法的探索进一步促进了 GIS 在生物多样性保护功能区划中的应用以及区划方法的发展。

### 6.6.3 生境预测

生境是生物个体、种群或群落生活地域的环境，包括生物进行生存与繁殖等活动必需的生物与非生物因子。适宜的生境是生物生存的必要条件。明确影响生境的主要因子及其分布、对潜在的生境分布进行预测，是制订合理保护措施、提升保护成效的重要依据。生境预测在物种保护、引种、预防外来种入侵等方面具有重要作用。

随着"3S"技术的发展，应用遥感影像进行相关信息提取，结合 GIS 空间分析，可以快捷、方便、有效地实现大尺度的生境分析。将模型预测与"3S"技术相结合，有助于提高生境预测的精度与效率，促进了生境预测方法的发展。"3S"技术在生境预测与评价中的主要应用如下：利用 GPS 精确定位物种分布点、动物活动领域范围、调查样方等信息，将地面调查信息定位到遥感图像或电子地图上；利用遥感技术可以获得与物种分布相关的生境因子的空间信息，其具有探测范围广、包含信息丰富、获取信息速度较快、受地面物体限制较少等特点，根据需要，对包含原始空间数据的遥感影像进行配准、校正、增强、分类判读解译等处理后，导入到 GIS 中，实现对输入数据的存储、检索、编辑处理和分析等功能，根据需要完成数据的矢量化和栅格化，通过空间分析，借助统计方法以及相关模型对目标物种的生境进行预测和评价，揭示目标物种与其生境之间的关系。

目前，生境预测多采用物种分布模型方法进行预测。常用的物种预测模型有生物气候分析系统（Bioclimate Analysis and Prediction System，BIOCLIM）、CLIMEX 生态气候模型、栖息地适宜性指数（Habitat Suitability Index，HSI）、逻辑斯蒂回归模型（Logistic Regression，LR）、最大熵（Maximum Entropy，MaxEnt）模型、基于规则集的遗传算法模型（Genetic Algorithm for Rule-set Production，GARP）、生态位因子分析模型（Ecological Niche Factor Analysis，ENFA）、分类与回归树模型（Classification and Regression Tree，CART）等。目前以最大熵（MaxEnt）模型较为常用，且通常效果相对较好。本节以最大熵（MaxEnt）模型为例介绍其在物种生境预测中的应用。

**（1）最大熵（Maximum Entropy，MaxEnt）模型简介**

1957 年 Jaynes 提出最大熵（MaxEnt）理论可应用于概率密度的评估。MaxEnt 模型是以最大熵理论为基础的密度估计和物种分布预测模型，该理论认为在已知条件下，事物的熵越大越接近它最真实的状态，模型中得出的限定条件是由物种实际出现点的环境变量数据而来的，然后根据此限定条件找出最大熵的分布，从而对物种在目标地区的潜在生境分布进行进一步估计。2004 年，Phillips 团队基于上述原理，利用 Java 语言编写了 MaxEnt 软件，用于预测物种的潜在地理分布，此软件运行需要两组数据，一是以经纬度的形式表示的目标物种的现实地理分布点；二是物种现实分布地区和目标地区的环境因子，主要是气候数据、植被覆盖和地形地貌等。该模型根据物种现实分布点和现实分布地区的环境因子，运算得出预测模型，再利用此模型模拟目标物种在目标地区的可能分布情况。MaxEnt 模型采用刀切法（jackknife）对环境因子进行权重分析，以明确各生境因子对物种分布影响的重要程度，利用 ROC 曲线（receive operating characteristic curve）与横坐标轴围成的面积即 AUC（area under roc curve）值来评价模型预测的准确度。其中，环境因子的选择将会直接影响模型最终预测结果，所以选择适宜的环境因子作为影响因子是建模关键。

**（2）MaxEnt 建模因子收集与提取**

该模型建模因子提取方法如下：首先，通过实地调查、查阅文献或标本馆中的标本记录、查询相关数据库等方法获取目标物种分布点的地理坐标信息，根据 MaxEnt 软件要求，按物种名、分布点经度、分布点纬度的顺序存储为后缀名为 .csv 格式的文件。其次，收集、整理环境变量数据。一般常用的主要环境变量包括地形、植被、气候、水系、干扰等因子，通过实地调查或收集相关资料、遥感影像、数字高程模型（DEM）、地图、统计数据等方式获得。根据 DEM 数据，通过 ArcGIS 空间分析功能提取坡度、坡向及海拔；通过 ENVI 等遥感图像处理软件对遥感影像进行校正、增强、分类等处理后获得植被信息；气候因子可通过相关数据平台网站下载栅格数据，或是将收集的气象站点数据在 ArcGIS 中通过插值转化为栅格数据；水系因子可通过在 ArcGIS 中利用 DEM 提取水系，与物种出现点进行空间几何计算，算出每个物种出现点到离该点最近水源之间的最短距离，或是根据土地利用数据，通过 ArcGIS 属性提取与密度制图功能得到河流密度与湖泊密度等；居民点、道路、耕地等人为干扰因子与河流因子可通过研究区行政区划图及相关地图提取，利用 ArcGIS 中的距离分析功能得到栅格文件，或是根据土地利用数据，通过 ArcGIS 的属性提取与密度制图功能获得居民地、道路、耕地密度图等。实际应用时需要根据目标物种的生物学与生态学特征等酌情选择环境因子。

**（3）MaxEnt 模型构建与检验**

在 ArcGIS 中，将所有环境变量图层统一边界、坐标、像元大小，并转化为 MaxEnt 软件可识别的 ASCII 文件格式。然后，将分布数据和环境数据导入 MaxEnt。导入环境因子后，将连续型的环境因子标定为 Continuous，离散型环境因子标定为 Categorical。根据实际分布点数量情况进行调试，一般随机选取 75% ~ 85% 的分布数据作为训练集，用于建立预测模型，剩余 25% ~ 15% 的分布点作为测试集，用于验证模型。选择刀切法检测各环境变量的重要性，其原理是在只包含和不包含某一环境变量两种情况下，分别进行模型训练，计算 AUC 值，其他运行参数一般设置为软件默认，或根据具体情况进行调试，对各生境因子进行敏感性分析，剔除影响较小的环境因子，确定影响物种分布的主要环境变量，作为最终环境因子再次代入到软件中模拟运算。

通过设定模型重复运算次数，确保模型预测结果的稳定性，例如，设置 10 次重复，产生 10 个预测随机模型，采取常用的 ROC 曲线分析法预测精度，以 AUC 值作为模型预测准确性的衡量指标，选择具有最高 AUC 值的结果进行分布区预测分析。AUC 值的范围是 0 ~ 1，值越大，模型预测能力越好，常用标准为：AUC < 0.5，模型的预测能力低于随机模型；AUC 值在 0.5 ~ 0.6 表示该模型预测结果为失败；0.6 ~ 0.7 为较差；0.7 ~ 0.8 为一般；0.8 ~ 0.9 为良好；0.9 ~ 1.0 为优秀。

**（4）基于 MaxEnt 模型进行物种生境适宜性分析与预测**

将模拟结果输出，选择适宜的输出格式，在 ArcGIS 软件中加载 Maxent 运行结果，将结果转换成栅格格式，MaxEnt 模型运行结果计算出每个栅格单元中物种可能分布的概率 $P$ （$0 \leqslant P \leqslant 1$），根据相应的划分标准，利用重分类功能将生境适应性分成不同等级，通常分为以下 4 个等级：$0 \leqslant P \leqslant 0.05$ 为非适宜区，$0.05 < P \leqslant 0.2$ 为低适宜区，$0.2 < P \leqslant 0.5$ 为中适宜区，$0.5 < P \leqslant 1$ 为高适宜区。对各等级进行统计分析，得出研究地区在各等级下的面积。此外，根据模拟结果中各环境因子的相对贡献率，可筛选出影响目标物种地理分布的主要环境因子。

## 本章小结

　　森林资源与生态环境监测是一个长期而艰巨的任务，传统的调查监测方法已经不能满足其应用，以 GIS 为主体的森林资源与生态环境监测技术优势巨大，业已成为森林资源与环境监测的主体技术。本章总结了 GIS 在森林资源调查、林地变更调查、水土流失预测、生物多样性功能区划与生境预测中的应用。其中，水土流失预测部分主要介绍了利用 ArcGIS 对模型中各因子的提取与计算方法；功能区划部分分别介绍了基于空间叠加分析、区划指标体系、最小费用距离计算法、生态敏感性评价法等的区划方法；生境预测部分主要介绍了基于 GIS 的最大熵模型方法在野生动植物生境预测方面的应用步骤。

## 思考题

1. 简述 GIS 在水土流失预测中的作用与主要步骤。
2. 简述 GIS 在荒漠化监测中的作用与主要步骤。
3. 简述 GIS 在生物多样性保护功能区划与生境预测中的应用与主要方法。
4. 简述定量遥感在森林参数反演中的应用。

## 参考文献

毕华兴．2008．"3S"技术在水土保持中的应用[M]．北京：中国林业出版社．

冯险峰，刘高焕，陈述彭，等．2004．陆地生态系统净第一性生产力过程模型研究综述[J]．自然资源学报，19(3)：369-378．

高惠．2013．贺兰山岩羊生境适宜性评价研究[D]．哈尔滨：东北林业大学．

孔冬艳，李富海，李志刚，等．2008．GIS 技术在河南省沙化和荒漠化监测工作中的应用[J]．河南林业科技，28(3)：14-15．

李果，李俊生，关潇，等．2014．生物多样性监测技术手册[M]．北京：中国环境出版社．

刘良云．2014．植被定量遥感原理与应用[M]．北京：科学出版社．

刘茜，杨乐，柳钦火，等．2015．森林地上生物量遥感反演方法综述[J]．遥感学报，19(1)：62-74．

吕喜玺，沈荣明．1992．土壤可蚀性因子 K 值的初步研究[J]．水土保持学报，6(1)：63-70．

汪国斌．2012．鄱阳湖区水土流失风险研究[D]．南昌：南昌大学硕士学位论文．

王礼先．2005．水土保持学[M]．北京：中国林业出版社．

游先祥．2003．遥感原理及在资源环境中的应用[M]．北京：中国林业出版社．

张志，田昕，陈尔学，等．2011．森林地上生物量估测方法研究综述[J]．北京林业大学学报，33(5)：144-150．

周斌．2000．浅谈水土流失遥感定量模型及其因子算法[J]．地球与环境，28(1)：72-77．

周定辉．2016．"3S"技术在辽宁省荒漠化和沙化监测中的应用[J]．吉林林业科技，45(5)：96-97．

## 本章推荐阅读书目

荒漠化监测．高永．气象出版社, 2013.

遥感技术在森林资源清查中的应用研究．张煜星, 王祝雄．中国林业出版社, 2007.

水土保持学前沿．余新晓, 等．科学出版社, 2007.

# 第**7**章

# GIS 在森林资源数据
# 时空分析中的应用

在森林资源调查的基础上，对调查成果进行时空分析、数据挖掘，从中揭示出森林资源调查数据库中隐含的森林生态系统时空分布规律，可以为各种森林规划提供科学依据。因此，森林资源调查是森林资源数据分析的基础，而森林资源数据分析则是森林资源调查的深化和继续。本章从不同的角度分析了空间分析和时间序列分析的方法，在介绍时空分析的常用软件基础上，以河南省重点林业县——西峡县作为研究范例，介绍了趋势面分析、冷热点监测、地理加权回归、C 5.0 决策树分析在森林资源数据时空分析中的应用。

## 7.1 森林资源数据空间分析

在信息科技中，数据是用来记录客观事物数量、性质、特征的抽象符号。数据的形式可以是文字、图像、数字等，但数据往往不能给出具体定义。信息是对客观事物属性的具体反映。从经营管理的角度来说，信息是指经过加工处理或解释的、对经营管理活动有影响的数据。森林资源作为一种可再生的自然资源，是林业生产部门的劳动对象。从地理信息理论的角度来看，森林资源数据属于空间和时间数据，森林资源数据具有明显的地理信息特征。

### 7.1.1 空间数据的概念和特点

空间数据是指用来表示空间实体的位置、形状、大小及其分布特征诸多方面信息的数据，它可以用来描述现实世界的目标，它具有定位、定性、时间和空间关系等特性。空间数据大体上可分为空间离散或连续型数据（可互相转化），以及多边形数据两大类。自然科学多涉及前者，而社会经济科学多涉及后者。随着天地一体化研究趋势的发展，对两类数据进行综合分析的趋势日益显现。空间数据的特点如下：

**（1）数据量巨大**

随着获取数据的方式与工具的迅速发展，人们在调查中获得了大量的实验数据，这些海量数据使得一些算法因难度或计算量过大而无法实施，因而空间数据分析的任务之一就是要创建新的计算策略并发展新的高效算法,克服海量数据造成的技术困难。

**(2)具有尺度特征**

尺度特征是空间数据复杂性的又一表现形式,空间数据在不同观察层次遵循的规律以及体现出的特征不尽相同。利用空间数据的尺度特征可以探究空间信息在泛化和细化过程中所反映出的特征渐变规律。

**(3)属性间的非线性关系**

空间数据库具有丰富的数据类型,空间数据可以表示事物属性间的线性关系,同时也可以表示事物属性间的非线性关系(如带有拓扑和距离信息),此外,空间数据还有很强的局部相关性。空间属性间的非线性关系是空间系统复杂性的重要标志,反映了系统内部作用的复杂机制,它也是空间数据挖掘的主要任务之一。

**(4)空间维数高**

随着社会经济水平的提高,空间数据的属性增加极为迅速,如何从几十甚至几百维空间中挖掘数据、发现知识已成为空间分析研究中的又一热点。

**(5)空间信息具有模糊性特征**

模糊性几乎存在于各种类型的空间数据中,如空间位置的模糊性、空间相关性的模糊性以及模糊的属性值等。

**(6)空间数据的缺失**

由于某种不可抗拒外力的存在,使空间数据无法获取或发生丢失,产生空间数据缺失,而如何对丢失数据进行恢复并估计数据的固有分布参数,成为解决数据复杂性的难点之一。

## 7.1.2　空间数据分析的方法

空间数据分析是为了解决地理空间问题而进行的数据分析与数据挖掘,是从 GIS 目标之间的空间关系中获取派生的信息和新的知识,是从一个或多个空间数据图层中获取信息的过程。空间数据分析通过地理计算和空间表达挖掘潜在的森林空间信息,其本质包括探测空间数据中的模式;研究空间数据间的关系并建立空间数据模型,使得空间数据更为直观地表达出其潜在含义;改进森林地理空间事件的预测和控制能力。

空间数据分析主要通过空间数据和空间模型的联合分析来挖掘空间目标的潜在信息,而这些空间目标信息,无非是空间位置、分布、形态、距离、方位、拓扑关系等,其中距离、方位、拓扑关系组成了空间目标的空间关系,它是地理实体之间的空间特征,可以作为数据组织、查询、分析和推理的基础。通过将地理空间目标划分为点、线、面不同的类型,可以获得这些不同类型目标的形态结构。将空间目标的空间数据和属性数据结合起来,可以进行许多特定任务的空间计算与分析。

**(1)基于空间关系的查询**

空间实体间存在着多种空间关系,包括拓扑、顺序、距离、方位等关系。通过空间查询和定位空间实体是地理信息系统不同于一般数据库系统的功能之一。空间关系查询中最常见的是空间数据查询检索,即按一定的要求对 GIS 所描述的空间实体及其空间信息进行访问，检索出满足用户要求的空间实体及其相应的属性，并形成新的数据子集。空间的查询检索是 GIS 的最基本功能。用户通过空间数据查询，不仅能提取数据库中的既有信息，还能进一步获取很多派生的空间信息。

**（2）空间量算**

空间量算的主要类型包括对于线状地物求长度、曲率、方向；对于面状地物求面积、周长、形状、曲率等；求几何体的质心、空间实体间的距离等。

**（3）邻域（近）分析**

邻近度描述了地理空间中两个地物距离相近的程度，其确定是空间分析的重要手段。邻域分析包括缓冲区、泰森多边形、等值线、扩散等。林区交通沿线或河流沿线的地物有其独特的重要性，林区公共设施的服务半径，山区大型水库建设引起的搬迁，林区铁路、公路以及航运河道对其所穿过区域经济发展的重要性等，均是一个邻近度问题。缓冲区分析是解决邻近度问题的空间分析工具之一。所谓缓冲区就是地理空间目标的一种影响范围或服务范围。在建立缓冲区时，缓冲区的宽度并不一定是相同的，可以根据要素的不同属性特征，规定不同的缓冲区宽度以形成可变宽度的缓冲区。例如，沿山区河流绘出的环境敏感区的宽度应根据河流的类型而定。这样就可根据河流属性表，确定不同类型的河流所对应的缓冲区宽度，以产生所需的缓冲区。

**（4）叠加分析**

大部分 GIS 软件是以分层的方式组织地理景观，将地理景观按主题分层提取，同一地区的整个数据层集表达了该地区地理景观的内容。空间数据叠加分析是将有关主题层组成的数据层面，进行叠加产生新数据层面的操作，其结果综合了原来两层或多层要素所具有的属性。空间数据叠加分析包括视觉信息复合（只是显示，不生成新数据层，较简单）和属性数据层叠合（生成新的数据层，复杂）。

**（5）网络分析**

对地理网络（如交通网络）、城市基础设施网络（如各种网线、电力线、电话线、供排水管线等）进行地理分析和模型化，是地理信息系统中网络分析功能的主要目的。空间数据网络分析包括林区路径分析、地址匹配、资源分配、空间规划等。林区路径分析，如找出两地通达的最佳路径，这里的最短路径不仅仅指一般地理意义上的距离最短，还可以引申到其他指标的度量，如时间、费用、线路容量等。林区资源分配，如确定最近的公共医疗设施，引导最近的救护车到事故地点等。林区空间规划，如通过确定某零售店的服务区域，从而查明区域内的顾客数量等。空间数据网络分析的核心是定位与分配模型，即根据需求点的空间分布，在一些候选点中选择给定数量的供应点，以使预定的目标方程达到最佳结果。不同的目标方程可以求得不同的结果。在运筹学的理论中，定位与分配模型常可用线性规划求得全局性的最佳结果。由于其计算量以及内存需求巨大，所以在实际应用中常用一些启发式算法来逼近或求得最佳结果。

**（6）空间统计分类分析**

空间数据分类和统计分析的目的是简化复杂的事物，突出主要因素。空间数据分类包括单因素分类（即按属性变量区间、组合分类）、间接因素分类、地理区域分类、多因素分类(即主成分分析)、聚类分析。多变量统计分析主要用于数据分类和综合评价。空间数据常用的统计分类方法包括常规统计分析、空间自相关分析、回归分析、趋势分析、主成分分析、层次分析、聚类分析、判别分析。

**(7)空间插值分析**

空间插值分析是 GIS 空间分析的重要组成部分，它是将离散点的测量数据转换为连续的数据曲面，以便与其他空间现象的分布模式进行比较。其理论假设是空间位置上越靠近的点，越可能具有相似的特征值；而距离越远的点，其特征值相似的可能性越小。

空间插值方法可以分为整体插值方法和局部插值方法两类。整体插值方法用研究区所有采样点的数据进行全区特征拟合；局部插值方法是仅仅用邻近的数据点来估计未知点的值。整体插值方法主要有趋势面分析、变换函数插值；局部插值方法主要有样条函数插值方法、克里金(Kriging)插值。

## 7.1.3  空间数据分析技术

**(1)空间数据获取和预处理**

空间数据的采集与完备化是所有工作的第一步，采用的方法主要是空间抽样、空间插值和空间缺值法。

空间抽样针对地学对象普遍存在的空间关联性和先验信息，从样本选取方式、空间关联性及精度衡量三方面对空间信息获取提供符合统计假设的解决新思路。

根据已知空间样本点(如野外调查)数据进行插值或推理来生成面状数据或估计未测点数值，是生态环境调查与监测经常遇到的问题。理解初始假设和使用的方法是空间插值过程的关键，为不同空间过程选择不同插值方法与缺值问题类似，均以 Bayes 先验概率为其特征。插值有点、面之分，对于面插值，经过预处理(如去除趋势特征等)可以进行缺值分析；对于点插值，经过预处理(如构建泰森多边形再去除趋势特征等)也可以使用缺值分析方法。对于缺值的补整，如果具备某些时空特征，则完全可以使用插值方法补整。

**(2)属性数据空间化与空间转换**

空间数据自然要素信息可以通过遥感获取，而社会经济要素信息需要根据统计数据进行空间细化。地球生态环境以及社会经济数据通常是具有不同形状和尺度的地理空间单元，需要建立属性数据空间化及空间尺度转换技术，其核心是非空间信息或更大空间单元的属性数据在(较小)空间上表达的理论和方法，或称可变面元问题(MAUP)，主要包括GIS方法、尺度转化方法、小区域统计方法3种。

GIS方法可以实现地理空间单元间属性数据的转化，包括聚集、拆分和空间建模。聚集主要解决从小区域(点)向大区域(面)转化问题，拆分则考虑从大区域向小区域转化问题。前者可利用空间采样技术实现。不同的时间和空间尺度限制了空间信息被观测、描述、分析和表达的详细程度。空间数据尺度转化存在"自上而下(scaling down)"和"自下而上(scaling up)"两种基本方式。所谓空间数据"小区域"，本质上是指区域内样本点较少，因此在统计分析过程中，需要从相关区域"借力"来获得详细的信息，其核心是建立相关区域(数据)的联系模型，实现属性数据空间表达。

**（3）空间数据探索分析**

探索性数据分析（exploratory data analysis，EDA）的目标是通过对数据集及其隐含结构的分析洞察，揭示数据属性，用以引导选择合适的数据分析模型。空间数据探索分析（exploratory spatial data analysis，ESDA）是探索性数据分析（EDA）的扩展，用来对具有空间定位信息的属性进行分析，包括探索数据的空间模式，对假设数据模型、模型基础和数据的地理性质进行阐述，评价空间模型等。ESDA 技术强调把数字和图形技术与地图联系。空间数据探索分析对"某些资源在地图上的什么位置""森林专题图的属性值在概括统计中处于什么位置""森林规划图的哪些区域满足特定的属性要求"等问题的回答上可以发挥重要的作用。

**（4）地统计分析**

直接获得或通过空间插值或趋势面模拟获得的点状数据或空间连续分布数据，是空间数据的一种主要存在形式，如林区气象台站、连续清查固定样地数据、森林生态环境等数据。对空间数据的统计学分析主要包括变异函数分析、克里金（Kriging）插值、仿真分析。

**（5）格数据分析**

通过空间数据自相关和协相关分析，可以找出研究对象在空间布局上的联系与差异，以及空间多元解释变量。例如，林区土地利用变化的环境和人文经济驱动因子识别，森林碳密度的空间动态建模，从而为预报和调控提供科学依据。空间数据局域统计分析，则可找出空间热点（hot spots）问题区，可应用于森林病虫害、森林火灾等空间格局的热点诊断和预报。空间回归分析技术，可以用于探讨空间数据估计值的空间关系。数据的空间依赖性和空间异质性使一般回归方法不适应空间数据分析。数据空间回归分析有 3 种特殊形式：联立自回归模型（Simultaneous Autoregressive Model，SAR）、空间移动平均模型（Spatial Moving Average Model，SMA）、条件自回归模型（Conditional Autoregressive Model，CAR）。空间数据局域统计分析，可以对研究区域内距某一目标单元一定距离的空间范围内所有点的值进行分析，通过计算指定距离内的空间关联度，从而监测空间内的热点区域，并进行局部 $G_i$ 统计量检验。

**（6）多源复杂时空信息的分解、融合、预报模块**

环境、地学、社会、经济、交通、疾病、遥感监测等时空信息大多是多因素综合作用的结果。通过观察信息反演学过程机理是地球科学特别是地球空间信息科学的基本任务之一，目前可用的数学方法有统计、神经网络、小波分析、遗传算法、细胞自动机等，也是目前数据挖掘的基本手段。

# 7.2  森林资源数据时间序列分析

## 7.2.1  时间序列分析的概念及基本特征

时间序列分析法（auto regressive moving average）是对有序的一组数据进行处理分析和研究的一种简单有效的方法，对数据进行处理的前提条件就是需要默认这组数据是有序的、而且存在相关性，在此前提条件下再根据数据与数据之间存在的内部关系来确定其存在的特有规律。

时间序列分析法是根据过去的变化趋势预测未来的发展，它的前提是假定事物的过去延续到未来。时间序列分析，正是根据客观事物发展的连续规律性，运用过去的历史数据，通过统计分析，进一步推测未来的发展趋势。事物的过去会延续到未来，这个前提假设包含两层含义：一是不会发生突然的跳跃变化，是以相对小的步伐前进；二是过去和当前的现象可能表明现在和将来活动的发展变化趋向。这就决定了在一般情况下，时间序列分析法对于短、近期预测比较显著，但如延伸到更远的将来，就会出现很大的局限性，导致预测值偏离实际较多而使决策失误。

时间序列数据变动是否存在着规律性以及不规律性时间序列中每个观察值的大小，是影响变化的各种不同因素在同一时刻发生作用的综合结果。从这些影响因素发生作用的大小和方向变化的时间特性来看，这些因素造成的时间序列数据的变动分为以下 4 种类型：

①趋势性：某个变量随着时间进展或自变量变化，呈现一种比较缓慢而长期的持续上升、下降、停留的同性质变动趋向，但变动幅度可能不相等。

②周期性：某因素由于外部影响随着自然季节的交替出现高峰与低谷的规律。

③随机性：个别为随机变动，整体呈统计规律。

④综合性：实际变化情况是几种变动的叠加或组合。预测时设法过滤除去不规则变动，突出反映趋势性和周期性变动。

## 7.2.2　时间序列建模方法

建模方法是将数据系统的输出看作在白噪声输入下的响应，换句话说就是针对一组需要研究和分析的数据，通过一定的检验选择合适的参数建立适合这组数据的模型，进而对该组数据进行分析和研究。

时间序列建模的基本步骤是：

①用观测、调查、统计、抽样等方法取得被观测系统时间序列动态数据。

②根据动态数据作相关图，进行相关分析，求自相关函数。

③辨识合适的随机模型，进行曲线拟合，即用通用随机模型去拟合时间序列的观测数据。对于短的或简单的时间序列，可用趋势模型和季节模型加上误差来进行拟合。

## 7.2.3　常用时间系列模型

常用的时间序列模型有很多，如移动平均模型、条件异方差模型、非线性时间序列模型等。这些模型是从时域(time domain)角度对序列的将来值用过去值建模，要求相邻时间点序列的相关性能够被过去值很好地刻画。对于平稳时间序列，可用通用 ARMA 模型(自回归滑动平均模型)及其特殊情况的自回归模型、滑动平均模型或组合 ARMA 模型等来进行拟合。当观测值多于 50 个时，一般都采用 ARMA 模型。

常见的时间序列模型有：

**(1)自回归 AR($p$)模型**

仅通过时间序列变量的自身历史观测值来反映有关因素对预测目标的影响和作用，不受模型变量相互独立的假设条件约束，所构成的模型可以消除普通回归预测方法中由于自变量选择、多重共线性等造成的困难。

**（2）移动平均 MA($q$) 模型**

用过去各个时期的随机干扰或预测误差的线性组合来表达当前预测值。AR($p$) 的假设条件不满足时可以考虑用此形式。

**（3）自回归移动平均 ARMA($p$，$q$) 模型**

使用两个多项式的比率近似一个较长的 AR 多项式，即其中 $p+q$ 个数比 AR($p$) 模型中阶数 $p$ 小。前两种模型分别是该种模型的特例。一个 ARMA 过程可能是 AR 与 MA 过程、几个 AR 过程、AR 与 AR–MA 过程的叠加，也可能是测度误差较大的 AR 过程。

**（4）ARIMA 模型**

ARIMA 模型其实质是差分运算与 ARMA 模型的组合，它的完整形式为 ARIMA($p$，$d$，$q$)，其中 $p$ 为自回归阶次，$q$ 为移动平均阶次，$d$ 为差分阶次。ARIMA 模型的问题求解过程其实就是确定参数 $p$，$d$，$q$ 的过程。

ARIMA 模型结合自回归项 AR、单整项和移动平均项 MA 对扰动项进行建模分析，同时考虑了预测变量的过去值、当前值和误差值，有效地提高了对时间序列的预测精度。ARIMA 模型是针对 AR 模型、MA 模型、ARMA 模型无法处理非平稳时间序列的弱点提出来的，其用于时间序列预测主要分为以下几个步骤：

①数据预处理：包括对数据的规格化和差分平稳化处理，以使得数据更符合时间序列建模的要求，有利于精度的提高。

②确立模型结构：通过自相关分析和偏相关分析法从 AR 模型、MA 模型、ARMA 模型和 ARIMA 模型中选择一个合适的模型，并确定模型的阶次。

③确定模型参数：通过求解方程的方法确立模型中变量的系数。

④模型检验：通过对原始时间序列与所建模型之间的误差序列是否具有随机性来判别；若模型检验未通过，则返回步骤②。

⑤应用：利用所建立的模型导出预测模型并用于实际预测。

**（5）CAR 模型**

假设时间序列包含 $n$ 个自变量，构建 $m$ 阶的 CAR 模型，如式(7-1)所示：

$$y_u = a_1 y_{u-1} + a_2 y_{u-2} + \cdots + a_m y_{u-m} + b_{10} x_{1,u} + b_{11} x_{1,u-1} + b_{12} x_{1,u-2} + \cdots + b_{1m} x_{1,u-m} +$$
$$b_{20} x_{2,u} + b_{21} x_{2,u-1} + b_{22} x_{2,u-2} + \cdots + b_{2m} x_{2,u-m} + \cdots + b_{n_0} x_{n,u} + b_{n_1} x_{n,u-1} + \quad (7\text{-}1)$$
$$b_{n_2} x_{n,u-2} + \cdots + b_{nm} x_{n,u-m} + \varepsilon_u$$

式中　$u$——时间序列时序；

$y_u$——因变量；

$x_{n,u-m}$——自变量；

$m$，$n$——正整数；

$a_m$，$b_{nm}$——常量。

从式(7-1)可以看出，CAR 模型反映了时间序列本身的动态演变规律，同时也反映了环境因子对时间序列的影响。其定阶的基本原理是从低阶开始对时间序列进行建模拟合，然后逐渐增加模型阶数，并依次对相邻的两个 CAR 模型采用 F 检验的方法对这些模型进行自动筛选，判断模型阶次增加是否合适。采用带遗忘因子的最小二乘法可得到模型参数的一致估计，而且计算量小，操作简单。对于比较相邻的两个模型 CAR($i$) 和 CAR($i-1$) 而言，其 $F$ 统计量如式(7-2)所示：

$$F = \frac{S(i) - S(i-1)}{S(i-1)} \cdot \frac{I - ji - (j+1)}{j} \tag{7-2}$$

式中　$S(i-1)$——低阶模型的残差平方和；

　　　$S(i)$——高阶模型的残差平方和。

分析时取置信度为 0.05，大均方自由度为 $j$，小均方自由度为 $I - ji - (j+1)$，求出相应的临界值 $F_a$。若 $F < F_a$，则说明模型 CAR($i$) 是合适的，拓阶有效。通过反复的比较，直至找到合适的 CAR($i$) 模型为止。

**(6)BPNN 模型**

ANN 是一种用大量处理单元广泛连接组成的人工网络，用以抽象和模拟人脑神经系统的结构和功能。BPNN 是 ANN 的一种形式，它是由非线性变换单元组成的基于误差反向传播算法的多层前馈型网络，它一般分为输入层、隐含层(隐含层可以由一层或多层构成)和输出层，每层又包括若干个神经元，每层神经元的输出经特定的激励函数只影响下层神经元的输入，同层神经元之间互不影响(图 7-1)。

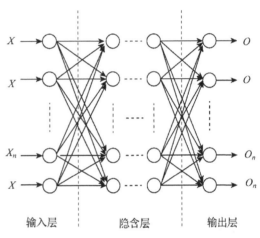

从图 7-1 不难看出，BPNN 就相当于一个

**图 7-1　BPNN 结构图**(谢元瑰，2013)

非线性函数，输入值相当于自变量，输出值相当于因变量。BPNN 学习过程分为信息的正向传播和反向传播。首先让输入信息在初始权值、阈值的作用下经输入层、隐含层的神经元传递到输出层，若输出结果和期望结果的误差大于给定精度时，则转入反向传播过程，并修正各层的权值和阈值，使误差减少，如此反复迭代，当输出结果和期望值的误差达到允许精度时，则停止训练，输出最终结果。其工作流程图如图 7-2 所示。

基于神经网络的时间序列预测是通过对陈旧样本的不断训练，记忆并学习时间序列的发展规律，从而运用这种规律预测将来的发展趋势。

**(7)SVR 模型**

SVR 是支持向量机(Support Vector Machine，SVM)的回归表现形式，它以统计学习理论(Statistics Learning Theory，SLT)为基础，引入凸二次规划、极大间隔超平面、稀疏解、Mercer 核函数、松弛变量等诸多技术，有效地克服了模式识别领域"局部极小""过拟合""维数灾"等困难，成为了时间序列分析领域最有效的机器学习方法之一。

SVM 的核心理论是寻找一个最优超平面 $w \cdot x + b = 0$，使得所有样本点到超平面的距离最大。但对于 SVM 线性回归问题而言[假设给定样本集($X_{i,j}$，$Y_i$)，其中 $i = 1, 2, \cdots, n; j = 1, 2, \cdots, m$]，问题则演变为寻求一个最优超平面，使得在给定精度 $\varepsilon(\varepsilon \geq 0)$ 条件下可以在允许误差范围内拟合 $y$，即所有样本点到最优超平面的距离都不大于 $\varepsilon$。对于非线性回归问题而言，可以通过核函数变换将样本映射到一个高维特征空间中用线性回归方案来解决。

SVR 性能的优劣主要取决于核函数类型及核函数参数的选择。SVR 有 4 类常用的核函数：

①线性核函数(linear kernel)：$K(x,y)=x\cdot y$，$(t=0)$。

②多项式核函数(polynomial kernel)：$K(x,y)=[g(x\cdot y)+c]d$，其中 $g$、$c$、$d$ 为参数 $(t=1)$。其实，线性核函数就是多项式核函数的一种特例。

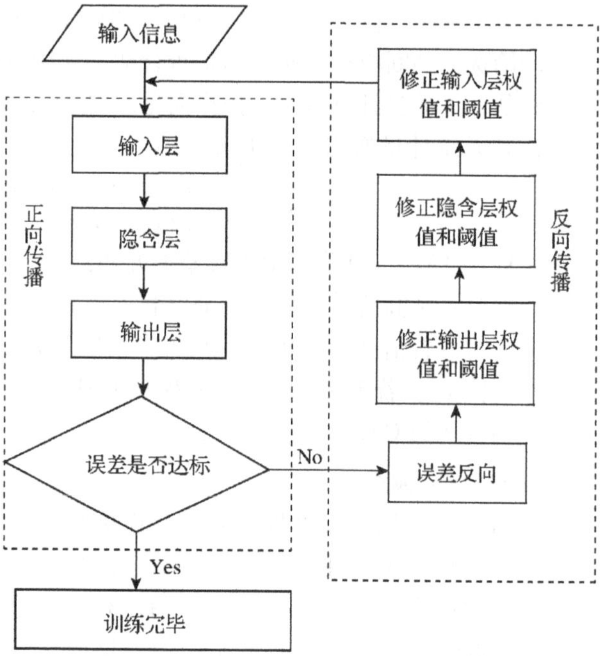

**图 7-2　BPNN 网络训练工作流程图**(谢元瑰，2013)

③径向基核函数(radial basis function，又称高斯核函数)：$K(x,y)=\exp\{-g\,|\,x-y\,|^{2}\}$，其中 $g$ 为参数 $(t=2)$。

④双曲正切核函数(sigmoid kernel)：$K(x,y)=\tanh(g(x\cdot y)+c)$，其中 $g$、$c$ 为参数。

时间序列分析模型种类繁多，各有特点，如何根据不同时间序列数据的特点选择有效的预测模型工具，对预测过程的难易和预测结果的优劣起着决定性作用。

# 7.3　森林资源数据时空分析软件介绍

随着时间、空间分析理论、方法与应用研究的发展，相关时间、空间分析软件相继推出，软件功能也得到逐步提升、扩展和优化，这为深入地进行时空分析提供了便捷的条件，同时，软件的应用也加速了时空分析方法的推广。另一方面，时空分析为相关软件的开发与发展提供了关键思路。二者互相促进，共同推动了时空分析及相关领域的快速发展。本节介绍部分有代表性的时空分析软件的主要功能。

## 7.3.1　ArcGIS

目前国内外普遍采用的 GIS 软件主要有 ArcGIS、MapInfo、MapGIS、SuperMap、GeoStar、MGE 等。这些 GIS 平台软件都具有空间分析功能，但强弱差别或侧重点不尽相同。ArcGIS 以其强大、全面的空间分析能力成为当前应用程度最高的 GIS 综合平台系统。

ArcGIS 由美国环境系统研究所(Environmental Systems Research Institute，简称 ESRI 公司)于 1978 年首次推出，至今已相继推出多个版本，其产品功能得到不断扩展与更新。ArcGIS 是 ESRI 通过整合 GIS 与数据库、软件工程、人工智能、网络技术及其他相关计算机技术后推出的全面的、可伸缩的 GIS 平台。目前，ArcGIS 以其强大、完善的空间分析功能成为主流的空间分析软件。ArcGIS 的空间分析功能可以完成栅格数据、矢量数据、三维数据的空间分析以及属性数据的地统计分析等任务。

本节以 ArcGIS 10.0 为例介绍其主要的空间分析功能。ArcGIS 10.0 主要通过空间分析模块(Spatial Analyst Tools)进行空间分析，但此模块并未包含其全部空间分析功能，对于一些具有较强特色或专题性明显的空间分析，可以使用其他相应模块。ArcGIS 10.0 中执行空间分析功能的模块主要包含空间分析模块(Spatial Analyst Tools)、3D 分析模块(3D Analyst Tools)、地理统计分析模块(Geostatistical Analyst Tools)、网络分析模块(Network Analyst Tools)、追踪分析模块(Tracking Analyst Tools)等，下面分别介绍几种模块的主要功能：

**(1) 空间分析模块**(Spatial Analyst Tools)

空间分析模块是 ArcGIS Desktop 中为栅格与要素数据提供的一组多样化的空间分析和空间建模工具。可以执行数据显示、转换、统计、分析、分类等功能，也可从数据中提取新信息、分析空间关系和空间特征、构建空间模型等。该模块主要用于栅格数据，包括的工具集及其功能如下：

①条件分析：通过对输入值设置条件实现对输出值进行控制。可设置两种类型条件：属性查询或基于列表中的条件语句位置。

②密度分析：计算每个输出栅格像元周围邻域内输入要素的密度。

③距离：通过如下方式进行距离分析：欧氏(直线)距离、成本加权距离、用于垂直移动限制和水平移动限制的成本加权距离、源之间具有最小行程成本的路径和廊道。

④提取分析：从栅格中根据像元的属性或其空间位置提取像元的子集，或提取目标位置的像元值作为点要素类中的属性或表。

⑤综合分析：处理栅格中较小的错误数据，或删除常规分析中不需要的详细信息。

⑥地下水分析：对地下水流中的组分构建对流—扩散模型并进行分析。

⑦水文分析：为地表水流建立模型，创建河流网络或描绘分水岭。

⑧插值：根据采样点的值创建连续(或预测)表面。

⑨局部：把输出栅格中各像元位置上的值作为所有输入项在同一位置上对应值的函数进行计算。

⑩地图代数：通过使用栅格计算器工具，利用代数语言创建、运行能够输出栅格数据集的"地图代数"表达式，执行相应空间分析。

⑪常规数学：对输入运行数学函数，例如加法、乘法、幂运算、指数运算、对数运算等数学运算；也可用于转换符号，或在整型数据类型和浮点型数据类型之间进行转换等。

⑫多元分析：探索不同类型的属性之间的关系，包括两种多元分析方法：分类(监督分类与非监督分类)和主成分分析 (PCA)。

⑬邻域分析：基于位置值以及指定邻域内识别的值为每个像元位置创建输出值。邻域可分为两类：移动或搜索半径。

⑭叠加分析：将权重应用于多个输入中，并将它们合并为一个单独的输出。该工具最常见的应用是适宜性建模。

⑮栅格创建：生成新栅格，在该栅格中输出值将基于常量分布或一种统计分布。

⑯重分类：提供多种方法对输入像元值执行重分类或将输入像元值更改为替换值。

⑰太阳辐射：可以对特定时间期间太阳对某一地理区域的影响进行制图和分析。

⑱表面分析：对以数字高程模型表示的地形地貌进行量化与可视化。

⑲区域分析：对属于每个输入区的全部像元进行计算，输出是执行该计算的结果。一个区域可以是一个具有特定值的单独区域，但也可以由具有相同值的多个不相连的元素或区域组成。区域可以定义为栅格或要素集。栅格必须是整型，要素必须具有整型或字符串属性字段。

**（2）空间统计模块**（Spatial Statistics Tools）

空间统计模块是用于对数据的空间分布、模式、过程及关系进行分析的统计工具。该模块可实现汇总空间分布的显著特征、评估聚类或离散的总体模式、识别具有统计显著性的空间聚类（热点/冷点）或空间异常值、依据属性相似程度对要素进行分类、确定适宜的分析尺度、探究空间关系等，从而实现对分布特征、分布模式与空间关系的定量化分析。该模块主要针对矢量数据，包含以下工具集：

①分析模式：评估要素（或与其关联的值）的空间分布模式（随机、离散、聚类）。

②聚类分布制图：识别达到统计显著性的热点、冷点或空间异常值，以及对具有相似特征的要素进行识别或分组。

③度量地理分布：确定要素的中心位置、分布形状与方向、布局、离散程度等。

④空间关系建模：利用回归分析建立数据关系模型或生成空间权重矩阵等。

⑤渲染：渲染分析结果。

⑥实用工具：计算面积、计算近邻点距离、导出变量与几何、将空间权重矩阵转换为表、采集重合点等。

其中，分析模式、聚类分布制图工具集执行分布模式分析功能，度量地理分布工具集执行分布特征分析功能，空间关系建模工具集则执行空间关系建模功能。

**（3）地理统计分析模块**（Geostatistical Analyst Tools）

地理统计分析模块利用存储于点要素图层或栅格图层中的已测量采样点的值、或多边形质心创建连续表面或地图，可利用空间（和时间）坐标通过确定性方法与地统计方法对表面进行建模。通常用于对未采样的位置进行预测，也可用于对这些预测的不确定性进行度量。

该模块的工具与 GIS 建模环境集成，可生成插值模型，并对其进行质量评估，结果可进行可视化，也可结合其它 ArcGIS 扩展模块进行分析。与 ArcMap 结合使用时，可创建用于显示、分析空间现象的表面。该分析模块主要包括地统计分析工具箱和工具条。其中，地统计分析工具箱包含插值、采样网络设计、模拟、工具、使用地统计图层工具集，各工具集功能如下：

①插值：预测无测量值的位置的值。

②采样网络设计：辅助设计采样方案或修改现有采样设计/监控网络。

③模拟：执行地统计模拟来扩展克里金法，还可为点或面区域提取模拟结果，辅助结果的分析。

④工具：使用地统计分析开发插值模型时进行预处理和后处理的工具。可用来提取数据集的子集、执行交叉验证以评价模型性能、检查半变异函数参数变化的敏感度、表示插值工具所使用的邻域。

⑤使用地统计图层：创建、修改、导出和操作地统计图层属性。可用作生成点位置的预测、以栅格或矢量格式导出地统计图层、检索并设置插值模型参数、生成新的地统计图层。

地统计分析工具条则包括探索性空间数据分析、地统计向导、子集要素工具集，各工具集功能如下：

①探索性空间数据分析：通过采用不同的方式检查数据，在创建表面之前了解所用数据，从而更深入地了解调查对象，以选择合适的参数与方法。使用插值方法之前，应该先使用该工具对数据进行初步分析，有助于深入了解数据，为插值模型选择合适方法与参数。

②地统计向导：指导用户根据已知样点执行内插，生成研究对象的表面，完成统计意义上有效表面的创建。引导用户完成从构建插值模型到评估模型性能的全过程。该向导在插值模型构建期间可建议或提供优化的参数值、修改参数值，并允许用户在过程中通过前进或后退来评估交叉验证结果，以查看当前模型是否符合要求或是否应该修改某些参数值。

③子集要素：将原始数据集拆分为训练数据集与测试数据集，前者用于建立空间结构模型、生成表面，后者用于比较、验证输出表面。

**（4）网络分析模块**（Network Analyst Tools）

网络分析模块可实现创建、分析、模拟、管理与维护网络数据，分析、处理网络结构及其资源分配与优化等问题。可用于维护构建交通网模型的网络数据集，对交通网进行路径、服务区、最近设施点、起始 – 目的地成本矩阵、位置分配、车辆配送等方面的网络分析。该模块包括以下工具集：

①分析：该工具集包括多种工具，如下：生成一个新网络分析图层，并为由网络分析提供的每个求解程序设置分析属性；向一个或多个网络分析类中添加网络分析对象；解决一种分析；生成驾驶方向。

②网络数据集：执行网络数据集维护任务（如建造与消除网络数据集）。

③服务器：执行如下两类任务：创建网络服务以解决网络分析；从网络服务中检索实时交通与交通事故数据，以便利用实时交通境况达到可视化与网络分析目的。

④转弯要素类：用于创建、编辑转弯数据。可创建新转弯要素类、将已有的 ArcView GIS 或 ArcInfo Workstation 转弯表转变为转弯要素类，在更新参考源要素时，基于几何或备用 ID 字段来维持已有转弯要素的完整性。

**（5）3D 分析模块**（3D Analyst Tools）

该模块可在表面模型与三维矢量数据上执行数据管理、转换、分析等操作，可有效地对表面数据进行可视化与分析。可创建和分析多种格式表示的表面数据，如栅格、terrain、不规则三角网（TIN）、LAS 数据集等格式。也可将多种格式转换为 3D 数据，包括激光雷达、COLLADA、OpenFlight、SketchUp 等数据类型。

该工具可执行表面属性分析、几何关系和要素属性分析、栅格和各种不规则三角网（TIN）模型插值等多种功能。实现从不同视点显示或查询三维表面数据；可确定从表面某点进行观察时的可视性；可通过将三维表面数据与栅格数据和矢量数据进行叠加操作来创建景观透视图；执行可视分析、挖填分析与地表建模等三维建模功能等。它包含下述几种工具集：

①3D 要素：提供评价几何属性与三维要素之间关系的工具。

②CityEngine：包括显示 Esri CityEngine 的某些功能的工具，无需安装 Esri CityEngine。

③转换：包括将要素类、文件、LAS 数据集、栅格、TINs 和 terrains 转换为其它数据格式的工具。基于要转换的数据类型把这些工具组织到工具集中。

④数据管理：提供创建、管理 terrain、TIN 和 LAS 数据集的工具。

⑤功能性表面：提供分析工具用以评价来自栅格、terrain 和 TIN 表面的高程信息。

⑥栅格插值：提供多种插值工具用来从一套给定的示例点集生成连续的栅格表面。

⑦栅格数学：对栅格数据集执行数学运算的要素工具。

⑧栅格重分类：执行栅格数据重分类的工具。

⑨栅格表面：确定栅格表面属性（如等值线、坡度、坡向、山影与差异计算）的分析工具。

⑩表面三角化：确定 TIN、terrain 和 LAS 数据集的表面属性（如等值线、坡度、坡向、山影、差异计算、体积计算和异常值检测）的分析工具。

⑪可见性：利用不同类型的观察者要素、障碍源（包括表面、适用于代表如建筑等结构的多面体）和 3D 要素执行可见性分析的要素工具。

**（6）追踪分析模块**（Tracking Analyst Tools）

该模块执行基于时间序列数据的可视化和分析，可以对实时数据进行动态显示，对具有时间属性的事物或现象变化进行历史回放，显示其随时间或空间的移动，有助于显示复杂的时间序列和空间模型，可为在 ArcGIS 系统中与其它类型的 GIS 数据集成时的相互作用创造有利条件。它包含以下工具集：

①连接日期和时间字段：把要素类或图层中单独的日期和时间字段连接成一个既含日期也含时间的字段。

②创建追踪图层：根据具有时态数据的要素类或图层创建追踪图层。

③追踪要素间隔：计算由一条轨迹中连续排序的要素间的差异计算出的值。新字段被添加到输入要素类或图层中以储存计算出的值（距离、持续时间、速度、路线）。

④追踪线间隔：计算由一条轨迹中连续排序的要素间的差异计算出的值。一个新线要素类被创建以代表轨迹间隔，并保存计算出的值（距离、持续时间、速度、路线）。

**（7）模型构建器**（Model Builder）

模型构建器是 ArcGIS 中用于构建地理处理工作流程与脚本的图形化建模工具，简化了设计、执行复杂地理处理模型的过程。它主要由输入数据、空间处理、输出数据以及它们之间的连接关系四部分组成。其中，输入数据与输出数据具有多种类型，因不同空间处理工具的要求以及不同的应用目的而不同，包括数据库中的要素类、表、栅格数据集、shapefile 和 coverage 等。空间处理工具包括 ArcToolbox 中所有的工具集、模型（Models）、由脚本(Scripts)定制的工具或其它工具箱中的工具。而连接则指定数据与操作之间的关系，符合条件的要素才可被连接。上述四者之间的组合形成完整的图解模型。模型构建器包含迭代器与仅模型工具两种工具集。

①迭代器：包含十二种迭代器，可基于一组输入重复执行一个过称或一系列过程，实现对个别过程或整个模型的迭代。

②模型工具：控制处理流程或执行一些支持功能。

此外，ArcGIS 10.0 中还有其他包含某种空间分析功能的模块，如空间统计、地理编码、多维分析、逻辑示意图和宗地结果等，因篇幅所限，在此不作介绍，感兴趣的读者可查询相关文献。

### 7.3.2　GeoDa

GeoDa 是一款免费的实现探索性空间数据分析(exploratory spatial data analysis, ESDA)的模型工具集成软件，由美国亚利桑那州立大学地理信息科学与城市规划学院的 Anselin 教授开发，主要用于发掘空间要素的关系。GeoDa 提供了一个友好型的图形界面以供用户进行空间数据分析，包括探索数据分析、全局以及局部空间自相关分析结果的可视化、空间回归分析和简单地图制作等功能。该软件运用动态链接窗口技术，实现地图与统计图表联合、交互操作。其最初是为了在 ESRI 的 ArcInfo GIS 和 SpaceStat 软件间建立一个连接以进行空间数据分析，在其发展的第二阶段，由一系列对 ArcView 3.X GIS 执行连接的窗口和级联更新的扩展理念组成。目前软件不需要特定的 GIS 系统，能在微软公司的操作系统下运行。

GeoDa 以空间位置来描述点(点坐标)和多边形(多边形边界坐标)，是面向离散地理空间数据的分析。目前支持 shapefile(.shp)与 table(.dbf)两种数据格式，此外，可将 ASCII 格式的点坐标或边界坐标文件转换为 shapefile 格式。GeoDa 采用 ERSI 的 shape 文件作为存放空间信息的标准格式，使用 ESRI 的 MapObjects LT2 技术进行空间数据存取、制图和查询，其分析功能是由一组 C++程序和其相关的方法组成。当将文件导入软件后，用户可以利用主菜单下的菜单项进行分析操作。GeoDa 软件菜单栏的每项菜单都有其特定功能，其中重要的菜单项在工具条内都有相应的图标与其对应。GeoDa 菜单栏由 11 项组成，其中标准 Windows 菜单有 4 项：File(打开和关闭文件)，View(选择要显示的工具栏)，Windows(选择或重新排列窗口)，以及 Help 菜单。工具栏由 6 组按钮组成，从左到右分别是：打开和关闭项目、空间权重计算、编辑功能、探索性数据分析、空间自相关和等级平滑和制图。GeoDa 的功能主要包括以下 6 方面：

①一般空间数据操作：数据输入、输出与转换。

②数据转换：变量变换、创建新变量。

③地图制作：绘制分位地图、统计地图和地图动画。

④探索性数据分析(exploratory data analysis, EDA)：绘制直方图、散点图、箱图、平行坐标图、3D 散点图和条件地图。

⑤探索性空间数据分析：单变量 Moran' $I$ 统计、多变量 Moran' $I$ 统计、通过 EB 平滑的比率 Moran' $I$ 统计、单变量 LISA 计算、多变量 LISA 计算、通过 EB 平滑的比率 LISA 和局

部 G 统计量计算。

⑥空间回归分析：诊断以及线性回归模型的最大似然估计。

### 7.3.3 R

R 语言是用于统计计算与绘图的语言和操作环境，是属于 GNU 系统的一个自由、免费、源代码开放的软件，可在 Windows、Linux、Mac OS 等多种操作系统中运行。它是基于 S 语言的一个 GNU 项目，故可视为 S 语言的一种实现。1980 年前后，S 语言由 John Chambers 与其同事们在贝尔实验室（现为美国朗讯科技公司，Lucent Technologies）开发。1992 年，新西兰奥克兰大学统计系的 Ross Ihaka 与 Robert Gentleman 在 S 语言的基础上开发出 R 语言，由于两位主要开发者的名字都以字母 R 开头，所以该软件被称为 R 语言，目前由 R 核心开发团队（R Development Core Team）负责开发与维护。同时，来自全球不同领域的相关人员也自愿地为 R 语言的发展奉献力量。因此，R 语言发展飞速，展现出巨大的活力，现已成为主要的数据分析工具之一。

R 语言是一套集数据处理、计算和制图功能于一体的软件系统，主要功能包括：数据存储与处理、数组运算工具（特别是向量、矩阵运算功能强大）、丰富连贯的统计运算分析、数据显示及分析制图、简洁高效的编程语言（如分支、循环、自定义递归函数、数据输入输出语句等）。此外，R 语言具有良好的可扩展性，使用者可根据具体情况灵活调用有关功能函数，或通过编程创造出符合所需的新方法。

R 语言具有的数据处理、统计分析与可视化功能使其非常适合执行空间分析。近年来，R 语言出现了若干用于处理和分析空间数据的程序包。目前，CRAN 上与空间数据相关的 R 语言包已超过 100 个，为空间分析提供了良好的工具，使空间分析逐渐成为 R 语言的重要应用领域之一。R 语言的空间分析功能主要包括：空间数据可视化、数据导入与导出（投影与坐标转换、矢量或栅格等文件导入导出等）、空间数据高级处理（空间取样、拓扑检查、数据叠置或组合等）、定制空间数据类、空间点模式分析、插值与地统计（空间相关性估计、空间预测、模型诊断、地统计模拟等）、空间自相关分析（邻域分析、空间权重、空间自相关检验）、数据建模（空间统计、混合效应模型、广义加法模型、广义估计方程、广义线性混合模型、Moran 特征值方法、地理加权回归等）和制图等。

### 7.3.4 ENVI

利用遥感图像创建、分析时序数据，可以直观地获取同一地区不同时间的变化信息（如植被覆盖变化、城市扩张等情况），可为生态保护、环境管理、政策制定等提供科学依据。

ENVI（The Environment for Visualizing Images）是遥感科学家利用交互式语言 IDL（Interactive Data Language）开发的遥感图像处理软件，可以准确、便捷地从遥感图像中获取所需信息，使用户可以方便地实现读取、探测、准备、分析、共享遥感图像信息。此外，也可利用 IDL 为 ENVI 编写扩展功能。IDL 是对二维或多维数据进行可视化、分析与应用开发的理想软件之一。ENVI 与 IDL 是美国 Exelis VIS 公司的重要产品。ENVI 作为一个完善的遥感图像处理平台，包括了图像数据输入/输出、定标、几何校正、正射校正、大气校正、图像融合、镶嵌、裁剪、增强、解译、分类、决策树分类、面向对象的图像分类、动态监测、矢量处理、DEM 提取、地形分析、雷达数据处理、制图、与 GIS 融合、波谱分析、高光谱分析等功能。ENVI 将若干图像处理过程集成到流程化向导式的图像处理工具中，有效提升了图像处理效率。

ENVI 从 5.2 版本开始提供了进行时空分析的工具箱(Spatiotemporal Analysis)。利用该工具箱可以方便地创建、查看时序数据。该工具将时空分析流程分为两个步骤：创建时序数据、查看/分析时序数据。

在创建时序数据之前，一般需要对数据进行预处理，通常包括统一坐标系与空间分辨率、辐射定标、大气校正、裁剪至相同空间范围等操作功能。

①创建时序数据：创建时序数据通常包括设置图像显示方式、打开创建时序数据工具、添加数据、输出设置等。

②查看/分析时序数据：通常包括加载时序数据、显示设置、查看、播放设置、从多个时序数据中选择某一时序数据、获取时序数据相关信息(获取时间、编号、文件名、波段注记信息等)、对多个时序数据执行联接设置、对两个时序数据执行显示设置、生成时序曲线、生成时序动画或视频及相关设置(输出路径与文件名、播放时间、格式、编码器等)、查看生成的动画或视频等。

在某些研究中无需保证时序数据具有相同的空间范围(如监测飓风移动轨迹)，而在另一些研究中则需要保证时序数据具有相同的空间范围与坐标系(如植被覆盖变化)。Spatiotemporal Analysis 模块提供了以下几种工具可以满足不同情况的需求。

## 7.3.5  CrimeStat

CrimeStat 软件是由美国 National Institute of Justice 等机构资助研制、美国 Ned Levine 博士主持开发的免费软件。它最初被用作对犯罪事件进行空间统计分析，也可用于其它点数据的空间统计，如事件发生点、最优路径、设施点分布等，目前在流行病学等领域也得到广泛应用。

该软件通过输入点的位置(经纬度坐标或投影坐标)来演算空间统计指标，空间相互作用由距离(直线或曼哈顿距离)、时间、速度或行程费用来测量。它包括五个模块：数据设置(Data Setup)、空间描述(Spatial Description)、空间模型(Spatial Modeling)、犯罪旅行需求(Crime Travel Demand)和选项设置(Options)。其中，数据设置用于设置事件发生的地点，并可指定主要文件、次要文件和参照文件等，支持的文件格式包括 ArcView 的 shape 文件(.shp)、数据库文件 dBase(.dbf)、MapInfo(.dat)和 ASCII 等，以及 Excel、Lotus1 - 2 - 3、Microsoft Access、Paradox 等符合 ODBC 标准的文件，此外，还可指定投影类型与距离单位等参数。选项设置模块用于设置参数。空间描述、空间模型和犯罪旅行需求这三个模块主要执行空间分析功能。空间描述功能包含空间描述(Spatial Description)、空间自相关(Spatial Autocorrelation)、距离分析 I(Distance Analysis I)、距离分析 II(Distance Analysis II)、热点分析 I(Hot Spot Analysis I)、热点分析 II(Hot Spot Analysis II)6 种功能。空间模型功能包含插值分析 I(Interpolation I)、插值分析 II(Interpolation II)、时空分析(Space-time Analysis)、犯罪旅程分析(Journey To Crime Analysis)、贝叶斯犯罪旅程分析(Bayesian

Journey To Crime Analysis)、回归建模(Regression Modeling)6 种功能。犯罪旅行需求包含旅行发生器(Trip Generation)、旅行分布(Trip Distribution)、模式划分(Model Split)、网络分配(Network Assignment)4 种功能。

### 7.3.6 GS +

GS + 是一款全面、先进的地质统计分析软件,地质统计是其核心功能,它将所有地质统计学要素的分析功能集成到一个软件包中,包括变异函数分析(Variogram Analysis)、克里金(Kriging)分析和三维制图。它因操作简单、高效、灵活、友好而广受赞誉,无论对地质学家还是初学者而言,都易于上手。在 1988 年成为首款在 PC 机上运行的地质统计软件,此后迅速被广泛使用。

GS + 最大的特点是可以根据输入数据,自动拟合实验变差函数(包括高斯模型、椭圆和指数模型);GS + 的另一个优点是可以导入\导出 Surfer、ArcGIS、Grid 等常用的网格文件。GS + 的数据可直接被许多其它程序使用。GS + 有自己的数据表,也可接受 Excel、Access 等其它类型的数据文件,并可生成自己的地图。GS + 主要用来依据部分数据实现全面的统计地图,即只需要使用较简单的取样数据,通过 GS + 就可以完成较为详尽的地质统计结果。在绘制分布图时,即可自动补充非实测数据。GS + 菜单栏由 8 项组成,3 项是标准 Windows 菜单:File(打开和关闭文件)、Windows(选择或重新排列窗口)以及 Help(帮助)。其空间分析功能包括 Edit(文件与图形编辑)、Data(数据表格处理)、Autocorrelation(空间自相关分析)、Interpolate(空间内插与模拟)和 Map(多维制图)。

除上述软件外,还有多种空间分析软件,如 SAM、PASSaGE、ClutsterSeer、WinBUGS、GeoBUGS、STARS、Python、Matlab、SSSI 等,其中部分软件也可进行时间序列分析,如 Python、Matlab、R 等,因篇幅所限,在此不一一陈述,感兴趣的读者可自行查阅学习。

# 7.4 森林资源空间知识挖掘案例研究

## 7.4.1 研究背景

了解森林资源的现状及变化趋势是森林可持续经营工作的前提。1977 年以后,我国建立了比较完善的森林资源连续清查体系。1996 年以后,国家林业局对一类清查的技术规程进行了修订,增加了生态状况监测内容,在一类清查技术规定中增加了群落结构、林层结构、自然度、林木生活力和病虫害等反映森林生态状况的因子。随着现代信息技术的发展和"3S"(遥感 RS、地理信息系统 GIS、全球定位系统 GPS)技术的普遍应用,很多林业勘察设计部门在森林资源连续清查的基础上,将调查数据数字化,建立了庞大的森林资源一类清查空间数据库。然而,由于缺乏从海量空间信息中挖掘有用知识的技术和手段,花费巨大人力、物力建立起来的森林资源连续清查空间数据库,除了提供地类、森林面积、森林蓄积、林分生长量等与木材生产永续利用有关的统计报表外,森林可持续经营指标体系中的许多指标,如森林生态系统健康与活力的维护、生物多样性保护、森林生态系统生产能力的维护等量化指标，都无法从森林资源连续清查数据中提取。这种状况一方面造成了森林资源空间数据资料的极大浪费，另一方面阻碍了森林可持续经营、森林认证理论和实践研究的深入开展。

空间数据挖掘(spatial data mining)是在数据挖掘的基础之上，结合地理信息系统、遥感图像处理、全球定位系统、模式识别和可视化等相关的研究领域而形成的一个分支学科，也称为空间知识发现(Spatial Knowledge Discovery，SKD)。通过空间数据挖掘，可以从海量的森林资源空间数据库中抽取没有清楚表现出来的隐含的知识和空间关系，并发现其中有用的特征和归纳规则。

森林生物量约占全球陆地植被生物量的90%，是森林固碳能力的重要标志，亦是评估森林碳收支的重要参数。森林生物量受光合作用、呼吸作用、死亡、收获等自然和人类活动因素共同影响。因此，森林生物量的变化反映了森林的演替、人类活动、自然干扰(如林火、病虫害等)、气候变化和大气污染等影响，是度量森林结构和功能变化的重要指标。因此，如何充分利用森林资源连续清查资料，通过空间数据挖掘，揭示生物量空间分布规律、生物量与环境因子的量化关系、不同级别生物量归纳规则，不仅有助于估算区域尺度的森林生产力及其碳收支，而且可以为森林空间布局规划和可持续经营规划提供科学依据。

## 7.4.2　研究区概况

西峡县位于河南省西南部，伏牛山南麓，介于东经 111°01′ ~ 111°46′、北纬 33°05′ ~ 33°48′之间。东连内乡县，南接淅川县，西邻陕西省商南县，北隔老界岭与卢氏、栾川、嵩县三县交界。全境南北长 78.3km，东西宽 79km，总面积 3 454km²，人口 45 万，其中山地面积 30.2 × 10⁴hm²，耕地面积 1.87 × 10⁴hm²，是个"八山一水零点七分田，村庄道路零点三"的深山县。西峡县属北亚热带大陆性季风气候，气候温和，雨量适中，光照充足，年均气温 15.2℃，年均降水量 830mm，年均无霜期为 220d，年均日照 2 019h。西峡境内地形复杂，北部是海拔高、坡度大的中低山地，南部是鹳河谷地，两侧是起伏大的低山丘岭。全县最高山峰——犄角尖海拔 2 212.5m，最低点位于丹水镇马边村，海拔 181m，自然坡降为 33%。境内河流众多，主要河流有鹳河、淇河、峡河、双龙河、丹水河等。属长江流域丹江水系的鹳河纵贯全县南北，并与 526 条大小河流呈羽状分布于崇山峻岭之中。

西峡县有林地面积 26.1 × 10⁴hm²，森林活立木蓄积量 791 × 10⁴m³，经济林面积 5.87 × 10⁴hm²，是河南省第一林业大县。西峡县地处北亚热带向北温带过渡部分，兼具我国南北树种的生长条件，地带性自然植被是常绿针阔叶林、落叶阔叶林组成的多层次森林植物群落，树木种类繁多，乔灌木树种共 75 科、450 多种。其中，常绿树种有马尾松(*Pinus massoniana*)、杉木(*Cunninghamia lanceolata*)、华山松(*Pinus armandi*)、油松(*Pinus tabulaeformis*)等，落叶阔叶树种有栓皮栎(*Quercus variabilis*)、枫香(*Liquidambar formosana*)、楸树(*Catalpa bungei*)等。林副土特产品 128 种，中药材 1 380 种，其中猕猴桃(*Actinidia chinensis*)、山茱萸(*Cornus officinalis*)、油桐(*Vernicia fordii*)、生漆被誉为西峡"四大宝"。境内有老界岭国家自然保护区、五道幢风景区、石门湖风景区以及寺山国家森林公园等自然景观多处。

### 7.4.3 材料与方法

#### 7.4.3.1 数据来源

本案例分析所采用的主要信息源包括：

①研究地区 2003 年森林资源连续清查固定样地空间数据库，包括 217 个固定样地，样地的属性表包括地理坐标、立地条件、林分生长状况等近 60 个调查因子。

②根据西峡县 1∶100 000 地形图制作的数字高程模型(DEM)，空间分辨率为 90m×90m。

③根据西峡县行政区划图提取的各乡镇政府所在地、交通干线(国道、省道、铁路)矢量文件。

④研究区域 2002 年美国国防气象卫星计划(DMSP)搭载的线性扫描业务系统(OLS)传感器夜间灯光数据(DMSP/OLS 数据，简称灯光亮度数据)。DMSP/OLS 有别于利用地物对太阳光的反射辐射特征进行监测的 LandSat、SPOT 和 AVHRR 传感器，该传感器可在夜间工作，能够探测到城市灯光甚至小规模居民地、车流等发出的低强度灯光。研究表明，灯光亮度与区域人口密度、经济发展水平正相关，常被用来作为反映区域人类干扰强度的指标。

#### 7.4.3.2 数据预处理

森林生物量与林分单位面积蓄积量、郁闭度、平均高度、平均胸径、平均年龄等林分调查因子有关，与森林所处的海拔、坡度、坡位、土壤厚度等立地因子有关，并受到人口密度、经济发展水平、距离交通干线远近等人类干扰因子的影响。首先，采用张茂震(2009)提出的方法将 217 个固定样地的单位面积蓄积量转换为生物量(t/hm²)。然后，利用 ArcGIS 平台上外挂式分析工具 HawthTools 中的 Intersect Point Tool，分别与交通干线缓冲区、灯光亮度栅格图层相交，生成距离交通干线距离、灯光亮度 2 个新的属性特征。在最后生成的生物量知识挖掘空间数据库中，包含森林生物量和 11 个生态环境因子(5 个林分因子、4 个立地因子、2 个人为干扰因子)，合计 12 个属性。

#### 7.4.3.3 空间知识挖掘方法

空间数据挖掘的方法很多，可分为机器学习方法(归纳学习、决策树、规则归纳、基于范例学习、遗传算法)、统计方法(回归分析、判别分析、聚类分析、探索性分析)、神经网络方法(BP 算法、自组织神经网络)和数据库方法。空间知识挖掘的方法不是孤立的，为了在空间知识挖掘中得到数量更多、精度更高的可靠结果，常常要综合应用多种方法，本案例采用的空间知识挖掘方法主要有如下 4 种：

**(1)空间热点探测**

空间热点探测试图在研究区域内寻找属性值显著异于其他地方的子区域，视为异常区，如犯罪高发区、灾害高风险区等。从某种意义上说，空间热点分析是空间聚类的特例。根据探测目的，分为焦点聚集性检验和一般聚集性检验。焦点聚集性检验用于检验在一个事先确定的点源附近是否有局部聚集性存在；而一般聚集性检验是在没有任何先验假设的情况下对聚集性进行定位。本案例采用 ArcGIS 10.2 空间统计工具箱中的聚集及特例分析工具(Cluster and Outlier Analysis-Anselin Local Moran's $I$),通过对输入要素进行焦点聚集性检验来进行研究属性空间热点探测。通过计算 Moran's $I$ 值和 $Z$ 值来测量特定区域的聚合程度。如果 $I$ 值为正,则要素值与其相邻的要素值相近,如果 $I$ 值为负,则与相邻要素值有很大的不同。在统计学中,$Z$ 是测量标准偏差的一个统计量,等于偏离平均值的标准偏差的倍数。当可信度 $P = 0.95$、$Z$ 位于区间范围[ $-1.96$,$1.96$]时,表征了一种统计变量随机分布的空间格局。当 $Z$ 值落在区间范围之外,则表示统计变量呈现出离散或聚集的分布格局。$Z$ 值为正且越大,要素分布趋向高聚类分布;相反为低聚类分布。

**(2)趋势面分析**

趋势面分析是一种整体插值方法,即整个研究区使用一个模型、同一组参数。它根据有限的空间已知样本点拟合出一个平滑的点空间分布曲面函数,再根据此函数预测空间待插值点上的数据点,其实质是一种曲面拟合的方法。因此,如何通过对已知点空间分布特征的认识来选择合适的曲面拟合函数是趋势面分析的核心。传统的趋势面分析是通过回归方程,运用最小二乘法拟合出一个非线性多项式函数。由于趋势面分析采用的是一个平滑函数,一般很难正好通过原始数据点。虽然采用较高的多项式函数能够很好地逼近数据点,但会使计算复杂化,而且降低分离趋势。一般多项式函数的次数多选择 5 以下。当对二维空间进行拟合时,如果已知样本点的空间坐标($x$,$y$)为自变量,而属性值 $z$ 为因变量,则其二元回归函数为:

一次多项式回归:

$$z = a_0 + a_1 x + a_2 y + \varepsilon \tag{7-3}$$

二次多项式回归:

$$z = a_0 + a_1 x + a_2 y + a_3 x^2 + a_4 xy + a_5 y^2 + \varepsilon \tag{7-4}$$

式中　$z$——因变量;

　　　$x$,$y$——自变量;

　　　$a_0$,$a_1$,$a_2$,$a_3$,$a_4$,$a_5$——多项式系数;

　　　$\varepsilon$——误差项。

**(3)地理加权回归**

统计分析是常用的空间数据分析方法。传统的线性回归,如普通最小二乘法,其主要缺点是假定空间数据之间互不相关,实际上很多空间数据是高度相关的,所以使用这个方法效果很差。地理加权回归(geographically weighted regression,GWR)是近年来提出的一种新的空间分析方法,其实质是局部加权最小二乘法,其中的权为待估点所在的地理位置空间到其他各观测点的地理位置之间的距离函数。GWR 通过将空间结构嵌入线性回归模型中,以此来探测空间关系的非平稳性,其数学模型形式为:

$$y_i = a_0(u_i, v_i) + \sum_{i=1}^{k} a_k(u_i, v_i) x_{ik} + \varepsilon_i \tag{7-5}$$

式中　$y_i$——第 $i$ 点的因变量;

　　　$X_{ik}$——第 $k$ 个自变量在第 $i$ 点的值;

　　　$k$——自变量计数;

$I$——样本点计数；

$\varepsilon_i$——残差；

$(u_i, v_i)$——第 $i$ 个样本点的空间坐标；

$a_k(u_i, v_i)$——连续函数 $a_k(u_i, v_i)$ 在 $i$ 点的值。

**(4) C 5.0 决策树分析**

C 5.0 是一种最新的归纳学习算法，目的在于从大量的经验数据中归纳提取一般的规则和模式。C 5.0 算法是 C 4.5 算法的商业改进版，与 C 4.5 的不同之处在于 C 5.0 可以处理如下几种资料形态：日期、时间和序列型的离散性资料等等。除了处理部分缺值的问题，C 5.0 还可将部分属性标记为不适合，使得作分析时仍能保有资料的完整性。但是 C 5.0 作为一种决策树算法，可能存在树过于茂盛的问题，当变量较多、数据量较大时，其结果解释将会比较困难。

### 7.4.4 结果与分析

**(1) 空间热点分析**

空间热点分析通过采用 ArcGIS 10.2 空间统计工具箱中的聚集及特例分析工具来实现。通过分析，该工具生成一个新的 Point 矢量文件，该文件在原有属性基础上添加了 LMi、LMz、CoType 3 个字段，分别代表各个要素的 Moran's $I$、$Z$ 值、空间聚集类型。如果 $I$ 值为正，则要素值与其相邻的要素值相近；如果 $I$ 值为负值，则与相邻要素值有很大的不同。如果 $Z$ 为正且越大，则要素越与相邻要素值相近，相反，如果 $Z$ 值为负且越小，则与相邻要素值差异越大。当统计值 $P = 0.05$ 时，空间聚集类型分为 4 种：高值点（热点，$HH$）、低值点（冷点，$LL$）、高值被低值包围的特例点（$HL$）、低值被高值包围的特例点（$LH$）。将高值点、低值点提取出来，与西峡县 DEM、交通干线与乡镇政府所在地矢量图层叠加，得到固定样地生物量空间聚类图（图 7-3）。

从图 7-3 可以看出，西峡县生物量高的固定样地（热点）主要分布在北部海拔较高的石质深山区，这里坡度较陡、土层瘠薄、林分单位面积蓄积量高，但交通不便、人口密度低、经济不发达。林种多为水源涵养林、水土保持林等公益林。生物量低的固定样地（冷点）主要分布在南部以鹳河谷地为中心的浅山丘陵区，这里海拔较低、坡度平缓、土层深厚、林分单位面积蓄积量低，但交通发达、人口密度大、经济发展水平高，312 国道、311 国道、209 国道、沪陕高速公路、

图例
☆ 热点
○ 冷点
—— 主要道路

海拔
高: 2044
低: 183

0  10  20  40
(km)

**图 7-3 固定样地生物量空间冷热点分析**

宁西铁路贯穿其中，林种多为经济林、薪炭林等商品林。热点样地的单位面积平均蓄积量为 74.67m³/hm²，平均坡度为 45.11°，平均土壤厚度为 24.11cm，距离交通干线的平均距离为 10 473.30m。与此相反，冷点样地的单位面积平均蓄积量只有 0.61m³/hm²，平均坡度为 14.8°，平均土壤厚度为 6.4cm，距离交通干线的平均距离为 1 293.8m。

**(2)趋势面分析**

趋势面分析采用 ArcGIS 空间分析工具箱中的 Trend 工具实现。为统计分析方便，将 217 个固定样地的生物量作如下分级：80t/hm² 以上者为高，60~80t/hm² 为较高，40~60t/hm² 为中等，20~40t/hm² 为较低，20t/hm² 以下为低。多项式函数的次数分别选择 2，3，4，5 次，回归类型选择线性，选择均方根误差(RMS error)最小的 4 次多项式作为趋势面分析结果(图 7-4)。

从图 7-4 可以看出，西峡县生物量在空间分布上呈现出从北向南阶梯状逐渐降低的带状分布格局，到了南部鹳河谷底，生物量降至最低点，然后又逐渐升高，呈现出与该县地貌特征类似的空间格局。生物量的空间分布，从北到南，依次呈现高、较高、中等、较低、低、较低的分布格局。这种空间趋势面格局与西峡县地形特点、林分生长状况、交通状况、经济发展水平

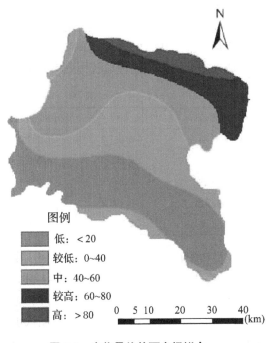

图例

　低：< 20
　较低：0~40
　中：40~60
　较高：60~80
　高：> 80

0 5 10　20　30　40 (km)

**图 7-4　生物量趋势面空间拟合**

密切有关。西峡县北部为石质山区，海拔较高、坡度较陡，交通不便、人口稀少、人为干扰较小，林种多为水源涵养林、水土保持林，林木生长状况良好，林木平均胸径、单位面积蓄积量较高，林分生物量较高。从北向南直至鹳河谷地，海拔越来越低、坡度越来越平缓，交通越来越发达、人口密度越来越大、人为干扰越来越大，林木生长状况越来越差，伴随着林种从水源涵养林、水土保持林向用材林、经济林与薪炭林的转变，林木平均胸径、单位面积蓄积量越来越低，林分生物量越来越低。从鹳河谷地向南，随着海拔的再次升高、道路密度的降低、人为干扰活动的减少，林分生物量从低转变为较低，结合图 7-3、图 7-4，可以看出，林分生物量低的区域，处于西峡县交通最为发达、人口密度最大、坡度最为平缓的鹳河谷地；而林分生物量高的区域，则处于西峡县交通最为落后、人口密度最小、坡度最陡的北部石质深山区。

**(3)地理加权回归**

在进行地理加权回归之前，先利用 ArcGIS 10.2 的空间统计工具箱对 217 个固定样地的生物量进行空间自回归分析。计算结果显示，固定样地森林生物量空间自相关系数 Moran's $I$ 值等于 0.18，当可信度 $P = 0.99$，统计量 $Z = 3.65 > 2.58$，表明生物量在空间分布上呈高度自相关，所以使用最小二乘法进行生物量与环境因子回归分析效果很差。为满

足地理加权回归自变量独立的建模要求，对林分、立地条件、人为干扰状况等 11 个环境因子进行 Pearson 相关分析。相关分析表明，林分蓄积量、郁闭度、平均树高、平均胸径、平均年龄 5 个林分调查因子两两彼此相互关联，相关系数均在 0.85 以上，坡度、海拔、坡位的相关系数为 0.75，灯光亮度、距离交通干线距离 2 个人为干扰因素相关系数 0.8。选取林分平均树高、坡度、土壤厚度、灯光亮度来分别代表林分因子、地形因子、土壤因子、人为干扰因子参加建模。

选择生物量作为因变量，平均树高、灯光亮度、土壤厚度、坡度 4 个主要环境因子作为自变量，采用 ArcGIS 9.3 空间统计分析工具箱中的 Graphically Weighted Regression 模块进行地理加权回归，地理加权回归参数描述性统计如表 7-1 所示。

**表 7-1　地理加权回归参数描述性统计**

| 变量名 | 最小值 $f$ | 较小四分位数 | 中位数 | 较大四分位数 | 最大值 |
|---|---|---|---|---|---|
| 常数项 | − 6.661 2 | − 1.393 0 | 2.369 8 | 5.935 9 | 20.350 3 |
| 平均树高 | 1.443 0 | 4.050 5 | 5.492 9 | 6.446 2 | 7.716 9 |
| 灯光亮度 | − 1.844 8 | − 0.747 1 | − 0.467 6 | − 0.180 3 | 0.516 6 |
| 土壤厚度 | − 0.492 2 | − 0.433 2 | − 0.331 0 | − 0.176 7 | 0.160 0 |
| 坡度 | − 0.037 8 | 0.538 8 | 0.625 4 | 0.679 0 | 0.773 2 |

在模型输出的评价系数中，Cond 表示局部的共线性情况，当大于 30 时，表示实验结果不理想，Predicted 给出其预测结果，Residuals 表明真实值与预测值的差。在模型中，Cond 最小值为 3.917，最大为 8.923，平均值为 6.417，均小于 30，表明实验结果比较理想。模型的相关系数 $R^2$ 为 0.728，表明模型可以解释 72.8% 差异。从表 7-1 可知，因变量生物量与林分平均树高、灯光亮度、土壤厚度、坡度局部回归系数的中位数分别为 5.492 9、− 0.467 6、− 0.331 0、0.625 4，表明生物量与反映林分生长状况的平均树高、坡度正相关，与土壤厚度及反映经济发展水平、人口密度等人为干扰强度的灯光亮度负相关。模型残差的均值为 − 0.331，标准差为 30.773，服从正态分布，表明模型拟合的效果较好。

**(4) C 5.0 决策树分析**

为提取归纳规则方便，将生物量分为 3 级：高( > 100)、中(50 ~ 100)、低( < 50)。217 个固定样地分为 2 部分，70%(152 个)用来建模、30%(65 个)用来验证。采用 ISL (Integral Solutions Limited)公司开发的数据挖掘工具平台 Clemintine 12.0 来进行 C 5.0 决策树分析。目标字段采用生物量分级，输入变量采用平均树高、坡度、土壤厚度、灯光亮度。修剪严重性采用 75%，每个子分支的最小记录数采用 2，修剪方法采用全局修剪，分析模式选择"专家"，输出类型选择"规则集"。

通过模型运算，生成一个包含 7 个规则的规则集，其中用于高等级、中等级、低等级生物量预测的规则分别为 1 个、2 个、4 个，4 个输入变量的重要性依次为：平均树高(0.30) > 灯光亮度(0.24) > 坡度(0.23) > 土壤厚度(0.22)。在 3 个等级的 7 个预测规则中，分别挑选 1 个置信度最高的规则，得出下面 3 个示例规则。

①规则 1：如果灯光亮度 = 0 并且土壤厚度 ≤ 35cm 并且平均树高 > 6m 并且坡度 >

26°，则生物量的等级 = 高。

②规则 2：如果灯光亮度 = 0 并且 6m < 平均树高 < 7m 并且坡度 > 26°，则生物量的等级 = 中。

③规则 3：如果灯光亮度 > 2 并且平均树高 ≤ 6m 并且坡度 ≤ 26°，则生物量的等级 = 低。

以上 3 个示例规则所揭示的知识与空间热点分析、趋势面分析、地理加权分析的结论保持一致。如果地理位置偏僻，坡度较陡，土壤厚度小，受到人为干扰活动影响较小，林分平均树高较大，生物量等级属于高等。如果交通不便，坡度较陡，受到人为干扰活动影响较小，林分平均树高中等，则生物量等级属于中等；如果坡度较为平缓，交通便利，人为干扰强度大，林分生长状况不良，则生物量等级属于低等。采用上述规则对 217 个固定样地的生物量进行预测，预测正确的固定样地数为 175 个，错误的为 42 个，正确率为 80.65%。

### 7.4.5　结论与讨论

以森林资源连续清查空间数据库为主要信息源，通过空间热点探测、趋势面分析、地理加权回归和决策树分析等数据挖掘方法，可以揭示数据库中没有清楚表现出来的隐含的规则和空间关系，如生物量空间分布规律、生物量与环境因子的量化关系以及不同级别生物量归纳规则，从而为森林空间布局规划和可持续经营规划提供科学依据。

西峡县生物量在空间分布上呈现一种从北向南阶梯状逐渐降低的带状分布格局。生物量与坡度、林分生长状况呈正相关，与土壤厚度、人为干扰强度呈负相关。在影响生物量等级高低的 4 类环境因子当中，以平均树高为代表的林分因子重要性最强，人类干扰因子次之，坡度、土壤等立地因子最小。因此，加强森林经营强度、减少道路修建、居民点扩张等人为干扰活动影响，是提高生物量等级的主要途径。

受制于现有的技术规程，森林资源连续清查空间数据并不包含生物量、森林健康等与森林可持续经营准则有关的调查因子，也不包含区域交通、居民点数量和经济发展水平等人为干扰因子。因此，在进行森林资源连续清查空间数据挖掘时，首先需要通过一定的方法，将蓄积量转换为生物量；其次需要收集反映人口密度与经济发展水平的 DMSP/OLS 夜间灯光数据、反映行政区划与交通状况的行政区划图等辅助信息；第三，在空间知识挖掘软件的使用上，需要将 GIS 软件的空间统计功能与数据挖掘软件的规则提取功能相结合。

### 📋 本章小结

森林资源调查是森林资源数据分析的基础，本章从不同的角度分析了空间数据分析和时间序列分析的方法，介绍了可用于时空分析的几种软件及其在时空分析中的主要功能，包括 ArcGIS、GeoDa、R、CrimeStat、SatScan、GS + 等。随后，以河南省重点林业县西峡县森林生物量空间数据挖掘方法应用研究为例，以该县 2003 年森林资源连续清查空间数据库为主要信息源，利用地理信息系统软件 ArcGIS 10.2、数据挖掘软件 Clemintine 12.0，通过空间热点探测、趋势面分析、地理加权回归、C5.0 决策分析来进行西峡县森林生物量空间数据挖掘，探索研究区森林生物量的空间分布格局及其主要影响因素。

# 思考题

1. 空间数据的特点有哪些?

2. 按照不同的方法分类, 空间数据分析的方法有哪些?

3. 简述时间序列建模的基本步骤。

4. 常用时间系列模型有哪些?

5. ArcGIS 10 中执行空间分析功能的模块有哪些? 并简述其功能。

# 参考文献

Anselin L. 1993. Linking GIS and spatial data analysis in practice[J]. Geographcal Systems, (1): 3 – 23.

Anselin L, Syabri I, Kho Y. 2006. GeoDa: an introduction to spatial data analysis [J]. Geographical Analysis, 38(1): 5 – 22.

Bivand R S, Pebesma E J, Gomez-Rubio V. 2013. 空间数据分析与 R 语言实践[M]. 徐爱萍, 舒红. 译. 北京: 清华大学出版社.

邓敏, 樊子德, 刘启亮. 2015. 空间分析实验教程[M]. 北京: 测绘出版社.

邓书斌, 陈秋锦, 杜会建, 等. 2014. ENVI 遥感图像处理方法[M]. 2 版. 北京: 高等教育出版社.

李连发, 王劲峰, 等. 2014. 地理空间数据挖掘[M]. 北京: 科学出版社.

李明阳, 王子, 钱春花. 2017. GIS 导论与科研基本方法[M]. 北京: 中国林业出版社.

李玉堂. 2011. 森林资源空间数据集成管理技术的研究与应用[D]. 哈尔滨: 东北林业大学博士学位论文.

汤国安, 杨昕, 等. 2012. ArcGIS 地理信息系统空间分析实验教程[M]. 北京: 科学出版社.

田永中. 2010. 地理信息系统基础与实验教程[M]. 北京: 科学出版社.

王劲峰, 廖一兰, 刘鑫. 2010. 空间数据分析教程[M]. 北京: 科学出版社.

谢元瑰. 2013. 时间序列分析方法在农业经济预测中的应用研究[D]. 长沙: 湖南农业大学硕士学位论文.

徐建华, 陈睿山, 等. 2017. 地理建模教程[M]. 北京: 科学出版社.

# 本章推荐阅读书目

GIS 空间分析理论与方法. 第 2 版. 秦昆. 武汉大学出版社, 2010.

空间分析与建模. 杨慧. 清华大学出版社, 2013.

# 第**8**章

# GIS 在森林经营方案编制中的应用

　　森林经营方案是指森林经营主体根据森林资源状况和经济、社会、自然条件编制的森林培育、利用和保护的中长期规划，以及对生产顺序和经营利用措施的规划设计，进而科学、合理、有序地经营森林，使其充分发挥森林的生态、经济和社会效益。

　　由于传统的森林经营方案编制方法规划时空幅度大、缺少重复性和参照系统、空间异质性复杂、取样技术及研究资金的问题，计算、制图和汇总工作非常繁琐，导致森林经营方案编制劳动强度大、效率低、质量差。随着信息技术的发展，遥感(RS)、地理信息系统(GIS)技术可以在森林功能区划、森林经营类型划分、森林旅游观光基础设施建设以及林地保护利用规划中发挥巨大的作用。

## 8.1　森林经营方案概述

### 8.1.1　森林经营方案的定义与性质

　　**(1)森林经营方案的定义**

　　森林经营方案是森林经营主体为了科学、合理、有序地经营森林，充分发挥森林的生态、经济和社会效益，根据森林资源状况和社会、经济、自然条件，编制的森林培育、保护和利用的中长期规划，以及对生产顺序和经营利用措施的规划设计。

　　森林经营方案规划期为一个森林经理期，一般为 10 年；以工业原料林为主要经营对象的可以为 5 年。

　　**(2)森林经营方案的性质**

　　森林经营方案是森林经营主体和林业主管部门经营管理森林的重要依据。编制和实施森林经营方案是一项法定性工作，森林经营主体要依据经营方案制订年度计划，组织经营活动，安排林业生产。森林经营方案为森林经营主体合理经营管理森林提供了组织依据。同时，林业主管部门管理、检查和监督森林经营活动也要利用森林经营方案。因此，森林经营方案可以作为林业单位业绩考核的标准。

### 8.1.2　森林经营方案的编制原则

　　森林经营方案编制与实施要坚持资源、环境、经济和社会的协调发展，坚持所有者、经营者和管理者责、权、利统一，坚持与分区施策、分类管理政策衔接，坚持保护、发展与利用森林资源并重，坚持生态效益、经济效益和社会效益统筹的原则。

森林经营方案编制与实施要有利于优化森林资源结构，提高林地生产力；有利于维护森林生态系统稳定，提高森林生态系统的整体功能；有利于保护生物多样性，改善野生动植物的栖息环境；有利于提高森林经营者的经济效益，改善林区经济社会状况，促进人与自然和谐发展。

### 8.1.3 森林经营方案编制的深度与广度

**(1) 森林经营方案的广度**

森林经营方案内容一般包括森林资源与经营评价、森林经营方针与经营目标、森林功能区划、森林分类、森林经营类型，非木质资源经营，森林健康与保护，森林经营基础设施建设与维护，投资估算与效益分析，森林经营的生态与社会影响评估，方案实施的保障措施等。

**(2) 森林经营方案的深度**

森林经营方案应将经理期内前 3 ~ 5 年的森林经营任务和指标按经营类型分解到年度，并挑选适宜的作业小班；后期经营规划指标分解到年度。在方案实施时按 2 ~ 3 年为一个时段滚动落实到作业小班。

### 8.1.4 GIS 在森林经营方案编制中的应用

森林经营方案编制是一项综合性强、复杂度高的系统性工程，涉及森林资源评价、森林功能区划、森林经营类型组织及经营措施提取、森林资源环境保护、非木质资源经营及森林游憩以及地形地貌、土地利用、交通、人文、经济等各个层面，信息量巨大。GIS 技术以其强大的信息获取、图形数据采集、数据分析处理、空间数据的可视化和空间分析等功能，为梳理森林经营方案编制思路、提高森林经营方案编制工作效率、加强规划的科学性等方面提供了强有力的支撑。

许多城郊国有林场地处城郊结合部，受城市规划变动的影响较大，林地被占用、变更、退化的风险较大。由于城郊型国有林场的经营状况往往依托于城市发展，服务于城乡居民，因此，森林经营也往往具有生态保护、资源培育、生物多样性保护等多功能特征，对森林进行主导功能区划是森林经营方案的一项重要内容。由于城郊型国有林场与城市居住区、农村居民点交错分布，插花山多、飞地多，林地小块分散、破碎化严重，森林经营类型组织及绘营措施设计难度较大。由于城郊经济发达、人口众多，城乡居民对非木质资源及森林游憩的需求较大，森林游憩基础设施建设规划在森林经营方案中占有较为重要地位。

本书通过对江苏省城郊型国有林场森林资源及社会经济特点的分析，结合 GIS 技术特点，GIS 技术在江苏省城郊型国有林场森林经营方案编制中的应用主要体现在以下 4 个方面：

**(1) 森林功能区划**

森林功能区划可以客观反映国有林场不同区域的资源特点、分布特征，明确不同区域森林在保护、管理、旅游、开发等方面的地域空间关系和需求。利用 GIS 技术，通过对地形、水系、土地、植被等因子的单项分析评价，运用地图叠加的方法生成综合的分析结果。在此基础上，根据生态敏感性的强弱进行森林功能区划。

**(2)森林经营类型组织**

森林功能区划是在景观尺度上对研究区森林进行的主导功能定位，而森林经营类型组织则是在林分尺度上对森林经营目标的界定。森林经营类型组织以森林规划设计小班调查空间数据库为主要信息源，利用 GIS 强大的空间分析功能，依据每个森林小班的生态区位、地形条件和主导功能，确定每个森林小班的经营目标，并在此基础上组织森林经营类型。

**(3)退化林地信息提取**

由于地处经济发达地区的城郊林场经济效益比较低，其林地往往被侵占、变更为高档住宅、休闲会所用地。在经济利益的驱动，林场内乱采滥挖、宗教活动场所私自扩大规模的现象也屡见不鲜。通过遥感技术手段，即时提取林地被侵占、变更的信息，并依此在 GIS 平台上制作林地变更专题图，可以为林地保护利用规划提供数据支撑。

**(4)景观视域分析**

森林旅游是许多城郊型国有林场森林多功能经营的主要目标。景观视域分析是森林经营方案旅游规划中的一项重要内容，视域分析包括点与点之间是否相互通视、点的可视域、线路的可视域、面的可视域等内容。通过景观视域分析，森林旅游规划师可以分析观景点和观景线路的视域范围，以及各个景点的可视情况，对规划旅游景区重要景点、观景设施和观景线路建设具有较强的指导作用。

# 8.2　GIS 在森林功能区划中的应用——以汤山林场森林功能区划为例

汤山林场位于南京市东郊，江宁区东北部，其地理范围为东经 118°56′55″~119°03′55″，北纬 31°48′28″~32°04′30″。场部设在汤山街道集镇，西距南京主城区 25km，距长江龙潭码头 14km，南北有龙铜公路，东西有宁杭公路，沪宁高速公路汤山出口距场部500m，交通便利。林场所属山脉除方山外(方山为茅山余脉)，均属宁镇山脉西段，该山脉呈东北—西南走向。林场所属的国有山林与集体山林交互成片。辖区内主要山头有大连山、青龙山、黄龙山、珠山、汤山、孔山、方山等。

根据 2013 年森林资源规划设计调查数据，汤山林场土地总面积 1 611.43hm²，其中林业用地面积 1 455.84hm²，占 90.34%；非林业用地面积155.59hm²，占 9.66%。全场森林覆盖率80.08%。林场经营范围内拥有汤山温泉、方山森林公园、定林寺、阳山碑材等旅游资源。

## 8.2.1　森林功能区划的方法

森林功能区划可以客观地反映林场不同区域的资源特点、分布特征以及在保护、管理、旅游、服务等方面的地域空间关系和需求。科学的功能区划有利于森林资源保护、森林游憩活动的组织和开展。因此，森林功能区划是森林经营方案编制的一项重要内容。

自 20 世纪 70 年代始，生态环境问题日益受到关注，宾夕法尼亚州立大学景观建筑学教授麦克哈格(McHarg)提出了将景观作为一个包括地质、地形、水文、土地利用、植物、野生动物和气候等决定性要素相互联系的整体来看待的观点，麦克哈格将其称之为"千层饼模式"。通过借鉴麦克哈格"设计结合自然"的思想，在 GIS 平台上，采用"千层饼"叠加方法根据生态敏感性进行森林功能区划。

## 8.2.2 森林功能区划因子

根据汤山林场的自然基底状况以及基础数据可获得性与可操作性等原则，选用对林场森林经营影响较大的森林生物量、海拔及坡度等地形因子，距离居民点及道路远近等人为干扰因子，作为森林功能区划的主要影响因子，并按照自然中断法，按其重要按程度划分为三级，即高敏感区、一般敏感区、低敏感区，并分别设定敏感区间(表 8-1)。

表 8-1 研究区森林功能区划的影响因子

| 因子类别 | 指 标 | 高敏感区 | 一般敏感区 | 低敏感区 |
|---|---|---|---|---|
| 地 形 | 海 拔(m) | >314 | >87，<314 | <87 |
| | 坡 度(°) | >20 | >9，<20 | <9 |
| 植 被 | 生物量(t/hm²) | >62 | >29，<62 | >29 |
| 人为干扰 | 道路距离(m) | >666 | >265，<666 | <265 |
| | 居民地距离(m) | >965 | >493，<965 | <493 |

## 8.2.3 森林功能分区规划

在各个生态要素叠加过程中，为避免各栅格图层权重确定时的主观性，在制作单个生态要素生态敏感性栅格图层基础上，将 5 个栅格图层合成为一个多波段文件，再通过主成分分析进行空间降维。

由于第一主成分的特征值最高，贡献率高达 75.46%，可以认为第一主成分综合了 5 个生态要素的大部分信息。将汤山林场生态适宜性分析的第一主成分，通过自然中断法分成 4 级，分别对应着生态保护、保护与旅游并重、森林旅游、多种经营 4 种森林资源开发利用级别。每个森林经营管理区的主导功能按照面积比例最大的开发利用级别确定。据此，将汤山林场森林区划分为生物多样性保护区、生态景观游憩区、森林公园旅游休闲区、多种经营示范区 4 个功能分区。在功能区划的基础上，依据森林生态安全重要性以及森林的经营利用方向与条件，将森林的管理分为严格保护、重点保护、保护经营、集约经营 4 种森林管理类型(表 8-2)。

表 8-2　汤山林场森林功能分区

| 功能分区名称 | 位　置 | 分区功能 | 森林管理 | 经营措施 |
|---|---|---|---|---|
| 生物多样性保护区 | 长山管理区；余村管理区 | 维持生态系统平衡，保存物种丰富度 | 严格保护 | 开展物种调查，摸清林场现有物种情况，制定生物多样性保护实施计划和保护方案 |
| 生态景观游憩区 | 龙泉管理区 | 以保护森林资源为前提，为市民提供森林生态景观游憩地 | 重点保护 | 通过营林措施提高森林质量，改造林区道路，在道路旁建设一批有特色的林业景观带 |
| 森林公园旅游休闲区 | 方山森林公园 | 利用森林资源的多种功能，为人们提供各种形式的旅游服务 | 保护经营 | 提高森林美景度，挖掘森林文化内涵，加大宣传力度，打造旅游品牌 |
| 多种经营示范区 | 汤山管理区 | 以市场为导向探索林业多种经营模式，为林场增收带来新的途径 | 集约经营 | 重点利用无林地和无立木林地以及收回的征占用林地，建设一批林业经营示范区，包括但不限于非木质经营示范区、林下经济示范区、农林复合经营示范区等 |

# 8.3　GIS 在森林经营类型组织和作业法设计中的应用

## 8.3.1　森林经营类型组织

2016 年国家林业局调查规划设计院颁布的《全国森林经营规划(2016—2050 年)》，作为指导省级、县级森林经营长期规划及森林经营主体森林经营方案编制的规范性文件，在现行的公益林、商品林分类管理基础上，将森林经营类型分为严格保育的公益林、多功能经营的兼用林(包括生态服务为主导功能的兼用林和林产品生产为主导功能的兼用林)和集约经营的商品林三类，并且对每类森林的划分标准进行了重新界定，大大缩小了公益林、商品林的面积比例，扩大了兼用林的面积比例。严格保育的公益林主要是指国家 I 级公益林，即分布于江河源头、江河两岸、自然保护区、湿地水库、荒漠化和水土流失严重地区、沿海防护林基干林带等重要生态功能区范围内，对国土生态安全、生物多样性保护和经济社会可持续发展具有重要的生态保障作用，发挥森林的生态保护调节、生态文化服务或生态系统支持功能等主导功能的森林。多功能经营的兼用林包括以生态服务为主导功能的兼用林和以林产品生产为主导功能的兼用林。集约经营的商品林包括速生丰产用材林、短轮伐期用材林、生物质能源林和部分优势特色经济林等。商品林主要分布于自然条件优越、立地质量好、地势平缓、交通便利的区域，以培育短周期纸浆材、人造板材、生物质能源和优势特色经济林果等，保障木(竹)材、木本粮油、木本药材、干鲜果品、林产化工等林产品供给为主要经营目的。

按照《全国森林经营规划(2016—2050 年)》规定的三类林划分标准，汤山国有林场经营范围内由于缺少国家 I 级公益林，现有的公益林均为以生态服务为主导的兼用林，而现有的商品林，除雨花茶等少量特色经济林外，均为以生产林产品为主的兼用林。

在 ArcGIS 10.2 平台上，加载 2013 年森林资源规划设计调查小班空间数据库，对于有林地小班，根据小班属性表的林种信息，利用 GIS 的空间查询、统计功能，选择水源涵养林、水土保持林、农田防护林、护路林等防护林以及环境保护林、风景林，作为以生态服务为主导的兼用林进行统计。选择用材林、竹林，作为以生产林产品为主的兼用林进行统计。对于疏林地、未成林造林地、无立木林地、灌木林地等有林地以外的小班，根据小班所属功能分区的经营目标，结合小班的地形、优势树种等属性，进行小班经营类型的性质定位。在此基础上，共组织 9 个森林经营类型，面积 1 411.62hm²，占全场面积 87.60%（表 8-3）。各种森林经营类型的面积比例如图 8-1 所示。

**表 8-3　汤山林场森林经营类型组织表**

单位：hm²

| 森林经营分类 | 森林经营类型名称 | 汤山管理区 | 佘村管理区 | 龙泉管理区 | 长山管理区 | 方山森林公园 | 合　计 | 占比（%） |
|---|---|---|---|---|---|---|---|---|
| 生态服务为主的兼用林 | 水源涵养为主的兼用林 | 60.50 | 0.47 | 12.98 | 14.68 | 3.47 | 92.1 | 6.52 |
| | 水土保持为主的兼用林 | 35.74 | 186.71 | 306.29 | 151.23 | 0 | 679.97 | 48.17 |
| | 农田防护为主的兼用林 | 0 | 0 | 2.53 | 0 | 0 | 2.53 | 0.18 |
| | 护路为主的兼用林 | 7.56 | 0 | 0 | 0 | 0 | 7.56 | 0.54 |
| | 环境保护为主的兼用林 | 1.17 | 0 | 0 | 21.47 | 0 | 22.64 | 1.61 |
| | 风景游憩为主的兼用林 | 0 | 0 | 0.61 | 2.73 | 492.72 | 496.06 | 35.14 |
| 林产品生产为主的兼用林 | 珍贵树种培育为主的兼用林 | 21.61 | 0 | 0 | 0 | 0 | 21.61 | 1.53 |
| | 竹产品为主的兼用林 | 19.48 | 3.31 | 16.35 | 3.29 | 41.61 | 84.04 | 5.95 |
| 集约经营的商品林 | 集约经营的茶叶林 | 5.11 | 0 | 0 | 0 | 0 | 5.11 | 0.36 |

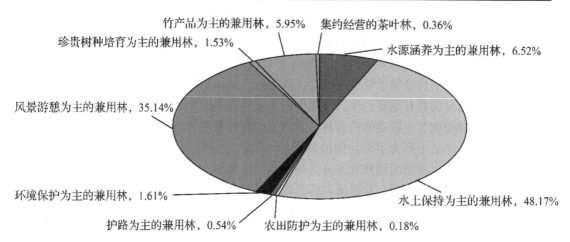

**图 8-1　各种森林经营类型面积比例**

从表 8-3 可以看出，汤山林场的森林可以组织为以生态服务功能为主的兼用林、林产品生产为主的兼用林、集约经营的商品林 3 大类共 9 种森林经营类型。从图 8-1 可以看出，在 9 种森林经营类型中，以水土保持为主的兼用林、以风景游憩为主的兼用林面积最大，其次是以水源涵养为主的兼用林、以竹产品为主的兼用林，面积占比分别为 48.17%、35.14%、6.52%、5.95%。以珍贵树种培育为主的兼用林、以集约经营的茶叶林和以农田防护为主的兼用林面积比例较小，分别只有 1.53%、0.36% 和 0.18%。

## 8.3.2　森林作业法设计

为了促进因林施策和科学经营，对不同森林类型设计具有针对性的森林作业法，是森林经营方案的一个重要组成部分。森林作业法是针对林分现状，围绕经营目标而设计的技术体系，是落实经营策略、规范经营行为和实现经营目标的基本技术体系，因而是森林经营类型组织的一项重要内容。

森林作业法设计涉及造林、抚育采伐、更新造林等具体经营措施和技术要求。研究区森林作业法设计，涉及的主要技术规范有：《造林技术规程》(GB/T 15776—2016)、《森林抚育规程》(GB/T 15781—2015)、《森林采伐作业规程》(LY/T 1646—2005)、《生态公益林建设技术规程》(GB/T 18337.3—2001)、《名特优经济林基地建设技术规程》(LY/T 1557—2000)。

在森林经营类型组织基础上，根据研究区长期森林经营的历史经验，参照以上森林经营技术规范，结合每种森林经营类型的经营目标，对汤山林场 9 种森林经营类型中面积最大的 3 种森林经营类型进行作业法设计，并通过 GIS 的空间查询功能落实到小班(表 8-4)。

**表 8-4　汤山林场典型森林经营类型技术措施表**

| 森林经营类型 | 经营目标 | 森林经营措施 | | |
|---|---|---|---|---|
| | | 抚育措施 | 主伐措施 | 更新措施 |
| 水源涵养为主的兼用林 | 涵养水源、改善水文状况、保护饮用水源、调节水循环和增加河流年径流量 | 对郁闭度 0.5 以上的林分进行封山护林，对郁闭度 0.5 以下的林分通过人工促进更新、定向培育、人工补植等封育措施，加快优势树种生长，逐步建成针阔混交林 | 单株择伐病腐木、过熟林 | 选择树体高、冠幅大、根系深、长寿、生长稳定且抗性强的树种。人工造林或人工促进天然更新。人工造林整地严禁全垦，一般采用穴状整地或带状整地 |
| 水土保持为主的兼用林 | 缓解地表径流、减少冲刷、防止水土流失、保持和恢复土壤肥力 | 以采取封山育林措施为主。为了充分发挥封育地类的土地潜力，加快成林速度，根据不同地类和条件，应采取人工促进天然更新、人工补植、平茬复壮、培育管理等育林措施 | 单株择伐病腐木、过熟林 | 选择适应性强，生长旺盛，根系发达，固土能力和抗风、寒、旱能力强，耐瘠薄的树种。以封山育林为主，人工造林为辅。在 25° 以上、土壤立地条件较差、水蚀严重的地带人工造林宜采用穴状整地 |
| 农田防护为主的兼用林 | 提高农区生物多样性，改善乡村景观，控制非点源污染，保障农业生产条件 | 幼龄林以割灌、除草、浇水、施肥为主，中龄林以抚育间伐为主。对于林分密度过大、病虫害严重的林分，抚育采伐株树强度低于 30%，伐后林带疏透度 0.4 以上 | 采取全带、断带、分行、隔株方式采伐 | 选择主根深而侧根幅较小、树冠较窄不易风倒、风折的树种。如杨树，以植苗人工造林为主 |

## 8.4 GIS 在退化林地信息提取中的应用——以废弃宕口信息提取为例

由于历史的原因，自 20 世纪 80 年代以来，汤山林场经营范围内出现多处场办、镇办和私营的采石场。这些相对粗放的开山采石活动，尽管在一定时期为林场及地方经济发展做出了贡献，但对森林资源、山体自然环境的破坏十分严重。因采石而裸露的山体，容易引发泥石流、山体滑坡等地质灾害。采石场废弃后形成的宕口，急需复绿整治。精准提取废弃宕口的空间分布、位置、面积等信息，成为废弃宕口复绿整治规划的前提。林场由于经济实力弱，难以购买与规划期同步的高分遥感数据。因此，借助于现势性好开放式 Landsat 遥感图像和 GIS 空间分析功能进行废弃宕口遥感估测、空间信息提取，成为一条可行的途径。

### 8.4.1 废弃宕口遥感估测

汤山林场研究区废弃宕口空间信息提取的遥感信息源，采用的是 2013 年 8 月 1 日的 Landsat 8 OIL。遥感图像的预处理主要包括几何精校正、辐射校正、空间子集运算和图像融合。采用研究区 1:10 000 地形图为参照，选取地形图与遥感图像均有的 25 个均匀分布的同名地物点作为地面控制点（GCP）进行几何精校正。遥感图像辐射定标基础上的大气校正采用 ENVI 5.2 辐射定标工具箱中的 FLAASH 模块，研究区空间子集掩膜运算的感兴趣区域（ROI）选用 2013 年的森林资源规划设计调查小班多边形 shape 文件。由于 Landsat 8 OIL 多光谱影像空间分辨率较低，通过将多光谱波段与分辨率较高的全色波段影像进行融合生成一幅较高分辨率、多光谱遥感影像，可以使处理后的影像既有较高的空间分辨率，又具有多光谱特征。在多种遥感图像融合方法中，由于 Gram - Schmidt 变换能够改进主成分变化中信息过分集中的问题，较好地保持空间纹理信息，能够高度保持光谱特征。因此，研究区图像融合采用 Gram - Schmidt 变换。融合后，研究区遥感图像在保留 8 个多光谱波段的基础上，空间分辨率提高到 15m × 15m。

经过图像预处理，将研究区 OIL2、OIL4、OIL5、OIL6 波段的反射率，代入公式（8-1）中计算出研究区的裸土指数。裸土指数（bare soil index，BSI），是根据 Rikimaru 在 1996 年提出的公式加以计算的，其模型的表达式为：

$$BSI = \frac{(B5 + B3) - (B4 + B1)}{(B5 + B3) + (B4 + B1)} \tag{8-1}$$

式中　BSI——裸土指数图像的灰度值；
　　　B1——蓝光波段（TM1）的反射率；
　　　B3——红光波段（TM3）的反射率；
　　　B4——近红外波段（TM4）的反射率；
　　　B5——短波红外波段（TM5）的反射率。

由于 Landsat 8 OIL 遥感图像的波段设置与 Landsat TM/ETM + 不同，在传统的蓝光波段前增加了一个海蓝波段（OIL1）。因此，TM1、TM3、TM4、TM5 分别对应于 OIL2、

OIL4、OIL5、OIL6。

　　裸土指数图像生成后，需要对图像中的裸土和非裸土进行分割。借鉴日本学者大津展之(Ostu)1978 年提出的最大类间方差法，对裸土指数图像进行二值化处理。该方法的基本思想是，按照影像的灰度值把影像分为目标和背景(裸土、非裸土)两类。图像背景和目标之间的类方差越大，分类的精度越高。设裸土指数图像的灰度值范围为 $[A，B]$，图像二值化的阈值为 $T$，则图像的灰度值就可以分为 $[A，T]$、$[T，B]$ 两部分。则最大类间方差法可以用公式 8-2 表示。

$$\sigma^2 = P_{C1} \times (M_{C1} - M)^2 + P_{C2} \times (M_{C2} - M)^2 \tag{8-2}$$

式中　$\sigma^2$——目标类与背景类的类间方差；

　　　$C_1$，$C_2$——目标类、背景类；

　　　$P_{C_1}$，$P_{C_2}$——像元落在目标类和背景类的概率；

　　　$M_{C_1}$，$M_{C_2}$——目标类、背景类的灰度值均值；

　　　$M$——裸土指数图像灰度值均值。

　　最大类间方差法的实现是通过不断调整阈值 $T$，使得类间方差 $\sigma^2$ 最大。阈值的设置、类间方差的计算是通过 ArcGIS 10.2 的 Binary Tureshholding Function 函数实现的。通过不断调整阈值，发现当阈值 $T$ 为 0.2 时，目标类、背景类的方差最大。在 ArcGIS 平台上，通过将阈值设置成 $T = 0.2$，将裸土指数图像二值化。通过 ArcGIS 的空间分析工具箱中的栅格转矢量命令，将地类为裸土的栅格要素转换为多边形文件，并提取每个多边形文件的面积。

## 8.4.2　废弃宕口空间信息提取

　　由于部分建筑物、道路、裸地与废弃宕口之间的光谱信息相近，转化而成的多边形文件中，除废弃宕口信息外，还包含了部分建筑物、裸地、道路信息。通过林场森林经营档案分析、典型地段实地考察，发现研究区道路、建筑物、裸地这 3 种地类斑块的面积均小于 10 000m²，根据这一标准，在 GIS 平台上提取研究区 2013 年废弃宕口空间分布信息(图 8-2)。在研究区 2013 年废弃宕口分布空间制图基础上，制作 2013 年汤山林场宕口分管理区统计表(表 8-5)。

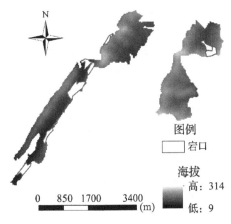

N

图例
□ 宕口

海拔
高：314

低：9

0　850　1700　　3400
(m)

**图 8-2　汤山林场 2013 年废弃宕口空间分布**

**表 8-5　2013 年汤山林场宕口分管理区统计表**

| 管理区 | 汤山管理区 | 龙泉管理区 | 长山管理区 | 余村管理区 | 方山公园 | 合　计 |
|---|---|---|---|---|---|---|
| 宕口个数 | 0 | 2 | 5 | 1 | 0 | 8 |
| 宕口面积(hm²) | 0 | 12.76 | 56.29 | 3.13 | 0 | 72.18 |

　　从图 8-2 可以看出，研究区废弃宕口共有 8 处，集中分布在长山、余村、龙泉 3 个管理区，汤山管理区、方山森林公园没有废弃宕口分布。从表 8-5 可以看出，在 3 个有废弃

宕口分布的管理区中，长山管理区的废弃宕口最多，面积最大，龙泉管理区次之，佘村管理区废弃宕口最少，面积最小。从图 8-2 可以看出，废弃宕口主要分布在交通方便、海拔较低的林场边缘地段，其次分布在海拔较高、坡度较陡的低山中上部。这可能与海拔较低、交通便利的地段有利于大型挖掘机械的进出、建筑石材的外运有关。偏僻的低山中上部不利于执法部门监督管理，而有利于矿山承包经营者擅自扩大开采面积，因此，这部分地段的废弃宕口面积也较大。

## 8.5 GIS 在景观视域分析中的应用——以方山森林公园观光景点视域分析为例

方山森林公园位于江苏省南京市江宁高新园内，紧邻江宁大学城和高新企业区。方山最高海拔虽然只有 209m，但由于位于平原之上，仍不失巍峨挺拔。方山山体基部坡度较缓，上部悬崖壁立，四周受雨水冲刷而沟壑纵横，山顶平和如印，因此方山又称天印山，是游客登高、观赏江宁现代化新城美景的绝佳去处。利用研究区 1:10 000 地形图制作的空间分辨率为 3.3m 的数字地形模型（DEM）、2013 年 8 月 1 日获得的研究区 Landsat 8 OIL 全色波段与多光谱波段融合后的假彩色合成图像，在 ERDAS 2010 虚拟 GIS 平台上制作方山森林公园鸟瞰图（图 8-3）。

2000 年，江宁县撤县建区，进行较大规模区划调整，方山行政区划上从汤山林场划

**图8-3 方山森林公园鸟瞰图**

归江宁高新园，林场通过林地入股参与森林经营，目前已由江宁高新园开发为省级森林公园。方山森林公园 2012 年成立后，江宁高新园管委会将经营的重点放在定林寺、洞玄观等历史古迹的修复重建、旅游公路及登山道路的建设、园林绿化及餐饮服务设施的建设上。公园山顶大规模观光景点的建设，尚未被列入规划重点。

### 8.5.1 视域范围与观光景点的确定

人的视力范围有一定限度，每个人视力各有不同，并且受到天气的影响较大。研究表明，在天气晴朗状态下，正常人视力的明视距离为 25cm，花木种类识别的距离在几十米之内。在大于 500m 时，人眼对景物存在模糊的形象；距离缩短到 250～270m 时，能看清景物的轮廓；4km 以外的景物不易看到。根据这一研究结果，以方山森林公园山顶中心为圆心，以半径 4km 的圆形区域作为方山森林公园视域分析的候选范围。通过实地踏勘，发现由西北方向的绕城高速、东北方向的龙眠大道、南边的秦淮河、东南方向的前进河构成

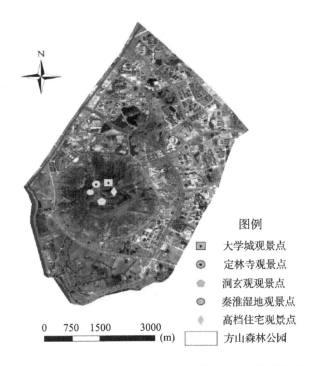

图例
- 大学城观景点
- 定林寺观景点
- 洞玄观观景点
- 秦淮湿地观景点
- 高档住宅观景点

0　750　1500　3000
(m)　方山森林公园

**图 8-4　方山森林公园的视域分析范围和观光景点分布**

的一个相对封闭的区域，包括了方山森林公园在内的定林寺、洞玄观等众多历史古迹，以及江宁大学城、秦淮湿地风光、加州城及景枫法兰谷等欧美高档别墅区等各类景观，聚集了江宁现代新城的主要优美风光。因此，将方山森林公园观光景点的视域分析范围确定为这一由天然河流、人工道路构成的相对封闭的区域。

2013 年 7 月，研究小组登上方山森林公园山顶实地踏勘，通过比较分析，将可以俯瞰下定林寺建筑群中轴线和洞玄观建筑群中轴线的最佳观光点，分别作为定林寺观景点、洞玄观观景点。同理，确定大学城观景点、秦淮湿地观景点、高档别墅观景点，并用天宝亚米级手持 GPS GEO – XT 对以上各观光景点的地理坐标进行精准定位。在此基础上，在 ArcGIS 10.2 平台上，制作方山森林公园观光景点空间分布图(图 8-4)。

## 8.5.2　观光景点视域分析

观光景点视域分析是借助 ERDAS 2010 的虚拟 GIS 工具箱实现的。在视域分析中，需要确定观光景点的地理坐标、海拔高度、观测点距离地面高度(AGL)、视程范围(Range)、视场角(FOV)等参数。其中，观光点的地理坐标是在实地踏勘、比较分析的基础上，通过手持 GPS 提取；而观光景点的海拔高度(ASL)则通过虚拟 GIS 工具箱，借助于研究区的 DEM 自动提取。视场角(FOV)表示各景点的观测视场角度。由于各观光景点地处方山山顶，四周没有大型障碍物遮挡，所以 FOV 数据皆为 360°。视程是指游客在拟建立的观光景点所能观测到的水平距离。在图 8-4 确定的方山森林公园视域分析范围内，在 ArcGIS 10.2 平台上，利用距离测量工具，按照如下方法确定 5 个观光景点的视程：大学城、高档别墅、秦淮湿地 3 个观光景点的视程分别为拟设观光景点到东北方向龙眠大道、东南方向前进河、西南方向秦淮河的垂直距离，定林寺和洞玄观 2 个观光景点的视程分别为拟设观光景点沿定林寺与洞玄观建筑群中轴线到绕城高速、秦淮河的直线距离。据此，计算出以上 5 个景点的视程分别为：2 300m、4 000m、2 900m、1 600m、2 500m。

在以上参数确定的前提下，决定拟设观光景点视域分析结果是否理想的关键参数是观测点距离地面高度(AGL)。AGL 数值在确定时包括观光设施底座高度和游客平均眼高(暂定为 1.6m)。方山森林公园山顶平和如印，为不影响山顶轮廓线的美观、整齐，观光亭、观光台的高度不宜过高，且各个观光景点观光设施的高度差异不宜过大。通过实地调查，南京市森林公园、风景区观光亭的底座高度一般在 10 ~ 20m，每层柱高在 20 ~ 40m。为计算方便，研究区观光亭的底座高度取 1.4m，每层柱高取 3m。每个观光景点的最佳 $AGL$，通过 ERDAS 2010 虚拟 GIS 工具箱中的视域分析工具，分别取 $AGL$ 观光平台（眼高 1.6m）、一层观光亭（眼高 + 底座高度）3.0m、二层观光亭 6.0m、三层观光亭 9.0m 不同的参数，进行视域分析，直到达到拟设观光景点理想的观光效果为止，此时 $AGL$ 的最小值，即为该拟设景点的最佳 $AGL$。

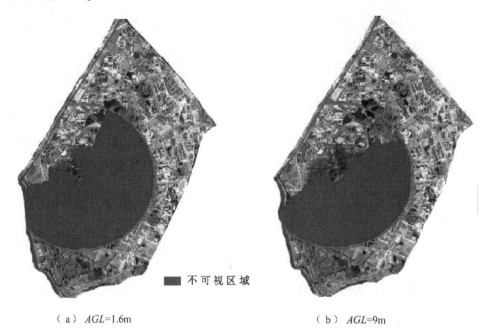

■ 不可视区域

（a） $AGL$=1.6m　　　　　　　　　（b） $AGL$=9m

**图 8-5　定林寺观光景点视域范围随观测高度的变化**

以定林寺观光景点为例，当 $AGL$ = 1.6m 时，可视面积为 464.85hm²，不可视面积（图 8-5 中灰色扇形区域）为 1 134.18hm²；当 $AGL$ 从 1.6m 提高到 9.0m 时，可视面积增加到 692.64hm²，不可视面积减少到 906.39hm²（图 8-5）。从图 8-5 可以看出，当 $AGL$ = 1.6m 时，定林寺建筑群中轴线两侧的景观均处于不可视范围。当 $AGL$ 从 1.6m 提高到 9.0m 时，拟设观光景点两侧将近 180°视角范围的景物，均处在可视范围内。

参照定林寺观光景点最佳 $AGL$ 的确定方法，确定其他 4 个观光景点的最佳 $AGL$，并提出拟建观光设施类型（表 8-6）。

**表 8-6　方山森林公园山顶观光景点视域分析**

| 名　称 | 横坐标 | 纵坐标 | 海拔(m) | 视程(m) | 观光点最佳高度(m) | 视场角(°) | 规划设施 |
|---|---|---|---|---|---|---|---|
| 定林寺观景点 | 676688 | 3531110 | 188 | 2300 | 9.0 | 360 | 三层观光亭 |
| 大学城观景点 | 677013 | 3531170 | 187 | 4200 | 1.6 | 360 | 观光平台 |
| 洞玄观观景点 | 676836 | 3530580 | 194 | 2900 | 3.0 | 360 | 单层观光亭 |
| 秦淮湿地观景点 | 676534 | 3530870 | 201 | 1600 | 6.0 | 360 | 二层观光亭 |
| 高档别墅观景点 | 677167 | 3530880 | 174 | 2500 | 6.0 | 360 | 二层观光亭 |

从表 8-6 可以看出，除了能够远眺包括南京工程学院、江苏经贸学院在内的大学城观光景点建议采取铺设观光平台的观光设施外，其他 4 个观光景点均需要采用 1～3 层的观光亭方式，才能达到预期观光效果。为消除山顶林木遮挡、影响观光效果的现象，增强游客惊险刺激的观光体验，观光平台的铺设，在保证游客人身安全前提下，可以采取从山顶向外延伸数米的悬空式透明玻璃结构方式。

## 本章小结

传统的森林经营方案编制方法，由于规划时空幅度大、缺少重复性和参照系统、空间异质性复杂、取样技术及研究资金的问题，计算、制图和汇总工作非常繁琐，导致森林经营方案编制劳动强度大、效率低、质量差。本章在简述森林经营方案性质、地位基础上，以江苏省城郊国有林场——南京江宁区汤山林场为例，介绍了 GIS 在森林经营区划、组织森林经营类型、提取退化林地空间分布信息、进行旅游观光景点的视域分析方面的应用。

## 思考题

1. 简述森林经营方案的性质、地位。
2. 简述 GIS 在森林功能分区中的应用途径、方法。
3. 简述虚拟 GIS 在旅游景点观光景点视域分析中的应用。

## 参考文献

李成尊，聂洪峰，汪劲，等. 2005. 矿山地质灾害特征遥感研究[J]. 国土资源遥感（1）：46 – 47.

刘礼，李明阳. 2006. 空间视域分析在风景区旅游服务设施规划中的应用——以中山陵风景区为例[J]. 林业调查规划，31(6)：134 – 137.

王晓红，聂洪峰，李成尊，等. 2006. 不同遥感数据源在矿山开发状况及环境调查中的应用[J]. 国土资源遥感（2）：69 – 71.

王雪，卫发兴，崔志新. 2005. 3S 技术在林业中的应用[J]. 世界林业研究，18(2)：44 – 47.

邬建国. 2007. 景观生态学——格局、过程、尺度与等级[M]. 2 版. 北京：高等教育出版社.

薛东艳. 2014. 遥感技术在林业中的应用现状与展望[J]. 科技视界(21)：309 – 311.

严红萍，俞兵. 2006. 主成分分析在遥感图像处理中的应用[J]. 资源环境与工程，20(2)：168 – 170.

于冰沁，田舒，车生泉. 2013. 从麦克哈格到斯坦尼兹——基于景观生态学的风景园林规划理论与方法的嬗变[J]. 中国园林(4)：67 – 72.

周维禄，苏百牛. 2013. "3S" 技术在森林资源规划设计调查中的应用[J]. 甘肃林业(2)：36 – 37.

## 本章推荐阅读书目

ArcGIS 地理信息系统空间分析实验教程. 第 2 版. 汤国安. 科学出版社，2012.

森林资源经营管理. 亢新刚. 中国林业出版社，2001.

# 第9章

# GIS 在森林工程中的应用

随着"3S"技术的发展和林业信息化需求的日益增长，地理信息系统技术（GIS）在林业中的应用领域也越来越广。我国森林工程主要以"3S"（GIS、GPS 和 RS）技术和方法为支撑，在此基础上研究森林作业调查系统、林区道路网规划系统、生产方式控制系统、方案优化与决策系统；研究天然林生态采伐、人工林定向收获技术，使之达到森林采伐作业方案的科学性、森林采伐与生态环境的协调性、作业技术的先进性、生产工艺的合理性。可见，"3S"技术在森林工程中发挥着非常重要的作用，本章详细介绍了 GIS 技术在森林工程中的森林采伐作业设计、林区交通与物流运输、木材加工场地选址 3 个方面的应用。

## 9.1　森林工程概述

随着我国林业的发展，林业科学领域不断拓展，研究队伍逐步发展壮大，条件不断改善，研究的层次和水平也不断提高，已经形成了较为完备的林业科研体系。我国在森林病虫害防治、林产品加工和利用、森林资源动态管理、森林灾害监测、植被恢复和荒漠化治理等方面的工作已经取得了明显进展。科技进步极大地提高了林业生产水平，为我国林业的健康和快速发展起到了重要的支撑作用，产生了巨大的经济、社会和生态效益。森林资源是重要的生态资源，由此形成的森林工程主要服务于森林经营和国家林业的生态建设，有助于实现森林资源的可持续发展。

森林工程指面向森林的工程领域，也泛指在森林区域内与森林资源相关的土木工程、机械运用工程和交通运输工程。森林工程由于服务对象和实现目的的特殊性，在一定程度上又属于生态工程。森林工程一方面是开发利用森林资源，如采伐林木，采集加工药材、竹藤和森林食品，开发森林景观、水源、水电、矿产等；另一方面也是建设和保护森林资源，如营造、抚育和更新改造林木、保护森林以及防止火灾、防治病虫害和荒漠化等。

### 9.1.1　森林工程设计与实施原则

由于受到传统森林工程观念的影响，我国森林工程早期比较注重木材的采伐、运输和储存等工作，但是随着生态环境的恶化和资源短缺，为了适应社会形势的变化和进一步促进经济的发展，森林工程一直在进行适时的改革和调整。同时，在森林工程的具体设计和实施中应该坚持以下两个原则：

①应该将森林工程和整个生态系统保护放在同等重要的地位，在进行森林工程的设计和实施中，应该对相关行为进行明确的规定，如减少或避免对原有植被的破坏等。

②在设计和实施森林工程的过程中，需要对工艺系统进行选择，但是工艺系统的选择需要与原有区域内的生态系统保持一致，这是由生态系统的群落结构所决定的。只有从整体上保证森林工程的实施具有坚实的生态学基础，才能实现森林群落的等级连续性和物种多样性，最大限度的发挥森林工程的作用。

### 9.1.2　森林工程任务类型

森林工程肩负建设、保护和开发利用森林资源的任务，其工程类型大致可分为：

#### (1) 森林资源建设与保护工程

建设森林资源是为了增加和改善资源的数量与质量，保护森林则是为了维护和巩固原有森林自然资源以及森林资源的建设成果。森林资源建设包括森林营造工程、抚育工程、更新工程、改造工程等。森林资源保护是对森林中的生物和非生物因素进行维护，抵御外界天然的或人为的破坏，主要包括森林水土保持、森林防火灭火、森林病虫害防治等。

#### (2) 森林资源开发与利用工程

开发利用森林是为了实现森林的经济和社会效益，包括生物利用、非生物利用和景观利用。生物利用的对象包括木材、竹子、藤、药材、食品、动物、微生物等。森林非生物利用包括水资源、矿产等的开发利用，这方面利用常与水利工程、电气工程、采矿工程等工程分支密切相关，交叉融合。森林景观利用是实现森林资源环境效益的重要途径之一，包括森林景观的建设、旅游开发和经营。

#### (3) 林区道路与运输工程

林区道路又称森林道路，是地处林区的道路工程，指通行各种车辆和行人的工程设施，是为林区内的道路交通运输服务的。林区运输工程指借助道路、铁路、水路，通过汽车、火车或船舶运送森林物资，包括原料、产品和半成品（如木、竹）。与其他工程分支相比，森林工程具有明显的特点：工程对象特殊，工程内容广泛，类型多，跨产业，兼具市场经济属性和公益属性，环境艰苦，作业粗放等。

## 9.2　采伐作业设计

森林采伐作业既是人类开发、保护和利用森林资源的重要手段之一，又是人类干预森林生态系统的一种经营活动，人们以森林生态系统为对象，通过对成熟林木的合理采伐而获取木材产品，同时通过科学合理的采伐技术措施，能够使森林资源得到保护和发展，生态环境得到改善和提高，并能够充分发挥森林的生态、经济和社会效益，增强森林环境的生态服务功能。在森林采伐作业设计的各个环节中，GIS 技术依靠其强大的信息获取、数据处理以及空间分析能力从而得到普遍应用，成为了森林采伐作业设计的重要方法。

### 9.2.1 森林采伐作业设计的主要内容

森林采伐作业设计的内容主要包括确定伐区位置和界限、采伐类型、采伐方式、采伐强度、采伐量和采伐时间等，各级缓冲区的长度、宽度、面积和作业要求；制定森林更新计划；绘制采伐和更新的作业图；调整作业计划，以及制定偶然事件发生时的对策等。

### 9.2.2 GIS 在森林采伐作业设计中的应用

整个森林资源采伐作业过程可以分为内业和外业两部分。

在内业部分经历了 3 个阶段：

①原始的手工内业处理阶段。

②以属性处理软件为主的内业统计计算阶段，该阶段主要由外业调查的属性信息录入、统计、报表输出等完成。

③以 GIS 技术为主的内业处理阶段。

在外业部分也经历了 3 个阶段：

①罗盘测量阶段。

②GPS 测量阶段。

③以移动 GIS 为核心的外业数据采集阶段。

在三类调查设计过程中，由于各地应用水平的差异，内外业的发展阶段出现相互交叉的情况。在手工处理内业阶段时，外业采用的是罗盘或 GPS 进行测量；内业采用软件对属性进行统计计算阶段时，外业采用的是罗盘或 GPS 进行测量阶段；内业采用 GIS 技术时，外业一般采用 GPS 测量或移动 GIS 进行外业数据采集。可见，内业采用 GIS 技术进行数据处理和管理，外业采用移动 GIS 进行野外数据采集是采伐设计管理系统的最佳方式。GIS 利用地理信息和数据库技术，以掌上电脑、计算机和专网为运行环境，通过网络化、标准化、图库一体的应用系统，为森林采伐作业设计管理提供了一个有力的工具，实现了森林采伐全过程、全方位信息化管理；为森林资源数据库提供三类调查等基础数据，实现了森林资源动态监测与管理。

**(1) 林分地形因子的提取**

在 GIS 系统中可以实现森林采伐主要空间技术指标(集)的提取(如对等高线的自动处理)，形成林区的数字高程模型图(DEM 数据)，并根据 DEM 数据利用 Spatial Analyst Tools 工具箱中 Surface 工具集提取所需的地形因子(如坡度、坡向、海拔等)，不同因子的提取需要进行不同的操作；同时还可以根据林场地形图、小班图像等，分析影响森林采伐规划设计的其他地理因素。

**(2) 优选伐区选择**

在 GIS 系统中可以根据林道可及度选择可伐小班，根据郁闭度、龄组、蓄积量、树种以及禁伐区、道路、河流等限制，综合评价选择合适的伐区、楞场区域和集材道路。伐区的选择主要有两种方式：

①根据采伐方式分别选择合适的采伐小班并对小班进行勘察，确定小班树木情况，小班的采伐区划、采伐面积、采伐强度、采伐量、造林模式等内容，记录调查内容并录入到

小班属性表中。

②根据 GIS 系统的数据库存储的小班信息，通过制定限定采伐树木的条件，查询数据库中满足条件的树木后，导出符合条件的树木信息，确定采伐小班信息，最后外业调查人员通过小班位置来进行实地勘察，最后进行采伐作业。

**(3) 叠加分析与缓冲区分析**

ArcGIS 中统计分析模块主要是对林班面积、小班面积、小班地理位置信息、林班内树种等森林资源信息等进行统计，主要的分析功能是其中的叠加分析和缓冲区分析。叠加分析(overlay)是 GIS 技术提取空间隐含信息常用的手段之一，是在统一的空间参考系统下，通过对不同的数据(图形、属性)进行一系列的集合运算，产生新数据的过程。为方便林场采伐设计，需要把不同属性信息的数据如林班、河流、湖泊、道路等进行叠加分析，形成具有多重属性的林相图。

缓冲区(buffer area)是为保护研究区内溪流、湖泊、道路等环境而在周边划定的禁止采伐机械进入的森林地段。根据数据库中的点、线、面等实体建立缓冲区，缓冲区内的林分不作为采伐作业伐区选择对象。对栅格数据的空间分析扩大了林场森林资源数据库的应用范围，根据属性将数据库内容进行转换与处理，结合栅格数据，主要是 DEM 数据，进行栅格数据分析，可以完成森林采伐相关要素的提取，实现 GIS 与林学知识的进一步关联。

**(4) 造林设计**

基于小班的立地条件类型通过优选伐区中的限制条件，在 ArcGIS 系统中运用查询语句选择小班数据库中林木生长的土壤、坡度、坡向、坡位、气候等在内的立地条件基本信息，根据实际情况，计算各个因子对营林造林的影响程度，确定模型中各个因子的权重。相同的立地条件意味着植被有着相同的或大体一致的生长条件，其生长效果亦保持较高的相似性。通过合理的规划，选择适宜的造林树种、造林密度等设计参数规划造林方案，最终制订最佳的营林决策方案。

对森林采伐的管理，需要通过大量数据的及时处理(包括数据的定性、定量分析，多要素、多变量综合分析，以及动态分析等)，对所发现问题及时做出分析决策。GIS 作为图形、数据等处理和管理的有效工具之一，可以方便而高效地处理大量信息，林业工作者可以把 GIS 作为选择优化采伐、设计营林作业方案等的决策工具。采伐规划设计作为森林采伐作业的重要依据，科学制定采伐规划设计，除了需要准确地掌握林分的生长情况外，如何更好地选择、优化经营方法以及林分生长模型；如何更有效地管理各类数据，实现空间的分析成图，都是制定生态采伐规划设计必须考虑的重要问题。随着信息技术的发展，森林经营决策越来越依附于各种决策支持系统，其中以基于 GIS 的决策支持系统应用最为广泛。将森林采伐作业设计与 GIS 技术相结合，解决了传统森林采伐中存在的采伐方式不合理、小班区划边界不清晰、采伐木选设不合理、违规设计等问题，提高了森林采伐更新作业的科学决策水平，有利于森林资源的可持续利用。

## 9.3 林区交通与物流配送

传统林区交通物流管理和运行方式的转型离不开物联网技术。由于林区交通业务的特殊性，需要对林区路网信息、路径规划等进行优化，因此，结合卫星导航、GPS 和 GIS 的物联网应用能够极大促进林区交通物流技术的发展。卫星导航系统具有定位、导航、短报文通信和授时功能，作为感知层和网络层与物联网技术融合应用于交通物流业中，替代 GPS 发挥基础的导航通信作用。GIS 将林区路网地图与实际应用结合起来，提供强大的空间数据存储和处理能力，结合专用的算法技术，导入空间数据模型，可以为具体业务过程提供交通方面的辅助决策。以 GIS 技术为基础设计的交通物流系统能够应用于运输车辆、手持移动设备等，实现远程与短距离信息交互、信息采集、智能控制等特色功能，从而在森林采伐过程中的交通运输、物流配送等主要环节发挥重要作用。

### 9.3.1 林区交通运输智能管理

GIS 技术在交通物流行业应用广泛，如用于多式联运的可视化智能管理等。在 GIS 的基础上，结合多技术、多算法构建交通物流多式联运无缝对接模型，能够解决林区交通运输的衔接性问题。林区交通运输方式主要是公路运输，GIS 智能管理重点在于交通路网、路径规划、应急指挥等的数据持续更新与功能管理。可利用 GIS 技术对不同的运输车辆进行实时线路跟踪，尤其是对承载伐木的车辆能够进行更加精确的监控。在公路运输管理空间信息数据库中，GIS 的信息源包括了车辆运输过程中涉及的道路网、道路标志、路段、路名以及途中经过的各种场所等信息。GIS 根据路网的不断变化实时对空间栅格数据进行更新，并与相应的数据、图形、图像、声音等信息进行快速融合，使公路运输 GIS 管理系统能够满足最新的林区路况运输需求。

基于 GIS 的数据更新管理包括基于图幅单元的变化信息采集、调绘标注、数据编辑以及数据输入等，GIS 技术在整个林木公路运输过程中的管理包括以下方面：

①信息实时查询：当货物开始运输后，承运车辆的移动信息都可以被实时采集、上传，随时可以查询到车辆的具体位置、路线信息、货物情况以及运输过程是否存在隐患，何时能够到达目的地等，方便管理监控。

②车辆管理：按车辆状态来管理车辆，如车辆的状态分为 3 类，即可派出、已派出和修理中；提供 GIS 报修功能，车辆在运输途中发生故障，GIS 系统能够提示最近的维修点并指示导航路径。

③派车管理：通过查询空车信息、驾驶员信息结合货物数量、运输时间要求等，制订合理的派车方案，包括指定运输车辆、驾驶员和运输时间，规划运输路线等，并将方案及时下发相关业务人员，按时发车。

④车辆分布专题图：根据车辆所载货物、车辆状态等信息可以绘制车辆分布专题图，用各种颜色表示不同的含义。

⑤预警：在车辆运输过程中，如果路径前方出现事故、修路、堵车等现象时，会自动匹配新的行驶路线并及时在地图上更新，避免突发情况影响车辆的运输。

## 9.3.2　林区路网优化调度

以 GIS 系统为基础可以建立路网优化模型，主要包括林区道路信息的采集和更新，以及最优路径的选择两个方面，需要构建地理空间数据和公路属性数据一体化的模型，实现车辆运输过程中的 GIS 路网构建、道路信息采集、路网优化调度等多种功能。利用 GIS 技术将运输车辆、运输公路及其附属设施等融入同一个网络中，通过收集和处理数据信息构建智能路网，并通过对路网相关业务流程的分析，获得路网的 GIS 仿真模型，以此进行物流运输的决策分析。这种决策分析方法将结果以地图的形式直观显示，大大提高了管理效率。基于 GIS 系统的公路网优化调度等功能如图 9-1 所示。

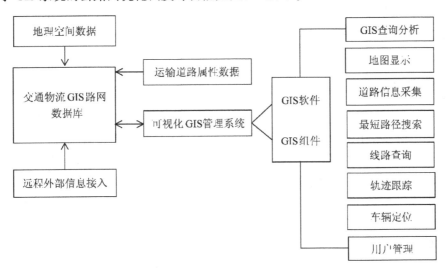

**图 9-1　GIS 路网优化调度**

### 9.3.2.1　林区道路信息采集与更新

林区路网信息不是一成不变的，随着森林工程建设的逐步推进，会不断出现或者消失一些道路，原有道路的通行方式也可能发生改变，这些都需要及时在 GIS 地图上进行更新。因此，道路信息的采集和更新是相辅相成的。林区道路数据库系统由现场数据采集和数据处理两部分组成。现场数据采集模块主要包括卫星导航定位基站和安装在车辆上的导航装置。数据采集软件可以收集空间数据和属性数据，导航定位数据可被自动记录在计算机中，存储属性数据。数据处理模块则可以处理属性数据，并将结果输出到 GIS 系统中。该模块具有 3 个主要功能：卫星导航定位数据处理、属性数据编辑和数据输出。路网数据库以空间数据和非空间数据为主，空间数据是以属性更新为主，当某个图形的属性发生变化，其图形就会实现更新，整个数据库的数据都会改变，随之节点层和路段层的数据也会发生改变，非空间数据库中的数据变化也将带动数据库的更新。道路信息的收集和更新系统可以捕获和记录卫星定位数据和道路属性数据，GIS 系统的路网数据库可以导出这些数据，并实现更新。

#### 9.3.2.2 林木交通运输最优路径

林区路网构建最主要的目的是为运输车辆提供最优路径方案，利用道路的拓扑结构在已知起点和终点的情况下寻求最优最快捷的行驶路线，提高道路和车辆的使用效率，实现低成本、高效率的交通运输。最优路径不一定是地理意义上的最短距离，而是从起点到终点之间花费时间、财力综合最少的路径，可见最优线路的选择是一个复杂的系统工程问题。因此，必须结合 GIS 系统的路网数据库，对自然因素、人文社会因素等各方面的约束条件进行综合考虑，得出最佳路径。首先利用 GIS 的空间分析功能生成线路方案，然后依据 ArcGIS 空间分析技术中最优路径算法模块，可以实现运输过程最优路径的选择，其计算原理是将寻找最优路径的问题简化为求解空间已知两点间连线费用最少的问题，根据不同算法选出林木交通运输的最优路径。大量案例证明，GIS 的最优路径分析模块在求解此类问题上具有显著的优势。

### 9.3.3 可视化林区交通物流

林区可视化 GIS 管理是以 GIS 地图为基础，接入卫星终端、传感器、摄像头等多种设备，将林木运输过程中的货物状态、运输工具状态、人员状态等数据信息、图像信息，与位置信息和时间信息绑定起来，同步在 GIS 地图上进行显示，在此基础上实现 GIS 路网优化调度、多级任务预警、应急指挥处理等管理应用功能。为了辅助管理决策，还可以根据需求分类生成各类专题图，直观便捷地向用户展示数据分析结果，实现林区交通物流各环节一体化与可视化管理。

**(1) 便捷通信通道**

由于图像、视频等文件具有非常大的数据量，尤其是高清图像和高清视频，因此，可视化 GIS 管理面临的第一个难题是数据传输。交通物流业务运行过程的实时定位监控管理，要求采集和传输数据的频率是非常高的，然而林区交通运输所在的大部分区域地形复杂，山区众多，往往处于移动通信信号的盲区，因此，确保通信畅通就成为保证林区交通运输安全的首要问题。

由于物流配送环节存在可视化 GIS 管理通信方式需求形式多样，通信通道网络结构复杂等问题，可以将卫星移动通信技术与 GIS 技术结合，通过将卫星通信、电信网与现代计算机网络相融合，构建适合林区发展的交通物流通信网络体系，保障在任何时间、任何地点都能实现文字、语音、图像、视频和其他类型数据的通信，为物流监控管理及辅助决策提供更为便捷的通信通道。

**(2) 林区专题图管理**

在林区交通物流体系中，为了能够将交通物流运输的相关内容直观地显示在地图上，可以在 GIS 基础上应用密集渗透神经网络对数据进行密集型数据处理，然后把数据融入电子地图中，使交通物流运输过程中的车辆分布、货品分类、路径规划、运输区域分布、预警等情况在地图上显示出来，采用不同颜色来标明专题要素的空间位置，使内容和地理基础信息相匹配，形成各种专题图。专题图类型具体包括林木货物专题图、路径规划专题图、运输区域专题图、预警专题图等。按照不同的应用需求构建交通物流 GIS 专题图，实现形象化的分类信息显示与林木运输的可视化管理。

# 9.4　木材加工场地选址

　　木材加工场地作为木材物流的重要节点，其选址决策对整个木材物流网络结构具有战略意义。在木材资源分布、收获状况、企业规模、道路网络、地价水平和自然条件等因素的影响下，木材加工场地选址问题较为复杂。木材运输方案反映了木材生产与消费过程中木材流量的分配情况。制订合理的运输方案，有利于降低整个物流系统的总费用。在确定中长期规划内伐区楞场设置情况的基础上，本节将选址和运输综合考虑，主要利用 GIS 技术对木材加工备选地进行选取，进而构建以木材物流系统总费用最低的木材物流网络模型，得到加工场地的最佳位置、数量、规模和具体木材运输方案，实现对木材物流网络的动态优化设计，这对降低整个木材物流系统的服务成本，提高物流运作效率都有着非常重要的意义。

## 9.4.1　木材加工场地选址的原则

　　在一定区域范围内，木材加工场地的选址对整个木材物流系统的成本会有很大影响，而且建设木材加工场地需要花费大量的人力物力，建成之后难以进行搬迁，一旦选址不恰当，将会造成无法估量的损失，对林区经济产生非常大的负作用。因而，在进行木材加工场地选址决策时应该遵循以下主要原则：

　　**(1)适用性原则**

　　木材加工场地的选址应与木材资源的分布相适应，同时也要积极响应国家和地方省(自治区、直辖市)关于林业方面所颁发的一系列方针、政策，并且和国民经济以及社会发展保持统一的步伐。

　　**(2)协调性原则**

　　木材加工场地选址的协调性主要指的是两个方面，分别为自然环境和设施设备。一方面，选址时应当特别注意周边的自然环境条件，考虑加工设施设立后对当地环境所造成的影响，并进行相应的调查和评估，最大限度地协调两者之间的关系。另一方面，不同地区生产力水平、技术实力以及物流基础设施设备分布不均衡的现象屡见不鲜，在最终确定建设地点之前，需要做市场调研，使得所建立的加工企业与当地的生产力水平、技术实力和物流基础设施状况相互协调。

　　**(3)经济性原则**

　　木材加工场地是一项重要的基础设施建设，不一样的地点，由于设施布局、规模以及运费等条件的差异，对木材物流活动的影响也就有所不同。选址的目标是，使得整个木材物流系统的总费用最低。总费用主要包括木材采购费用、物流运输费用、木材加工费用和固定建设费用这四个部分，因此选址时需要特别考虑经济性原则。

　　**(4)战略性原则**

　　木材加工场地的建设地点一经选定，一般会使用较长的一段时间。选址时不仅要对当前的状况有详细的了解，也要对将来发展的可能做出正确的判断，用战略的眼光来看待选址问题，才能使决策更符合实际要求。

## 9.4.2 木材加工场地选址的影响因素

木材加工场地选址决策的影响因素很多，主要包括自然环境因素、经营环境因素和经济因素等。

**(1) 自然环境因素**

①地质条件：木材加工场地会聚集大量的木材，木材的堆码使地面产生了很大的压力。如果地面以下是松土层、淤泥层和流沙层等地质条件较为不好的情况时，就很容易发生沉陷、翻浆等意外事故，造成重大损失。因此，选址时对土壤的承载力有较高的要求。

②地形条件：木材加工场地应建设在较为规则的长方形区域内，一般不考虑狭长的不规则区域，且地势应较高，地形要求平坦或者稍有坡度，对于陡峭的山区应该完全排除在外，这样才有利于设施布局。

③水文条件：木材加工场地要求干燥通风，以防木材发生腐坏。因此，对于容易产生洪涝的地区应该被完全避开。在选址时要认真调阅当地历年来的水文资料，排除易产生洪涝的地区。

**(2) 经营环境因素**

①交通条件：交通条件的好坏直接影响着运输费用的高低，木材加工场地会有大量的木材进出，为了提高物流效率，节约运输成本，应该将选址布局在交通主干道旁，这样不仅使木材集散更加方便，也有利于创造更多的效益。

②周边环境：木材加工场地要尽量降低对周围居民的影响，减少对附近环境的破坏。另外，木材加工场地是重点防火单位，应离居民区有一定的距离，同时禁止建设在容易产生火花的工业设施旁。

**(3) 经济因素**

①土地成本：一般来说，木材加工场地的占地面积比较大，同时周边还需要预留出一定的空间，以满足场地发展的需求。不同的地段其地价也是不同的，应该在节约用地、充分利用国土资源的原则下选择合适的地段。此外，还要根据附近木材的供应情况，确定加工场地规模的大小。

②采购成本：木材加工场地为了满足正常的生产经营活动，需要购买一定数量的木质原材料，采购成本的大小取决于采购的数量和单位采购价格。

③运输成本：运输成本占物流成本的比例很高，运输成本的变化将对物流成本造成很大的影响。运输成本主要是由运输距离的长短决定的，因此，对运输路径的选择要非常慎重，尽可能地对路径进行优化，从而缩短运输的距离。由此可见，运输成本也是一个非常重要的影响木材加工场地选址的因素。

④加工成本：加工成本受到木材加工场地规模的影响，一般来说，加工场地存在着规模经济现象，即在一定范围内，随着规模的增加，平均加工成本逐渐下降。因此，要选择木材加工场地最适宜的建设规模，使得平均加工成本最低。

### 9.4.3　基于 GIS 的木材加工场地选址分析

木材物流运输具有明显的单向性，其正向和逆向运输量并不均衡，回程运输的物资很少，有时还会出现空车现象，使得运输成本居高不下。自集体林权改革以来，林木生产形式由大批量逐渐转变为小批量，采伐地点分散的更为广阔，运输方式也由此变得更加复杂，此时，对木材运输方案进行优化显得尤其重要。木材运输方案优化的主要问题是通过各个伐区楞场所能提供的各材种的具体数量信息，确定木材物流网络中伐区愣场与木材加工场地的运输方案。木材运输大部分为整车运输，在确定了起点和终点之后，其运输的路径一般比较稳定。

在中长期规划内，由于各个伐区愣场所提供的木材种类和数量是有所差异的，木材从伐区楞场运输到木材加工场地的过程中，如何确定木材加工场地的位置、数量、规模及伐区楞场与木材加工场地间具体运输方案，使得木材物流系统总费用最低，成为了研究的热点问题。本节以 30 年规划期内木材物流系统总费用最低为目标函数，在 GIS 技术的基础上建立木材物流网络动态优化模型，实现对木材物流网络结构的合理设计，确定最优木材加工场地选址。

#### 9.4.3.1　模型的假设

①木材加工场地的建设对地理位置有所要求，首先要在一定的备选范围内对木材加工场地的潜在地理位置进行选择，即所研究的木材加工场地选址问题是属于离散型选址模型。

②木材加工场地可以实现对马尾松、杉木等硬阔类和针叶类多个品种木材的统一加工处理。

③供材点和需材点的运输距离为最短路径，不同道路等级运输成本有所不同，各单位运输成本为最优路径下的取值。

#### 9.4.3.2　模型的构建与求解

木材加工场地选址的目标，是使得整个木材物流系统在 30 年的规划期内总费用最低，总费用主要包括木材采购费用、物流运输费用、木材加工费用和固定建设费用四个部分，其中木材加工费用是企业规模的函数。

**(1)木材加工企业备选地的选取**

在实际生产中，木材加工场地选址的范围一般都比较大，为了提高决策的效率，应该根据加工企业对位置的要求及周边环境的条件约束，剔除一些不适宜建设的地点，从而缩小选址的范围，最终确定木材加工场地的若干个具有代表性和长期发展潜力的备选地点。

综合考虑了木材加工场地选址原则和影响因素之后，在道路、河流、湖泊和已建设城区图层的基础上，运用 ArcGIS 软件的叠加分析和缓冲区分析功能，对适合的备选地点进行选取。选取的量化指标如下：

①为了降低土地征用的费用，应选取尚未被利用的土地。

②备选地点的海拔高度应处于 150～350m，可以防止洪涝灾害对木材的影响。

③备选地点应尽可能接近交通主干道，以便于木材运输配送，要求距离省道、高速公路在 1 000m 以内，距离乡村道路在 500m 以内。

④备选地点要求距离河流、湖泊至少 50m 以上，从而避免设施建设布局对其造成破坏。

根据以上量化的指标，利用 ArcGIS 软件完成备选地点的选取，具体操作步骤如下：

第一步，对河流、湖泊进行缓冲区分析，其中河流和湖泊缓冲区设置为 50m，然后通过叠加分析中的联合工具对这两个缓冲区图层和已建设城区图层进行操作，生成不可建设木材加工场地的区域范围。

第二步，对道路进行缓冲区分析，其中乡村道路设置 500m 的缓冲带，省道、高速公路均设置 1 000m 缓冲带，之后利用提取工具的筛选功能，从中筛选出海拔在 150~350m 之间，地类为非林地的区域。即选择落在道路缓冲区内海拔在 150~350m 之间的非林地。

第三步，在第二步形成图层的基础上，利用叠加分析中的擦除工具，擦除掉第一步所形成的不可建设的区域，最终得到几个木材加工场地的备选地点。

**(2) 模型数据检验**

不同道路等级木材运输的费用有所差异，通过查阅相关文献可以得到乡村道路、省道以及高速公路的运输费用。并且由备选木材加工场地的位置信息，可以获得各个伐区楞场到备选木材加工场地的最优路径，最终得到伐区楞场与木材加工场地间不同材种的单位运输费用。在实地调研土木建设费用和查阅林区基准地价表的基础下，得到各个备选木材加工场地在规划期 30 年内的固定建设成本从而选出最优木材加工场地。

木材加工场地位置的选择是林区开发的先决条件，GIS 依靠其强大的空间分析和可视化技术使木材加工场地选址和规划更具有直观性和科学性。GIS 技术的应用为木材加工场地选址规划提供了新的思路和方法，弥补了传统研究方法的不足，为林业发展的科学决策提供了科学、形象和直观的数据和信息。因此，在对木材加工场地选址模型分析的基础上，通过 GIS 与数学模型的结合，运用 GIS 空间分析的相关知识，探讨基于 GIS 的木材加工场地选址，进一步加强了 GIS 技术在林业领域的应用广度和深度，将促使 GIS 在林业中的应用更上一个台阶。

## 📋 本章小结

GIS 作为林业信息化的重要组成部分，已经广泛地应用于森林工程的各个方面。GIS 技术在森林资源信息管理、森林分类经营管理、天然林保护工程及封山育林、森林采伐管理、森林结构调整及更新造林管理等各个方面发挥着越来越重要的作用。本章主要从森林工程中的森林采伐作业设计、林区交通与物流配送以及林区木材加工场地选址等几个具体方面详细探讨了 GIS 在森林工程中的应用。在 GIS 技术的基础上，可以实现森林采伐作业的林分因子提取、优伐区选择、缓冲分析以及造林设计等环节；可以实现林区交通物流配送的可视化管理，通过林区道路信息的采集和更新选择出林区物流配送的最优路径；还可以在林区交通物流信息可视的基础上通过算法实现最优林木加工场地的选择。从当前趋势来看，GIS 技术在林业发展中所表现出的优越性已经无可替代，在林业未来发展中的应用必然更为广阔，GIS 技术的应用为数字林业的建设打下良好的基础，使林业发展更好地满足当前社会对林业生态效益的迫切需要。

## 思考题

1. 森林工程的具体任务以及实施过程中要遵循的原则有哪些？
2. GIS 技术在森林采伐作业设计中有哪些应用？
3. 如何体现 GIS 在林区交通与物流配送中的用途？
4. 在 GIS 软件系统下，如何进行林区木材加工中心的选址？

## 参考文献

韩富状，陈颖彪，千庆兰，等. 2014. 基于 GIS 技术的物流配送线路优化与仿真模拟[J]. 热带地理，34
　　(6)：842 - 849.

潘翔. 2015. 区域交通物流——物联网 GIS 技术服务体系研究[M]. 成都：电子科技大学出版社.

石兆. 2014. 物流配送选址——运输路径优化问题研究[D]. 长沙：中南大学博士学位论文.

孙墨珑. 1998. 森林作业与森林环境[J]. 世界林业研究(4)：23 - 30.

唐桂财，杨刚，蔚春龙. 2017. "3S" 技术在森林工程中的应用[J]. 农林科技(科技创新与应用)
　　(29)：283.

王立海. 1994. 森林采伐的环境约束[J]. 东北林业大学学报，22(6)：78 - 83.

吴婷婷. 2017. 农产品物流配送中心选址研究[D]. 合肥：合肥工业大学硕士学位论文.

张辉，杨璇玺. 2010. 基于森林健康理念的采伐作业技术措施[J]. 林业调查规划，35(2)：122 - 125.

赵康，戚继忠. 1998. 森林采伐作业的环境影响评述[J]. 吉林林学院学报，14(1)：17 - 20.

## 本章推荐阅读书目

东北天然林生态采伐更新技术研究. 唐守正. 中国科学技术出版社，2005.

区域交通物流——物联网 GIS 技术服务体系研究. 潘翔. 电子科技大学出版社，2015.

物流配送中心选址问题的理论、方法与实践. 左元斌. 中国铁道出版社，2007.

# 第 **10** 章

# GIS 在森林保护中的应用

我国是一个生态环境脆弱且少林的国家。2014 年 2 月，全国第八次森林资源清查结果显示：我国森林覆盖率为 21.63%，远低于 31% 的全球平均水平，我国现存森林面积 $2.08 \times 10^8 hm^2$，人均森林面积仅为世界人均水平的 1/4；全国森林蓄积总量为 $151.37 \times 10^8$ $m^3$，乔木林每公顷蓄积量仅有 90.39 $m^3$，仅为世界平均水平的 69%；人工林每公顷蓄积量仅有 52.76 $m^3$，人均森林蓄积量只有世界人均水平的 1/7。我国森林龄组结构不合理，中幼龄林面积比例占 65%，林分过疏、过密的面积占乔木林的 36%。现有宜林地质量差的多达 54%，质量好的仅占 10%。同时，频繁发生的地质、气象和林业生物灾害也在不断威胁着我国的森林生态系统。随着全球经济一体化进程的不断加深和国际贸易的急剧增加，外来林业有害生物入侵形势日趋严峻。传统的森林保护学方法难以在大的空间格局上进行自然和生物灾害的监控，同时传统的森林保护学并不包括对森林火灾的监测和控制。随着地理信息系统(GIS)的不断发展，将传统的森林保护理论与 GIS 相结合，可以有效地监测危害森林的各项因子，有利于森林健康水平的精准提升和森林资源的可持续发展。

## 10.1 森林病虫害监测

### 10.1.1 森林病虫害

#### (1)森林病虫害的定义

森林病虫害包括森林病害与森林虫害。森林病害是指森林植物在生长过程中或木材产品和繁殖材料在储存和运输过程中，遭受其他生物的侵染或不适宜的环境条件影响，生理程序的正常功能受到干扰和破坏，从而导致林木在生理上、组织上和形态上产生一系列不正常的变化，林木表现为生长发育不良，甚至整株死亡，最后造成人类的经济损失和其他损失。森林虫害是一种非常普遍的自然灾害，是昆虫在生长繁殖的过程中，取食植物的营养器官或吸食植物的汁液，造成林木所生产的营养减少或者林木的营养物质被林木害虫取食，造成林木生长不良，使得木材及林副产品的产量下降，甚至可导致整株林木死亡。

#### (2)森林病虫害的危害

森林病虫害作为一种频发性生物灾害，是林业生产发展的重要制约因素。我国是世界上森林病虫害发生较为严重的国家之一，能够构成危害的森林病虫害约有 200 多种。

森林病虫害的入侵可直接引起大量林木的衰弱或死亡，遭到森林病虫害侵染的森林会出现大量的枯死木，增加了森林火灾发生的概率，还通过对林木生理、森林组成结构的破坏给森林的自然生态环境带来了很大的损害，因此，森林病虫害经常被称作是"无烟的森林火灾"。另外，森林病虫害对人类的经济活动也有许多不利影响，例如，森林病虫害破坏森林景观，使其失去美学欣赏价值，从而影响地方旅游业的发展；森林病虫害对农林业产生直接的经济损失，并间接破坏土壤结构从而影响农林业发展。森林病虫害造成的直接经济损失每年多达几十亿元。森林病虫害还可通过降低生物多样性，破坏各地的特色物种，进而影响当地的社会文化。

**(3)森林病虫害的防治**

森林病虫害防治工作贯穿于林业生产的全过程，是林业建设的一项长期而艰巨的任务。森林病虫害防治必须贯彻"预防为主，综合治理"的方针，要从育苗、造林、营林等各个环节采取预防措施，实行林业生产全过程管理，提高集约化经营管理水平，营造有利于林木生长而不利于病虫害发生的森林生态系统，从根本上减小病虫害发生的可能性。对发生病虫害的林分，要从改善生态环境入手，综合运用各种有效防治措施，实行综合治理，遏制森林病虫害严重发生的势头，逐步把森林病虫危害控制在经济阈值之下，并实现持续控害。

目前，病虫害的监测和预报采用田间定点监测或随机调查的传统方法，即通过肉眼直接观测病害或者捕捉害虫的方法判断病虫害发生的可能性。传统方法因其落后的调查方式而存在主观性强、信息滞后、效率低下等缺点，无法实时、客观地为森林病虫害防治提供科学依据。在地理信息系统(GIS)得到广泛应用的今天，GIS 与遥感技术(RS)结合服务于森林病虫害的空间趋势分析和预测预报，极大地提高了森林病虫害的防治水平，实现了由灾害信息存档向灾害信息应用的重大跨越，对于我国森林资源的有效保护及利用具有重要意义。

## 10.1.2 基于 GIS 的森林病虫害监测预测系统

### 10.1.2.1 不同开发方式的病虫害监测预测系统

**(1)独立开发**

独立开发方式是指不依赖于任何 GIS 工具软件，从空间数据的采集、编辑到数据的处理分析及结果输出，所有的算法都由开发者独立设计。开发者选用某种程序设计语言，如 Visual C ++ , NET, Java 等，在一定的操作系统平台上编程实现。这种方式的优势在于无须依赖任何商业 GIS 工具软件，减少了开发成本，并具备自主知识产权。但对于大多数开发者来说，受到能力、时间、财力的限制，其开发出来的产品很难在功能上与商业化 GIS 工具软件相比。因此，独立开发适合高水平技术人员开发轻便级的 GIS 系统平台。

**(2)宿主型二次开发**

宿主型二次开发方式指基于 GIS 软件平台进行应用系统开发。大多数 GIS 平台软件都提供了可供用户进行二次开发的脚本语言，如 ESRI 的 ArcView 提供了 Avenue 语言，

MapInfo 公司的 MapInfo Professional 提供了 MapBasic 语言等。用户可以利用这些脚本语言,以原 GIS 软件为平台,开发出针对不同应用对象的应用程序。

**(3)组件式 GIS 的二次开发**

组件式 GIS 的二次开发是指由 GIS 软件商提供的 GIS 组件结合主流开发软件进行二次开发,一些国外商业 GIS 软件如 ESRI 公司的 ArcGIS 系列(Engine, Sever, Runtime ),MapInfo 提供的 MapXtreme,国内超图公司提供的商业级 GIS 组件 SuperMap 系列产品(Objects, IS, iMobile)和 MapGIS,以及一些开源的 GIS 软件,如 GDAL、Geoserver、MapServer、MapGuide、SharpMap 等。这些组件都具备 GIS 的基本功能,开发人员可以基于通用软件开发工具,尤其是可视化开发工具,如 Java、Visual Studio、. NET、Visual C ++ 等为开发环境,进行二次开发。如王阿川、王霓虹等均利用了 ArcGIS Sever 与 J2EE 技术,实现了基于 WebGIS 的森林病虫害防治决策专家系统,其采用了 B/S 结构模式的三层构架,构建了知识库、推理机、事实库和解释器等主要模块,实现了对落叶松毛虫的发生期预测、发生量预测、危害趋势预测、灾害发生区域预测以及防治决策等主要功能。

### 10. 1. 2. 2　基于 GIS 的病虫害监测预测系统开发现状

**(1)桌面 GIS 病虫害监测预测系统**

桌面 GIS 的病虫害系统属于 C /S ( Client /Server)的一种开发模式,利用组件式 GIS 等技术定制所需的功能,利用 GIS 的技术原理结合病虫害分析的专业技术,可实现高效、便捷的病虫害灾情分析预测等功能,建立起一个方便、精炼、功能强大的地理信息系统。

**(2)基于 WebGIS 技术开发的 GIS 病虫害监测预测系统**

随着 Internet 的普及与网络技术的不断发展,信息交流更为便捷,WebGIS 是利用 Internet 网络技术和 GIS 技术的一门技术,正是由于 Internet 具有数据分享的便捷性,使得病虫害在监测预测方面的实时性得到了很大提高,因而可将病虫害信息在 Internet 上发布和管理,使之成为 GIS 发展的一个重要方向。

目前为止,不少学者都做了很多关于病虫害监测预测系统的研发工作,其中许多工作是应用商业 WebGIS 进行的二次开发,这种研发方式的优势是快速、便捷,且功能稳定、强大。

①借助国外商业 WebGIS 平台的系统开发:国外商业 WebGIS 提供的服务功能比较丰富,技术相对成熟,其提供的各种功能函数接口均可与主流开发语言、数据库应用进行服务器端与客户端的开发,开发效率比其他 WebGIS 相对便捷。开发者可以有更多的时间致力于病虫害专业知识上的研究分析,最终能很好地跟商业 WebGIS 结合,研发出具有病虫害监测预测特性的系统。

②国内商业 WebGIS 开发的病虫害监测预测系统:国内的商业 WebGIS 也提供很多 GIS 服务,相对于国外的商业 WebGIS 平台而言却稍有不足,但具有我国自主知识产权,其使用成本也要比国外的低。因此,我国有很多学者采用主流的网页开发技术,结合国内的 WebGIS 技术研发病虫害的在线监测预测系统,使之具有多种森林病虫害分析功能,如区域预测、遥感评估等。

③基于开源 GIS 服务器开发的病虫害监测系统：开源 WebGIS 最大的优势是其源代码的开放性，同时由于其源代码的开放性，开源 WebGIS 提供的功能相对较少，且数据的安全性较低。但开源 WebGIS 的开放性却适于 WebGIS 技术原理的研究，以及结合专业知识的应用研究，而且开发成本较低，因而有越来越多的研究采用开源 WebGIS 研发病虫害监测系统，实现了很多监测的基本功能，如病虫害发生发展的空间分析，受害信息查询，以及森林病虫害扩散在线动态模拟等。

# 10.2　森林防火

森林是人类社会和环境发展的物质基础，也是地球上的最重要的自然资源之一。森林火灾是危害森林资源的主要灾害，防范和减少森林火灾是林业工作的重要组成部分，是保护森林资源的重要措施。但是，森林火灾时有发生，对人类的生命财产、地球资源及生态环境造成了巨大的危害。当森林火灾发生时，如何及时掌握火点周围基本情况，对火势发展的准确预测和模拟，采取科学有效的方法扑灭林火，已成为当今国内外森林防火领域的研究热点。

## 10.2.1　森林火灾

### (1)森林火灾的定义及分类

森林火灾广义的定义是：凡是失去人为控制，在林地内自由蔓延和扩展，对森林、森林生态系统和人类带来一定危害和损失的林火行为都称为森林火灾。狭义的定义则是：森林火灾是一种突发性强、破坏性大、处置救助较为困难的自然灾害。

林火发生后，按照林木是否造成损失及过火面积的大小，可把森林火灾分为：一般森林火灾、较大森林火灾、重大森林火灾和特别重大森林火灾。

①一般森林火灾：受害森林面积在 $1\ hm^2$ 以下或者其他林地起火的，或者死亡 1 人以上 3 人以下的，或者重伤 1 人以上 10 人以下的；

②较大森林火灾：受害森林面积在 $1hm^2$ 以上 $100hm^2$ 以下的，或者死亡 3 人以上 10 人以下的，或者重伤 10 人以上 50 人以下的；

③重大森林火灾：受害森林面积在 $100\ hm^2$ 以上 $1\ 000hm^2$ 以下的，或者死亡 10 人以上 30 人以下的，或者重伤 50 人以上 100 人以下的；

④特别重大森林火灾：受害森林面积在 $1\ 000\ hm^2$ 以上的，或者死亡 30 人以上的，或者重伤 100 人以上的。

### (2)森林火灾的危害

森林火灾是危害森林的主要灾害形式。森林火灾与房屋发生火灾不同，它具有危害大、持续时间长等特点，一旦发生，造成的经济损失将会是巨大的。我国是森林火灾的频发地，由于我国防火技术落后，发现迟缓，造成救火往往不及时，小灾酿成大祸的情况很多。

截至目前，全世界纳入统计的火灾次数有七八百万次，其中森林的烧毁面积逾约 $640 \times 10^4 hm^2$，占整体森林覆盖率的 1% 以上。尤其是随着气候全球变暖，20 世纪 80 年代以来，火灾发生在森林里的概率也在呈增大趋势。

实际上，森林火灾不仅会造成大量森林树木损失，而且会破坏森林的结构，降低森林的生态价值和经济价值。森林火灾在造成严重直接损失的同时，还间接导致水土流失，干旱风沙等灾害，给农业的稳产高产带来危机。若火灾发生在居民点、农田、山林交错的山区，还会对居民造成不良影响，如烧毁屋舍、粮食、农具和牲畜。世界各国中，因火灾造成的森林面积损失最大的国家是美国，每万公顷就有 5.72 起火灾发生。其次是法国，平均每次火灾面积为 12.35 $hm^2$。俄罗斯每万公顷森林面积上平均火灾次数为 0.23 起，是各国平均每次火灾发生面积最大的国家。挪威发生森林火灾后的平均毁坏面积是最少的，平均火灾发生面积仅为 0.15 $hm^2$。

## 10.2.2　森林防火

自 19 世纪 80 年代以来，美国、加拿大、澳大利亚等国根据各自的国情，研发了各自的森林防火管理信息系统。近年来，我国也有一些研究机构从事这一研究工作，随着人工智能、模拟仿真、虚拟现实技术的日渐成熟，信息技术在森林火灾监测，火灾信息管理，火灾预测预报等各个方面中得到了广泛应用。

随着遥感技术、计算机技术、通信和航空航天技术等科学技术的进步，加上现代科学管理的不断推进，为森林防火提供了先进技术条件。现代先进技术在森林防火中的应用与研究主要表现在两方面：一方面是与航空技术结合的高效灭火装置、灭火剂的应用研究等；另一方面是以计算机应用技术为主的林火管理系统应用研究，主要包括计算机网络传输与通信系统、森林防火辅助决策系统、火场图像实时传输系统。

### (1)基于 GIS 的森林防火信息管理系统

GIS 技术是近些年来迅速发展起来的一门空间信息技术。GIS 是由硬件、软件、数据和用户组成的，用来研究地理数字化采集、储存和管理分析的计算机系统。利用 GIS 可以将地图、图像、照片、数据表格等信息联系在一起，并进行总结，为用户提供完整有效的数据。

GIS 地理信息定位系统是电子地图和火点定位的平台，其主要功能是：

①应用卫星影像数据、遥感数据和林班数据生成电子地图，并将其显示出来；

②应用火点初步定位模型和森林火灾前期发回来的监控、火情图像及火点的方位角来对火点进行初步定位；

③应用森林火点精确定位模型结合无人机侦察对火点进行精确定位。

GIS 能够提供电子地图管理，为用户查阅森林火情和行政区，这些功能能够使人们清晰的掌握相关行政区的森林火情。GIS 具有多来源、多层次、多时态、深加工等特点，所以在森林防火中的应用尤为广泛。GIS 对火点能够精确定位，可以根据坐标定位，并且叠加到森林资源的分布图上。GIS 服务器接收到林火报警器发出的信息后，能够在电子地图上以较为醒目的标识标注出火点的位置，并且能够同时提供护林点与火点地之间可行的营救路线，为及时救火节省了时间。GIS 还能够针对森林火灾给出的数据及时分析火情，根据火险等级和火势发展状况模拟一定时间段内森林火灾的发展趋势，为消防人员扑救火灾做出及时的预测，有助于森林火灾的扑灭。从国家规定的火灾损失评估标准来看，GIS 可以利用高分辨率卫星遥感图像、GPS 数据，计算出森林火灾过火面积，经过统计可以直接算出火灾造成的经济损失，从而为灾后重建提供有力的依据，并且将数据保存也可以作为研究森林火灾的资料。典型的森林防火信息管理系统组成如图 10-1 所示。

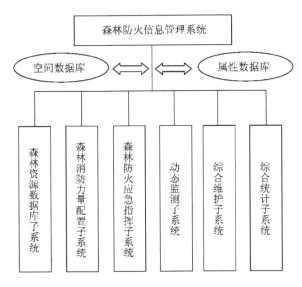

**图 10-1　森林防火信息管理系统总体结构**

**（2）基于 GIS 的森林火灾扑救决策系统**

加拿大和美国是较早对利用 GIS 进行林火扑救辅助指挥决策进行研究的国家。加拿大于 1987 年建立起了加拿大森林火险等级系统；1972 年，美国研发出国家级火险预报系统，在全国得到广泛应用；1988 年，美国研发出了森林防火管理辅助决策系统；2003 年，美国设计并完成了模拟林火空间蔓延动态变化的 Farsite 软件。其他国家如俄罗斯、印度等国也根据自己的国情，研制出了类似的林火管理系统；波兰将遥感技术和地理信息系统技术相结合，用来监测森林火灾，并和比利时 Gent 大学合作建立了森林档案图、土地利用图、地形图等，还把这些信息和由航空、卫星图像及地形数字高程（DEM）模型所得到的各层信息添加到林火数据库（FFD）中，得到包含林业管理、附加信息、特性矫正和环境变化监测的结果。

我国在建立森林火灾扑救辅助决策系统方面比国外起步晚。20 世纪 90 年代初，我国林业部与日本合作开发了一套基于 GIS 的森林火灾管理信息系统，并将其应用到小兴安岭的森林防火中。近年来，我国许多省份根据各自的特点也在研制各种基于 GIS 的森林火灾扑救辅助决策系统，这些系统在一定程度上提高了森林防火和林火扑救工作水平。但是，这些系统中有的占用太多的计算机资源，系统运行效率比较低；有的则开发成本比较大，如采用 AO 技术开发；还有的受到开发技术的限制，导致系统功能不够灵活，如采用 VBA 开发模式。

**（3）基于"3S"技术的森林防火**

20 世纪 90 年代以来，"3S"技术的产生和发展为人类研究森林防火提供了更方便的技术条件。由于森林火灾是一种在时间和空间上都具有偶然性的离散事件，而在偏远的山区、林区，依靠有限的地面瞭望台和航空护林，要做到对林区火灾的全面监测困难很大，而且存在观察死角。利用"3S"技术可以将遥感、地图的主题和空间特征联结在一起，使它们更容易为人们所接受和重视，也能为使用者提供更多相关信息，用途非常广泛。"3S"技术在林火研究中的应用涉及火烧面积、火烧强度、森林生态环境监测等多领域，具有广泛的应用前景，在及时发现火情、实时通信、有效组织扑救工作，避免造成更大的损失等方面具有不可替代的作用。2000 年，国家林业局森林防火办公室建立了全国森林防火信息系统，能够实现林火监测、预测预报、辅助决策、信息发布等功能，提高了林火监测的可靠性，对森林防火工作起到了很好的示范作用。

随着"3S"技术的飞速发展，利用航空相片或卫星影像在时间和空间尺度上提供较准确的陆地环境信息具有巨大的潜力，"3S"技术成为在时间和空间尺度上进行林火预测的一种有效和可靠的技术手段。

## 10.3　森林鸟兽害监测

森林鸟兽害是指林栖鸟兽因栖息、取食等活动给森林带来的直接或间接的危害。森林鸟兽害造成的直接危害有：取食林木种子和果实，影响种子的天然更新；啃咬或啄毁幼苗、根、树皮和枝叶，影响育苗、造林和迹地更新，甚至造成林木枯死，破坏森林植被。间接危害有：大型森林兽类践踏林地造成土壤板结，不利幼苗出土和林木生长；小型兽类挖掘洞穴，使干旱地区因森林土壤水分蒸发加剧而更加干旱。

鸟兽害对森林的影响具体表现在：鸟兽影响林木种子的数量及其传播；影响林木种子的利用及种子在土壤中的分布；影响苗圃中幼苗的生长和采伐地上幼苗的生活；影响幼林的生活和幼林的树种组成；影响林木的天然更新；影响采伐方式。此外，鸟兽还对森林土壤（特别是森林土壤水分状况）、森林空气状况、森林卫生、林木寿命、森林火灾的蔓延等有一定的影响。

### 10.3.1　森林鸟害

#### (1) 鸟害的种类

森林中的鸟类种类和数量都比较多，对林木、种子和幼苗产生危害的常见鸟类有：鸡形目锥科的灰胸竹鸡、环颈雉；鸽形目鸠鸽科的山斑鸠、珠颈斑鸠；雀形目鹎科的白头鹎、黑短脚鹎；领雀嘴鹎；椋鸟科的八哥、灰椋鸟；鸦科的松鸦；鸫科的乌鸫；鸦科的普通鸦；燕雀科的黄雀、红交嘴雀、黑尾蜡嘴雀、锡嘴雀、麻雀、山麻雀等。

#### (2) 鸟类的危害

鸟害的发生常在春、秋、冬季啄食林木种子，幼芽和幼苗。受鸟危害较严重的树木主要有杉、松、樟、天目木姜子、乌桕、茶、秦椒、楝、构树、桑、稠李、椰榆、花楸、鼠李、忍冬、黄连木、柑橘、鹅掌楸、女贞、石楠、水青冈、山毛榉、响叶杨、云杉、秋枫树、蒙古栎、核桃、樱桃、桑葚、接骨木、椴树等树木及其他灌木的浆果等。

竹鸡主要啄食茶、女贞、石楠的果实、种子和幼叶；环颈雉危害松子、橡实、栗子；斑鸠危害松、杉、女贞、樟、鹅掌楸、茶等种子；啄木鸟毁坏松、杉球果和种子及栎实等小坚果；早春食料贫乏的季节，啄木鸟还啄食树木、嫩竹、笋，使植物液汁外流，常使植株感染病菌导至枯死；白头鹎危害樟、楝、乌桕、桑、构树、稠李、蓝果树、天目木姜子的果实、种子，冬春季嗜食幼芽、嫩叶、花瓣；八哥啄食樟、乌桕的果实、种子；松鸦以山毛榉、木兰、槭树及蔷薇科种子或野果为食；鸫啄食橡实以及椴树、水青冈、松、杉及桦树的种子；黄雀以松、杉的果实和种子为食；锡嘴雀、蜡嘴雀啄食椴树、槭树、松、杉、稠李等果实和种子；麻雀、山麻雀为苗圃育苗的主要危害者。

**(3) 基于 GIS 的鸟害防治**

森林鸟类活动范围相对较广，利用传统手段很难在灾害发生前有针对性地开展防治工作，但近年来，在遥感和 GIS 的支持下，有研究利用野外调查数据分析了影响对有害鸟类生存的地类、植被、潮沟、底栖生物等关键环境因素，应用基于面向对象的遥感分割方法，提取出了有害鸟类生境适宜性分析评价单元，建立了有害鸟类与关键环境影响因素的定性定量关系，对影响因子进行了地理空间量化，建立起有害鸟类栖息与关键环境影响因素的定量数学模型，最后计算分析得出有害鸟类从最适宜到不适宜不同等级的生存环境，依此指导鸟害防治工作的有序开展。

具体的方法和流程如下：有害鸟类(简称害鸟)适宜性分析的方法和过程涉及两个方面，一是理论分析和评价模型构建方面，主要进行评价目标害鸟类群的确定，根据专家知识和经验识别出影响害鸟栖息的主要环境因子，确定害鸟类群和关键环境因子的关系模型，给出不同关键影响因子对害鸟适宜性影响的权重，建立起害鸟与环境影响因子之间的评价矩阵；另一方面是空间数据库构建、模型数学量化以及生境适宜性指数计算过程，主要涉及空间地理数据、遥感数据和调查数据的选取，基于共同的地理坐标系统进行环境影响因子的遥感提取和地理空间量化、适宜性分析、生境地理空间数据库构建，在 GIS 支持下进行空间运算得到各个分析评价单元的影响因子地理空间数量值，与适宜性分析评价矩阵进行组合运算得到分析物种的生境适宜性指数。害鸟生境适宜性分析主要流程如图 10-2 所示。

## 10.3.2　森林兽害

**(1) 兽害种类**

兽类对林木的危害主要是兽类以乔灌木树种的枝、干、种子、果实、幼苗为主要食料。由于兽类食量大，其危害取食可影响林木的生长和林分的更新。危害林木的兽类有：缺齿鼹、野兔、黑熊、野猪、鹿类、斑羚、猕猴以及啮齿类动物等。

**(2) 兽类的危害**

缺齿鼹多栖于阔叶林或森林草原地带等土壤较为湿润、植物丰富、昆虫生活和繁殖多的地方。它们在林木苗圃、森林播种地和栽植地中翻掘地下隧道，因此，伤害了苗木的根系。它们在洞道内掘土前进时，洞道上面的地表泥土松散有裂痕，因而在育苗过程中常使苗水缺水或经日晒后枯死，造成一定损失。每年的 6~7 月因地下昆虫、蛴螬增多，缺齿鼹掘洞形成的洞道较多，危害较为严重。

野兔主要有东北兔、华南兔、草兔、云南兔等，其以苗及灌丛的枝叶为食，冬季专以

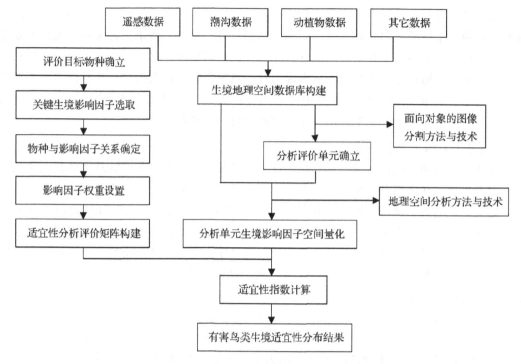

图 10-2  有害鸟类生境适宜性分析流程

乔木、灌木的树皮与枝条为食。野兔繁殖期，在栽植过伐区、苗圃和果园中，会带来较大危害。野兔在密林中主要咬食杉、松树、光皮桦、响叶杨、柳树、栎树、槭树、侧柏、柏木、朴树、榆树、女贞、忍冬等树木。野兔喜食林木幼苗的顶梢，常使苗木造成多头分枝，或者沿树干四周把树皮咬坏，致使根部养料不能输送到茎、叶，影响树木生长，严重时可使树木死亡，对苗木和幼苗危害严重。据朱曦(1982)调查，浙江省开化县林场，1967年冬播马尾松、杉木造林 53 hm²，受害率为 30% ~ 40%；1969 年播种的 3.9 hm² 马尾松全部被咬光，后补植柏木、松树苗木。1973 年，浙江省龙泉县建兴岙头林场，用 1 年生杉木实生苗造林 30 hm²，危害率达 20%，连续补苗 3 年。浙江省浦江县 1990 年营造杉木林 277 hm²，因华南兔危害造成 55.9 hm² 林地验收不合格；1991 年营造的杉木林 742.8 hm²中，发生华南兔危害的面积达 400 hm²，占造林总面积的 53.85%。

**(3)兽害的防治**

我国亚热带林区的兽害以兔、野猪危害最为严重，它们繁殖快、数量多、食量大、分布广泛，为防治重点。除用枪击外，对华南兔还可采用套索、踩夹、网捕等方法。国外如美国以马钱子碱(浓度为 0.3% 和磷化锌 0.75%)处理的胡萝卜作为毒饵进行防治，效果较好。

野猪则因体大凶猛，可采用弓吊法、挖陷坑、毒杀、猎犬看守或采用竹梆、竹卡、间断鸣炮、搭草棚看守等防治方法。

鹿科动物危害的防治可采用柴油和 40% 氧化乐果的混合液(V/V = 20∶1)，驱避剂如 TMTD(tetramethyl – thiuram disulfide)，ZAC(zine dimethl dithio carbamate complex)及 BGR(big game repellent)。

黑熊、麂、獐、斑羚、猕猴等动物因它们数量较少，有些又属国家重点保护动物，虽然其对林业带来一些危害，但从资源保护和国民经济全局出发，以及根据它们对社会生产上的利害，科学文化的需要，都无法对其采用简单的猎杀方法进行控制，而应加强森林经营管理从而降低其对森林的破坏程度。而要进行有针对性的森林经营，需要对受到破坏的森林区域及其受损程度有一定的了解。但是此类珍稀兽类数量相对较少，其数量及活动范围很难通过个人经验进行推测，因此需要引入计算机技术进行分析。国内已有相关研究利用定位器与遥感影像在 GIS 平台上显示出珍稀动物的活动范围，以此类研究为基础，结合有关资料和数理统计的相关知识可得出受损森林的大致区域。

# 10.4　森林气象灾害监测

## 10.4.1　森林气象灾害

森林气象灾害是指各种灾害性天气对林木生长发育造成的危害，包括低温、高温、干旱、洪涝、雪害、风害、雨凇、雹害及大气污染等。树木生长发育与气象因子的关系可表现为最适、最高和最低极限。当气象因子在最适区间变化时，林木生长发育最好；如接近或超过最高或最低极限，树木生长发育则受到抑制，甚至死亡。不同的树种，甚至相同树种在不同年龄阶段，其最适和忍耐极限不同。森林气象灾害按危害的方式可分以下几类。

**(1) 低温害**

低温害又可分下列类型：

①冻害：林木在 0℃ 以下低温条件下丧失生理活力而受害甚至死亡。

②寒害：0℃ 以上低温对林木(热带林木)生长发育造成的危害。

③冻拔：又称冻举，树木因土层结冰抬起而致害。

④冻裂：由于树木是热的不良导体，温度骤降时树干表皮比内部收缩快而造成裂痕。

⑤土壤结冻造成的生理干旱：因树木根系不能吸收土壤水分而导致的失水干枯甚至死亡。

**(2) 高温害**

外界温度高于树木生长所能忍受的温度极限时，可造成树木酶功能失调，使核酸和蛋白质的代谢受到干扰，可溶性含氮化合物在细胞内大量积累，并形成有毒的分解产物，最终导致细胞死亡。

**(3) 干旱**

土壤含水量严重不足对树木生长发育造成的危害，多发生于降水较少的夏季，可导致树木体内原生质脱水，气孔关闭，叶形变小，叶片老化，光合作用能力降低。干旱还可引起树木的其他生理生化变化，如淀粉的水解，呼吸作用和原生质透性、黏滞性的增强等，这些变化对树木都可产生不利影响，最后导致树木生长减退，甚至死亡。

**(4) 洪涝**

因降水或其他原因(融冰、融雪、泄洪等)造成地表水过剩而引起的灾害。其发生与降水的时间、强度、范围有直接关系。该类灾害在我国的发生多集中在夏、秋两季。平原地区发生的洪水可使树木长期处于水淹状态而致其窒息死亡；洪水灾害在山区则引起水土流失，导致树木根系裸露，树干倾倒，甚至死亡。

**(5)雪害**

树冠在降雪时因积雪重量超过树枝承载量而造成的雪压、雪折危害。受害程度因纬度、地形、降雪量和降雪特性，以及树种、林龄、林分密度而有所不同。一般高纬度受害程度重于低纬度，湿雪重于干雪，针叶树重于落叶阔叶树，人工林重于天然林，单层林重于复层林。

**(6)风害**

风害指风对树木造成的机械或生理性危害。一般性风害指内陆地区因大风(风速大于10m/s)造成的风倒和风折，其危害程度因树种和土壤条件而异。浅根树种一般较深根树种易发生风倒。

**(7)盐风害**

盐风害指沿海常年受海风影响的地区(特别是有台风登陆时)，树木因受来自海洋的含盐量较高的空气长期侵蚀枝叶而导致的危害，该类灾害危害范围可从沿海深入内陆数十千米。

**(8)雨凇**

雨凇又称冻雨，是过冷却雨滴在温度低于0℃的物体上冻结而成的坚硬冰层，多形成于树木的迎风面上。由于冰层不断地冻结加厚，常压断树枝，对林木造成严重破坏。

**(9)雹害**

冰雹是严重的灾害性天气，常使林木枝叶、干皮、种实遭受伤害，尤其对苗圃、种子园危害严重。

**(10)大气污染危害**

大气中的污染物质超过树木的自净能力和忍耐程度时，会对树木的生殖器官造成危害。常见的大气污染物可分为原生性和次生性两类物质。污染物的浓度越大，污染的时间越长，危害越重。

## 10.4.2 森林气象灾害监测

### 10.4.2.1 概述

我国是一个灾害多发的国家。在频繁发生的自然灾害中，气象灾害约占70%，每年给国民经济带来巨大损失。随着社会、经济的发展，如何提高防灾减灾能力是摆在我们面前的一个迫切问题。应用信息系统等高新技术，对气象灾害进行实时的监测评估，为政府和有关专业部门提供及时、准确、可靠的信息，使防灾减灾有充分的科学依据，是国民经济建设和社会保障的需要。正是从这一需要出发，通过引进一种定量与空间分析相结合的新型综合地理思维工具——GIS技术，开发出适用于气象领域的GIS应用系统。

美国大气研究中心(National Center for Atmospheric Research，NCAR)为了将地理信息系统技术引入到大气科学，在2001年成立了由一些交叉学科人员组成的地理信息系统研究组织，目的是推动交叉学科的应用、空间数据互操作，实现地理信息系统知识共享与研究，最终架起大气科学与地理信息系统技术以及数据管理之间的桥梁。

该组织于 2002 年 4 月在美国科罗拉多州博尔德市召开了首届"地理信息系统在天气、气候及其影响研究中的应用"研讨会，来自美国各研究机构、地理信息系统开发企业以及美国政府部门的 70 多位代表出席了此次大会。此次大会的主要议题为 GIS 技术在气象领域的应用潜力，内容涉及用 GIS 的手段存储海量气象资料，气象数据的动态可视化以及气象系统间的互操作性问题，会议还制订了将地理信息系统技术逐步应用于气象领域的未来计划。

2005 年 7 月，美国再一次举行了以"GIS 技术在天气、气候及其影响中的研究与应用"为主题的研讨会，此次大会共有来自于不同部门和地区的 65 人参与，会议的主要议题是评估首届研讨会以来地理信息系统技术在气象、地学、社会科学等领域的综合应用形式，更加深入地探讨空间信息技术在科研和学校教育方面的需求，同时还提出了气象以及地球信息科学中的海量数据管理、挖掘等具有现实意义的应用问题。

2008 年 10 月，该组织召开了第三次会议，会议提出了以下几项研究课题：

①GIS 与大气数据和跨尺度模型集成的研究；

②天气和气候影响中的 GIS 应用研究；

③影响评估、脆弱性及适应性评估的定量社会科学数据的 GIS 分析与可视化；

④定性社会科学数据的 GIS 分析与可视化。

在应用项目方面，美国大气研究中心（NCAR）组织下负责的"国际水文计划"（IHOP）进行了地理信息系统环境下数据共享的试验项目，该项目成功实施了中尺度地面观测网数据、航空探测数据、机载通量测量数据、地面雷达数据、卫星影像数据、空中观测数据、风廓线仪监测数据等的集中存储。

美国大气研究中心（NCAR）的 GIS 研究组织参与执行的另一个应用项目——气候变化研究（Intergovernmental Panel on Climate Change，IPCC），用 GIS 的手段为气象领域的研究人员提供全球气候变化数据，用户可以选择设置区域、时间以及数据类型等参数来下载 GIS 格式（如 shape 数据或文本文件数据）数据集，以便于进一步的进行空间数据可视化、制图与分析，这已经成为了该组织气象数据集成、共享、分发的重要形式。

美国大气研究中心（NCAR）对 GIS 技术的重视与发展，使 GIS 技术得到了较为广泛的应用。

欧洲科学技术研究中心（European Cooperation in The Field of Scientific and Technical Research，COST）也认识到 GIS 已逐渐成为信息与通信领域的主流技术之一，于 2001 年初成立了 COST-719 行动组织，专门致力于在气候、气象领域中地理信息系统技术的研究和应用。

### 10.4.2.2　基于 GIS 的森林气象灾害研究

地理信息系统作为一项重要的空间信息技术，在我国建设各种类型的气象信息系统的过程中发挥了重大的作用，如地理信息系统在气象信息管理、气象领域制图、气候区划、人工降雨降雪、以及气象灾害预报、评估、台风数据的分析等方面表现出了很好的应用前景。

**(1)气象信息管理**

地理信息系统的空间数据管理功能已经应用于气象数据的监测，历史资料、时实资料的管理，卫星影像处理等方面。

我国的各类基础地理数据(如国界线、省界线、市县界限以及城区位置图等)及标准气象站位置、加密气象站位置以及自动监测站位置等相关信息已被国家气象中心及省(自治区、直辖市)气象部门加载到现有的气象系统中，并且与不同的地理图层进行集中管理，从而建立全国气象基础信息系统。

**(2)气象领域制图**

GIS 具有较强的专题图制作功能，这种功能在气象预报与气候分析制图中发挥了重要作用，极大地提高了天气预报以及服务产品的可视化水平。国家气象中心是重要的天气预报和气象服务部门，一直以来该部门都在不断地研究如何才能使 GIS 在天气预报和气象服务上得到更好的应用。2005 年，运用 GIS 进行了新一代国家级决策性气象服务系统的建设，该系统的主要功能之一就是实现不同类型的天气预报以及气象服务的分析和制图，如全国降水量预报图、全国灾害性天气落区预报图、台风预警区域图、地质灾害预报图以及天气实况要素分布图(如逐小时的温度、降水、风场、能见度等)。

**(3)气象预报**

GIS 技术在数值天气预报(numerical weather prediction，NWP)业务中发挥着越来越重要的作用。首先，利用 GIS 的空间插值将单点的实时观测气象数据进行网格化，然后根据不同的应用要求，建立相应的模型方程，并且在模型方程中把各种数据源作为自变量进行插值分析与计算，得出相应的预报要素，再使用 GIS 加工出来，得到数字形式的天气预报图件以及图表。使用 GIS 技术的绘图、空间分析以及数据可视化的功能，可以帮助气象专家进一步解释气象数据与天气形式，让天气预报更加准确。

**(4)气象灾害评估**

由于 GIS 技术可以管理海量的空间属性信息，如流经某一区域的河流，穿过该区域的铁路以及该区域中的商业区等。如果该区域将要发生气象灾害，可以利用 GIS 空间分析的功能计算出区域中的受灾面积，综合社会经济信息后对区域经济进一步进行受损分析，得出区域灾害评估结果。福建省气象局运用 GIS 技术建立了省气象灾害监测与预警系统，其中包含气象信息的采集、存储、检索、统计、图层分析、灾害预警等若干模块，以及 3 个空间数据库和 1 个空间信息共享平台。2002 年，该系统正式投入使用，主要是在辖区内对气象灾害以及气象异常进行监测并且预警。

**(5)气象信息的网络发布**

随着人们气象意识的提高，对于气象信息的需求也越来越高，气象部门不断的积累各类气象资料以及预报数据。气象信息综合分析处理系统通过对所获取卫星云图、全球观测资料、遥感资料等进行处理，获得不同形式的天气预报信息产品。将气象观测及预报信息进行在线展现，是气象信息的网络发布平台建设的核心内容。地理信息系统结合网络 GIS，可以实现用户对气象信息的实时访问和分析。

## 本章小结

　　GIS 作为伴随着信息技术发展起来的新兴技术，近年来也被广泛应用于森林经营保护。森林所受威胁主要在于森林火灾、森林病虫害、森林鸟兽害以及森林气象灾害，相比于传统的监测防治方法，GIS 可以结合信息技术实现全球范围内的灾害监测，也可利用现有数据进行统筹分析以进行灾害预测。GIS 还可用于灾害制图，以此作为灾害可视化的工具可更加直观地对灾害进行预报。森林保护是一个综合性的问题，因此更加需要一个工具对其进行系统化地监测与管理，GIS 作为一种技术工具必然会越来越多地应用于森林保护中。

## 思考题

1. 简述 GIS 应用于森林保护的哪几方面。
2. 简述基于 GIS 的森林病虫害监测系统的几种类型。
3. 试论述 GIS 在森林防火方面的应用。
4. 试论述如何利用 GIS 对破坏森林的珍稀动物进行监测。
5. GIS 在森林气象灾害方面有哪些应用？

## 参考文献

冯世强，肖艳．2005．"3S"集成技术在森林病虫害监测中应用的探讨[J]．中国林副特产(2)：47 - 48.

高金萍，李应国．2003．基于 ArcGIS 技术的森林防火辅助决策系统的研制[J]．林业资源管理(2)：54 - 57.

刘春超．2016．基于 ArcGIS 的森林防火系统的设计与实现[D]．石家庄：河北科技大学硕士学位论文.

马冠韬，谭建军，谭巧林．2011．基于 SuperMap IS. NET 的农业病虫害监测系统[J]．广东农业科学，38(4)：158 - 160.

王蕾，黄华国，张晓丽，等．2005．3S 技术在森林虫害动态监测中的应用研究[J]．世界林业研究，18(2)：51 - 56.

王元胜，赵春江，冯仲科，等．2007．基于"3S"集成技术的森林防火决策平台研究[J]．北京林业大学学报，29(S2)：132 - 138.

吴振坤．2015．森林病虫害监测技术研究综述[J]．现代农业科技(8)：177 - 179.

## 本章推荐阅读书目

森林病虫害预测预报．朱建华．厦门大学出版社，2002.

森林鸟兽生物学．多彼里马依尔．中国林业出版社，1958.

我国气象灾害的预测预警与科学防灾减灾对策．黄荣辉．气象出版社，2005.

# 第**11**章
# GIS 在森林旅游中的应用

森林旅游(forest tourism)是指在林区从事的任何形式的旅游活动,这些活动不管是直接利用森林,还是间接以森林为背景都可称之为森林旅游,该概念是由美国学者格雷戈里首先提出的并广为后人接受。

1872 年,黄石公园被正式确立为保护野生动物和自然资源的国家公园,这是森林旅游的前身。第二次世界大战以后,依托森林发展的旅游逐渐兴起,至 20 世纪中叶,以森林为旅游资源的大众化森林旅游开始为人们所广泛认识,森林旅游的理论研究也随之而来。在这种趋势背景下,充分利用各种先进技术手段开展森林旅游资源调查、开发森林旅游资源、制定旅游规划,具有长远的现实意义。用于旅游目的的 GIS 可以称为旅游地理信息系统(Travel Geographic Information System,TGIS),它包含与旅游相关的数据库,并具有相应的分析、辅助管理和规划功能。

## 11.1 森林旅游资源评价

森林旅游资源是森林公园吸引游客的重要因素,也是确保森林公园开发成功的必要条件之一。作为森林旅游业的物质基础,森林旅游资源是由森林生物资源和森林环境资源有机结合在一起所形成的一种整体资源,指以森林景观为主体,其他自然景观为依托,人文景观为陪衬的一定森林旅游环境,具有游览价值和功能,并能够吸引游客的自然与社会、有形与无形的一切因素,属于森林资源体系的重要组成部分。为了合理开发和持续利用森林旅游资源、充分发挥其综合效益,有必要对现有森林旅游资源作出尽量客观的评价,为公园性质、开发规模、开发顺序的确定和景观资源保护与整饰等提供科学依据。

### 11.1.1 森林旅游资源评价的方法

森林旅游资源评价广义上包括森林旅游资源经济评价和森林旅游资源质量评价两个方面。森林旅游资源经济评价是以资源经济学为理论基础,以货币形式衡量或预估特定森林旅游资源所具有的经济潜力,并以纳入国民经济核算体系为目的,体现了森林旅游资源的经济属性。森林旅游资源质量评价则综合运用旅游资源管理学、旅游心理学、森林生态学、景观美学等多学科的理论,以定性或定量方法对单一或若干森林旅游地、景区、景点的景观质量及其可开发利用条件进行综合评判、比较、排序及分级，以期为制定森林旅游资源开发规划和经营管理决策提供基本依据，是森林旅游资源的自然属性、社会属性及文化属性的综合体现。显然，森林旅游资源的经济开发潜力在很大程度上取决于其景观质量（主要是指森林的景观美学特性、森林生态环境质量）及可开发利用条件。

#### 11.1.1.1　森林旅游资源经济评价

森林旅游资源的经济评价主要是为了体现森林旅游资源的经济属性。国外森林旅游经济价值评估已有 50 多年的历史，许多经济学家已提出了多种森林旅游经济价值评价方法。其中具有代表性的评价方法有 7 种，包括政策性价值评估法、生产费用法、游憩费用法、市场价值法、旅行费用法、机会成本法和条件价值法。其中，旅行费用法和条件价值法是目前世界上最为广泛使用的两种森林旅游价值评估方法。

**（1）旅行费用法**

旅行费用法（TCM）可以用来评价旅游的利用价值，即以消费者剩余作为森林的游憩价值。TCM 基本而又简单的设想是：观察旅游区游客的来源和消费情况，主要是根据各出发区的游林率，推导出一条旅游需求曲线，以计算出消费者剩余作为无价格的旅游效用价值。TCM 的最大贡献是对消费者剩余的创造性使用。它的局限性是其评价的旅游价值在很大程度上受制于区域的社会经济条件。由于 TCM 建立在分析旅游区游林率的基础之上，而游林率与区域的社会经济条件（收入分配、交通状况、民族风俗习惯等）密切相关，因此 TCM 计算出的消费者剩余并未反映用于旅游的森林的自身价值，而是区域社会经济结构的一种反映。

**（2）条件价值法**

条件价值法（CVM）是国外森林旅游价值评估领域最有前途的一种评价方法，它不仅可以评价森林旅游的利用价值（use values），而且也可以评价其非利用价值（non-use values），包括选择价值（option value）、遗产价值（bequest value）和存在价值（existence value）。但是由于 CVM 主要是通过对消费者进行问卷调查等方式来获得消费者的自愿支付法（willingness to pay，WTP），综合所有消费者的 WTP 即得到该旅游区的旅游价值，这很容易产生一些偏差，造成结果的不准确性

#### 11.1.1.2　森林旅游资源质量评价

森林景观质量评价主要着眼于对森林景观的评价，尤其是对视觉景观的评价。国外对森林景观质量的评价大致采用 3 种方法：描述因子法、调查问卷法和审美态度测定法。

**（1）描述因子法**

描述因子法通过对景观的各种特征或成分的评价获得景观整体的美景度值。描述因子法的最大优点是它可以对很大尺度的景观作出评价。但该方法存在两大缺陷：

①这种方法的有效性在很大程度上依赖于应用者的专业知识和判断，以及依赖于所选择的描述性特征与美景度之间的相关性；

②这种方法难以直接将各种景观特征与美景度之间的关系表达出来，很难建立起一种

特征与美景度之间的关系模型。

**(2)调查问卷法**

调查问卷法被广泛地用于了解公众对各种景观经营活动的满意程度或可接受程度。这种方法建立在一个重要的但通常没有明确提出的假设之上，人们越喜欢的景观就是越美的景观。调查问卷法的优点是：

①比较方便和经济。

②对问题的选择不受森林资源现状的限制，并且问题的大小完全可以根据目的任意确定。

但该方法也有明显的缺点：

①同一内容在不同的问法下可能会得到完全不同的反应，所以如何措词显得很关键。

②人们在回答问题时所作的选择与面对景观实体或图片时有时所作的选择相互矛盾。

③调查中大部分市民对这种调查工作是理解和支持的，但也有少数人不愿意配合，很多老年人又由于视力或文化原因不便填写调查表，有的市民只是回答调查表中的部分问题，有的市民回答问题和自己的真实想法不一致。

**(3)审美态度测定法**

审美态度测定法又可称为心理物理学方法，其建立的森林景观评价模型包括 3 部分内容：

①测定公众的审美态度，即获得美景度量值。

②将森林景观要素进行分解并测定各要素量值。

③建立美景度与各要素之间的关系模型。

该方法具有两个特点：

①其森林景观价值高低以公众评判为依据，而不是依靠少数专家。

②森林景观的物理特征能够客观或比较客观地加以测定，更能客观反映某一森林景观的实际美学价值。

但该方法也存在着一定的缺点：在现有的研究中，该方法几乎都是用于对林分进行景观质量评价，而极少用于评价林分与其他景观因子综合体的景观质量。

## 11.1.2　森林旅游资源评价的主要内容

### 11.1.2.1　森林旅游资源调查

森林旅游资源调查是森林旅游资源评价的必要基础。该调查应在踏查地区森林旅游资源分布区的基础上，选择若干个具有代表性的森林旅游区为研究对象，从其不同的功能出发，结合当地的实际情况，对每一个森林旅游地进行全面、系统的森林旅游资源调查。全面系统地开展森林旅游资源调查是为防止在拟定的调查范围内留有空白点，保证调查点的覆盖面，确保各种类型的森林旅游资源都被纳入调查范畴而避免忽略或遗漏。森林旅游资源调查还应因地制宜，突出体现地方性特色。

**(1)森林旅游资源基本情况调查**

在收集生产、科研、教学、管理等单位现有调查材料和科研成果的基础上，认真研究分析，充分利用，并对于不足部分进行补充调查。主要包括以下调查项目：

①自然地理调查：调查森林公园的地理位置、总面积、水系及山体类型、平均坡度。

②旅游概况调查：调查森林旅游已开放的景区（景点）、旅游项目、游人结构、人次、时间、季节、消费水平与年平均旅游总收入。

③旅游气候资源调查：调查年平均气温，区域内小气候特征，可供疗养和避暑的季节，多年平均降水量、霜期及对景观的影响，年均舒适旅游期等。

④植物资源调查：调查植物种类、区系特点，森林植物的垂直分布以及森林植被类型和分布特点。

⑤野生动物资源调查：调查森林公园境内的动物种类、栖息环境和活动规律。

⑥环境质量调查：大气质量监测方法按《环境空气质量评价技术规范（试行）》（HJ 663—2013）执行，监测指标应符合《环境空气质量标准》（GB 3095—2012）的规定；地表水监测方法按《地表水自动监测技术规范（试行）》（HJ 915—2017）执行，监测指标应符合《地表水环境质量标准》（GB 3838—2002）的规定。

⑦旅游基础设施调查：调查森林公园与周围大、中城市，相邻风景名胜区或森林公园的交通现状及公园内部交通状况；通信设施种类、拥有量、便捷程度等；森林公园内的电源及供电设备等；旅游接待设施的现状及服务质量等情况。

⑧旅游市场（客源）调查：调查森林公园主要客源所在地的有关资料及各节假日到森林公园旅游的人数、组成、居住时间及消费水平。

**(2) 景观资源调查**

该类调查采用路线调查、典型调查、查阅文献、座谈访问等多种方法相结合的方式。景观资源调查可大致分为自然景观调查和人文景观调查两大类，主要包括以下调查项目：

①森林景观调查：对具有较高观赏价值的林分，调查记载森林景观特征、规模（面积）、建群种以及观赏树种外观特点。

②地貌景观：调查悬崖、陡壁、奇峰等，记载山名、海拔、坡度、相对高差等。

③水文景观：调查河流、湖泊、瀑布、泉水的位置、年流量、水质等。

④人文景观资源调查：调查当地名胜古迹的建筑风格、年代、历史等；宗教文化的种类（佛教、道教等）、建筑、影响范围及历史；革命纪念地的文献记载、文物位置及保护现状；当地各族民风民俗、名人故居；可借景物的种类、名称、距离等。

### 11.1.2.2 森林旅游资源综合评价

对于某一给定区域而言，旅游资源评价往往在该区域旅游业发展及规划中起着承上启下的枢纽作用。区域旅游资源的数量仅仅提供了该区域发展旅游业的基本背景，而这些资源的质量如何，将直接关系到该地区旅游资源的市场潜在占有率，这是确定该区域旅游资源是否值得开发的决定性因素。因此，应在充分借鉴国内外有关旅游地综合评价的研究结果基础上，结合本地区森林旅游资源的特殊性并征集旅游方面的专家、导游及游客的意见，选定适合于该特定区域的森林旅游资源评价指标因子。评价因子的选择应遵循以下 3 个原则：

①所选因子必须能充分反映旅游资源的各个方面。

②所选因子要突出基本类型的特色。

③选择评价因子时应充分利用通过旅游资源普查得到的特征数据。通过现场调查、走访并参考有关资料，根据森林旅游区现状按照分级量化标准制定各评价因子的评分标准，建立森林旅游资源综合评价指标体系，得出能够反映调查区域内各资源实体质量差别的分值。

**(1)森林旅游资源**

①自然景观资源：地质地貌、水体(溪流、湖泊、瀑布、泉等)、植被(植物群落结构、垂直分布、层次、林相、国家重点保护物种等)、动物(主要动物种类与数量、国家重点保护物种、栖息类型、方式)；森林生态环境(森林覆盖率、木本植物数量、旅游气候、大气质量、地面水质量等)。

②人文景观资源：文物古迹、现代建筑及民俗风情、神话传说等。

**(2)开发建设条件**

开发建设条件包括地理位置与地域组合、外部交通条件、客源市场条件、区域经济状况、已开发建设景点、已有服务设施与基础设施、能源状况等。根据调查区域内森林旅游资源评价结果，分析每一调查实体的优势和存在的问题，为森林旅游资源性质的确定、旅游项目的开发顺序和开发重点及发展模式的确定提供客观、可靠的科学依据。

## 11.1.3　GIS 在森林旅游资源调查与评价中的应用

在旅游资源调查评价中，不可避免地要面临庞大的空间数据和属性数据以及复杂的数据分析。如果采用传统的野外普查方法，不仅费时费力，时效性不强，而且收集的资料比较陈旧，带有主观性、局限性、片面性和滞后性，造成旅游资源的调查评价工作往往不尽如人意。若依托 GIS 技术，建立旅游资源的调查评价空间数据库和属性数据库，不仅可以方便地查询、管理、更新、修改这些信息，实现各类地图的电子化，而且借用 GIS 强大的空间分析能力，还可以快捷、方便地完成研究区旅游资源调查评价的各项工作。

**(1)旅游资源数据的采集、存储和管理**

数据采集的任务是能以多种方式快速采集旅游资源数据(包括表征旅游资源空间位置的空间数据和描述它的属性数据、各类环境数据等)，并通过将各种输入设备(扫描仪、数码相机、遥感、GPS 等途径)采集到的图件、遥感数据、坐标数据、文字报告、视频影像、声音等多类型的数据输入到计算机中，利用计算机的海量存储特点，将不同的数据以不同的格式存储。同一类数据按照相同的格式存储，这为系统管理和调用数据提供了方便，并依此建立相关的旅游资源数据库。

另外，在数据更新方面，GIS 也比传统方法优越。传统的方法在进行某一部分数据的更新时，不仅查找数据比较麻烦，而且会牵一发而动全身，整个系统都要全部更新，既浪费时间，又浪费物力。

**(2)旅游信息的查询、统计和分析**

周到的信息服务是吸引客流的主要途径。GIS 可以为游客提供各种关于旅游地的信息，如在各大旅行社、旅游交易会上常见的多媒体导游系统，国际互联网上的各个旅游信息网站等都是图、文、声并茂的查询系统。

旅行社、宾馆等接待单位可以通过 GIS 查询客源、客流量、游客消费等情况，来合理安排旅游路线、制定服务内容和确定设施建设规模。建设部门可以通过 GIS 了解景区规划和现状情况，实时掌握开发进度。

用户还可以利用 GIS 编制旅游资源情况的各种统计分析程序，并根据需要对数据库中的数据进行统计分析。

### (3) 绘制专题地图

GIS 具有很强的图形和文本编辑功能，数据维护也非常便捷，可大大降低出图成本，避免传统制图的繁琐工序。GIS 中图形数据库是分层存储的(如行政区划图、道路交通图、景点分布图、用地现状图、电力网分布图等)，因此，它不仅可以为用户输出全要素图，而且可以根据用户需要分层或叠加输出各种专题图。如将景点分布图、道路交通图、服务设施分布图和地形图叠加，可以根据需要，快速地提供一幅详细的专题图。

### (4) 辅助开发决策

利用 GIS 的拓扑叠加功能，通过环境层(地形、地质、气候、内外交通等)与旅游资源评价图叠加，来分析优先发展区域；利用 GIS 的网络分析功能，分析游路布局；利用 GIS 的缓冲区功能(即在地图上围绕点、线或面等要素，划出一定宽度的"影响地带")可以确定风景区的保护区域、道路红线等。

GIS 还可通过与数学分析模型的集成发挥空间分析功能。例如，将旅游资源评价模型、旅游开发条件模型风景区环境容量模型、旅游需求预测模型、旅游经济效益模型等"嵌入" GIS 中，可辅助旅游管理部门合理地做出开发决策。

## 11.2　环境容量测算

环境容量是指在保证森林旅游资源质量不下降和生态环境不退化的前提下，为满足游客舒适、安全、卫生、方便等需求，在一定时间和空间范围内，允许容纳游客的最大承载能力。研究环境容量是为了掌握游客数量与环境规模之间的量化关系，合理的环境容量是旅游景区进行科学经营管理，组织观光游览和确定景区发展规模的重要依据。

### 11.2.1　测算原则

#### (1) 可持续发展原则

旅游区环境容量的测算除了必须保证景区的旅游资源免受"超负荷"的人为破坏，保持优美的自然景观和良好的游览环境，还特别要保护好景区内的水资源和各种植物资源。不仅当前要取得最佳的经济效益，而且也要使良好的旅游资源能够被子孙后代长期持续有效地利用。

#### (2) 舒适原则

旅游区环境容量的测算必须考虑满足游客的游览兴趣、舒适程度与需求期望，以取得游览、度假、休闲、疗养的最佳效果。

**(3)安全卫生原则**

旅游区环境容量的测算必须考虑保证游客的人身安全，为游客提供安全、卫生、方便的旅游环境。

### 11.2.2　测算方法

旅游区环境容量的测算方法一般有面积容量法、线路容量法、卡口容量法。鉴于旅游区是山、水、林相结合的多元化度假、休闲区域，结合景区景点设置及游览方式安排，测算旅游区环境容量以采用线路容量法和面积容量法为主；对存在卡口的森林公园则应计算出卡口容量，以便在确定公园合理容量时提供参考。

**(1)面积容量法**

面积容量法与风景资源类型、风景资源界面的大小、风景资源内涵以及地形地貌有关。风景资源的界面范围越大、风景资源内涵越丰富、地形地貌越有利于开发，则风景容量越大，反之就越小。风景容量是风景区所能达到的最大的环境容量，是不可变的，可以用技术参数来估算。该方法适用于地势较平坦的位置，即综合配套区及河滩地带。计算公式如下：

$$C = A/a \times D \tag{11-1}$$

式中　$A$——可游览面积，$m^2$/人；

　　　$a$——每位游客应占有的合理游览面积，$m^2$/人；

　　　$D$——周转率，$D$ = 景点开放时间/游完景点所需时间。

**(2)游线容量法**

游线容量法与风景区的道路性质、长度、宽度有关。该方法适合于地势较陡、成线性布局的景点。

①完全游道计算公式如下：

$$C = M/m \times D \tag{11-2}$$

式中　$M$——游道全长，$m$；

　　　$m$——每位游客占用的合理游道长度，$m$/人；

　　　$D$——周转率，$D$ = 景点开放时间/游完景点所需时间。

②不完全游道的计算公式为：

$$C = M/(m + m \times E/F) \times D \tag{11-3}$$

式中　$C$——日环境容量，人；

　　　$M$——游道全长，$m$；

　　　$m$——每位游客占用合理游道长度，$m$/人；

　　　$E$——游完全游道所需时间；

　　　$F$——沿游道返回所需时间；

　　　$D$——周转率，$D$ = 景点开放时间/游完景点所需时间。

**(3)卡口容量法**

利用卡口容量法的测算环境容量是在风景区规划完成，以及游览方式和游路组织确定后进行的。卡口容量法受风景区的地形地貌，游览方式、游览组织、交通运输工具等因素的影响，单位以"人次/单位时间"表示，计算公式如下：

$$C = B \times Q \tag{11-4}$$

式中　$B$——日游客批数；

　　　$Q$——每批游客人数。

### 11.2.3　基于 GIS 的环境容量测算方法

基于 GIS 软件操作来对旅游景区环境容量进行测算能有效地解决传统手工计算方法存在的很多不足。利用计算机对遥感图像进行处理来提取景区可游览面积，具有较高准确性和操作简便性，花费相对的人力、物力和财力相对较少，可以获得比手工操作更为精确的处理结果。同时，遥感图像数据更新较快，具有很强的时效性，利用多期遥感数据进行计算得到的结果可以反映风景区一定时期内环境容量的变化规律。基于 GIS 的环境容量测算方法如图 11-1 所示。

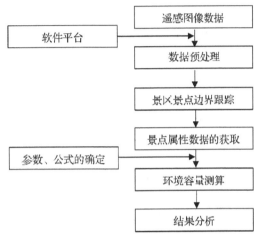

**图 11-1　基于 GIS 的环境容量测算方法**

# 11.3　森林公园景区规划

### 11.3.1　森林公园的发展现状

从 1982 年我国建立第一个国家森林公园——张家界国家森林公园至今，我国森林公园和森林旅游已经有三十多年的发展历史。在这三十多年间，我国林业发展方式发生了重大转变，也使森林旅游这一新兴产业在我国经历了从无到有，从小到大，从弱到强的发展历程。但是，目前我国森林公园的设计规范和管理办法还不够完善，缺乏具体统一的区划依据和原则，在指导功能分区时易造成偏差，同时由于各类规划设计机构的参与，功能分区大多会受到本行业和机构的观念束缚和专业限制，而且功能区划分类型往往缺乏地方特色，趋于城市化。我国的森林公园在设计时往往从现代园林的角度来规划森林公园，整体构思、景观内容、景观组织和项目安排都参照城市公园的模式和规范来设计。大量营造人工景观和娱乐项目，尤其是在森林公园游乐区当中，没有真正从森林公园自身的景观资源考虑，导致森林公园失去其地域特色和自身优势。

### 11.3.2　基于 GIS 的森林公园景区规划方法

本节以紫金山国家森林公园为例，针对森林公园的美学和生态两大服务功能，协调风景旅游、生态保护、市民休闲等多种需求之间的矛盾，以景观生态学理论为指导，结合森林公园研究理论、地理信息系统理论及可持续发展理论，应用 GIS 技术对现有图像进行处理，提取相关信息，并在此基础上对森林公园的景区进行系统的规划。基于 GIS 的森林公园景区规划方法步骤如下。

①查阅相关资料，分析紫金山森林公园的功能分区以及发展现状和存在问题。

②应用 GIS 技术，对研究区域遥感数据、DEM 高程数据、林相图、二类调查数据等进行处理，生成森林公园各因子专题图。

③基于景观生态学理论知识，通过坡度景观敏感度、相对距离景观敏感度、观看概率景观敏感度和醒目程度景观敏感度四个方面对紫金山国家森林公园进行功能分区。

④借助 GIS 技术提供的强大空间分析功能，应用叠加分析的方法，对紫金山国家森林公园功能区作出具体区划，提出具体的区划依据和原则，阐述区划的过程，分析区划的结果。具体流程如图 11-2 所示。

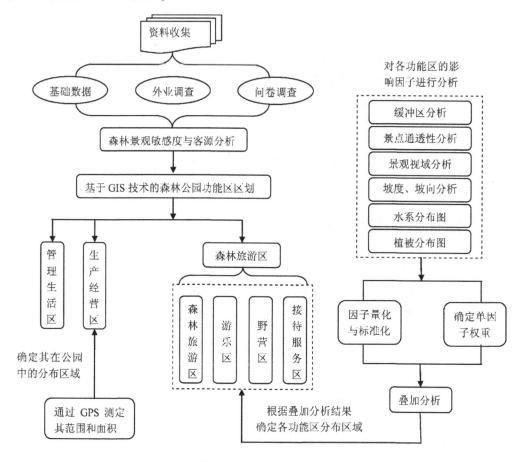

图 11-2　紫金山国家森林公园分区流程图

# 11.4　个人旅游助理

个人自助旅游是一种时尚的旅游形式，"张扬个性、亲近自然、放松身心"是它的目标，旅行者完全自主选择和安排旅游活动，且全程没有导游陪同。旅行者在旅行的过程中，随时可以改变自己的出行线路，具有很强的个性化，同时自助旅游基本都是兴趣相投的人一起出游，游客数量少，更能统一旅行者的旅游爱好，放松身心，享受旅行带来的乐趣。近年来，"自助旅游"的理念已基本成熟，加之经济的发展和人民生活水平的提高，已经有越来越多的旅行者提出了自助旅游的要求。

同时，随着计算机网络技术、全球定位系统（GPS）和社会信息化程度的发展，移动GIS 技术应运而生。移动 GIS 技术和 GPS 技术相结合提供很多与空间位置有关的有效服务。移动 GIS 促进了社会的信息化程度，也为人类的生产生活带来了极大的便利，越来越受到人们的青睐。

现代旅游业迅速发展，基于 GIS 的旅游助理系统的内容已经涵盖了旅游的吃、住、行、游、购、娱等六大要素，现已有很多国家建立了采用不同的信息技术、为不同层次用户提供服务的旅游信息系统，并且信息系统之间可以联网实现信息的共享。该系统数据库包括旅游景区出入境人数统计、运输工具分类、旅游消费额资讯、饭店服务设施介绍等等。旅游目的地理信息系统也得到了迅猛发展，该系统不仅能提供旅游六要素的综合信息，还能逐渐实现向游客提供查询、检索、预订等功能。

同时市面上还出现了很多民用导航产品为旅游者出行提供了方便，大致可分为车载导航产品和个人导航产品两大类，前者是针对车辆而言的以车载导航仪为平台的导航产品，而后者则是针对个人的手持式移动导航终端，如以智能手机、手持导航仪等为平台的导航产品。

### 11.4.1　虚拟旅游

虚拟旅游（virtual travel）指的是建立在现实旅游景观基础上，利用虚拟现实技术，通过模拟或超现实景，构建一个虚拟的三维立体旅游环境，网友足不出户就能在三维立体的虚拟环境中遍览万里之外的风光美景。虚拟旅游是 vrp‐travel 虚拟旅游平台技术的应用范围之一。该技术应用计算机实现场景的三维模拟，借助一定的技术手段使操作者感受目的地场景。

虚拟旅游之所以能变成现实，很大程度上取决于虚拟现实技术的发展。虚拟现实（virtual reality，VR）是由美国 VPL 公司创始人拉尼尔（Jaron Lanier）在 20 世纪 80 年代初提出的，其具体内涵是：综合利用计算机图形系统、各种现实及控制等接口设备，在计算机上生成的、可交互的三维环境中提供沉浸感觉的技术。其中，计算机生成的、可交互的三维环境称为虚拟环境（virtual environment，VE）。

虚拟现实是人们通过计算机对复杂数据进行可视化操作与交互的一种全新方式，是一种由图像技术、传感与测量技术、计算机技术、仿真技术、网络技术以及人机对话技术结合的产物。它以计算机技术为基础，通过创建一个三维视觉、听觉和触觉于一体的虚拟环境为用户提供人机对话工具，可使用户与虚拟环境中的物体对象交互换作，向其提供现场感和多感觉通道，并依据不同的应用目的，探寻一种最佳的人机交互界面形式。

基于 GIS 的虚拟现实技术在旅游行业应用十分广泛，从旅游资源的调查、评价，到旅游规划、景观设计、配套服务设施建设、旅游商品设计销售、旅游资源及生态环境保护等，涉及地质地貌、土地利用、交通、经济、社会、生态、环保等各个层次和方面（图 11‐3）。

在旅游资源研究过程中，旅游资源研究设计人员根据委托方及社会经济发展的要求，将旅游地的地形地貌、气候水文、植被土壤、土地利用现状、社会经济背景、区位条件、旅游资源、旅游线路、旅游需求等大量信息建成数据库，并转换成虚拟现实系统，然后通过该系统人机对话工具进入具有视听功能的虚拟现实环境中漫游。通过规划人员的亲身观察与体验，认识、判断不同主导因

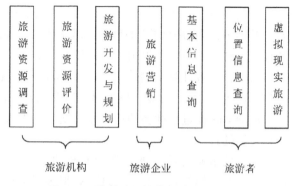

图 11-3　旅游地理信息系统功能划分

素作用下各种规划方案的优劣，针对其中不足之处进行修改和完善，所做的任何修改都会自动地记录在系统的数据库中，而不必重新输入就可以绘制出反映各种修改意见的最终图形。借助虚拟现实技术，无需规划方案的真正实施，就能先期检验该规划方案的实施效果，并可以反复修改进而辅助最终决策方案的实施。虚拟现实技术不但能模拟旅游资源研究的实施效果，而且能对整个旅游地的设施布局、游线选择、产业结构、土地利用、环境污染等进行动态监测和优化评估，并且能通过互联网向旅游者及时准确地展现旅游地的发展变化，扩大旅游者的选择空间，从而极大地提高了旅游地的综合管理水平。

## 11.4.2　可视化技术

可视化(visualization)是利用计算机图形学和图像处理技术，将数据转换成图形或图像在屏幕上显示出来，并进行交互处理的理论、方法和技术。它涉及计算机图形学、图像处理、计算机视觉、计算机辅助设计等多个领域，成为研究数据表示、数据处理、决策分析等一系列问题的综合技术。可视化把数据转换成图形，给予人们深刻与意想不到的洞察力，在很多领域使科学家的研究方式发生了根本变化。目前，正在飞速发展的虚拟现实技术也是以图形图像的可视化技术为依托的。

## 📋 本章小结

本章从森林旅游资源评价、环境容纳量计算、森林公园景区规划、个人旅游助理 4 个方面介绍了 GIS 在森林旅游发展中的应用，运用 GIS 等先进技术手段发展森林旅游业，综合各种因素做出系统的森林旅游规划，合理开发和利用森林旅游资源，针对不同的游客需求，提供适合的产品和服务，实现森林旅游的可持续发展。

## 📝 思考题

1. 如何定义森林旅游？

2. 森林旅游资源包括哪些？GIS 在森林旅游资源评价中的应用有哪些？请举例说明。

3. 如何根据具体情况选择合适的环境容量计算方法？

4. 谈谈你对虚拟旅游的看法。

## 参考文献

G·鲁滨逊·格雷戈里. 1985. 森林资源经济学[M]. 北京：中国林业出版社.

陈国生，黎霞. 2006. 旅游资源学概论[M]. 武汉：华中师范大学出版社.

黄羊山，刘文娜，李修福. 2013. 智慧旅游—面向游客的应用[M]. 南京：东南大学出版社.

李明阳，王保忠，刘礼. 2007. 城市国家森林公园经营区划方法研究[J]. 林业资源管理(1)：75 – 79.

骆高远，吴攀升，马骏. 2006. 旅游资源学[M]. 杭州：浙江大学出版社.

马海龙，杨建莉. 2017. 智慧旅游[M]. 银川：宁夏人民教育出版社.

马剑英，孙学刚. 2001. 森林旅游资源评价研究综述[J]. 甘肃农业大学学报，36(4)：357 – 363.

吴宜进. 2009. 旅游资源学[M]. 武汉：华中科技大学出版社.

张瑞. 2009. 基于 GIS 的灵石山国家森林公园功能区区划研究[D]. 福州：福建农林大学硕士学位论文.

## 本章推荐阅读书目

旅游资源学. 骆高远，吴攀升，马骏. 浙江大学出版社，2006.

森林规划设计. 李明阳. 中国林业出版社，2010.